机 械 制 图

主编　刘明涛
参编　刘合荣　范竞芳
主审　李彦启

机 械 工 业 出 版 社

本书贯彻现行制图标准,由制图概述、图样基本画法、图样特殊表示法、图样标注和机械图样5篇组成,共15章。主要内容有制图的基本知识、正投影法基础、基本立体及其表面交线的投影、组合体、图样画法、轴测图、标准件和常用件、焊接和钢铁零件热处理表示法、机件的尺寸标注、技术要求、零件图、装配图和零部件测绘等。

本书中重、难点的地方配有二维码,用手机扫描即可观看相关学习视频,方便理解和掌握。

本书与刘合荣主编的《机械制图习题集》配套使用。

本书内容通俗易懂,简明扼要,适合高等工科院校机械类、近机械类各专业学生及相关工程技术人员选用。

图书在版编目(CIP)数据

机械制图/刘明涛主编. —北京:机械工业出版社,2023.6(2024.11重印)
ISBN 978-7-111-73109-2

Ⅰ.①机… Ⅱ.①刘… Ⅲ.①机械制图-高等学校-教材 Ⅳ.①TH126

中国国家版本馆 CIP 数据核字(2023)第 075555 号

机械工业出版社(北京市百万庄大街 22 号 邮政编码 100037)
策划编辑:周国萍 责任编辑:周国萍 刘本明
责任校对:刘雅娜 李 婷 责任印制:李 昂
北京捷迅佳彩印刷有限公司印刷
2024 年 11 月第 1 版第 4 次印刷
184mm×260mm · 20.75 印张 · 1 插页 · 510 千字
标准书号:ISBN 978-7-111-73109-2
定价:49.00 元

电话服务 网络服务
客服电话:010-88361066 机 工 官 网:www.cmpbook.com
010-88379833 机 工 官 博:weibo.com/cmp1952
010-68326294 金 书 网:www.golden-book.com
封底无防伪标均为盗版 机工教育服务网:www.cmpedu.com

前　言

本书依据教育部最新制订的"普通高等院校工程图学课程教学基本要求"编写，全书认真贯彻全国教育大会精神，对标新工科人才的培养要求，落实我国最新颁布的《机械制图》与《技术制图》国家标准，以树立贯彻最新国家标准的意识和培养查阅国家标准的能力。

本书以增强学生的工程意识、培养工程文化素养和树立创新设计思维为出发点，以习近平新时代中国特色社会主义思想为指导，全面贯彻党的二十大精神，聚焦高等教育工程人才的新标准、新要求，培养学生用全面、联系的眼光看问题，有全局意识，培养学生认真负责的态度和严谨细致的作风，从而养成精益求精的工作态度。

机械制图课程主要以图形讲解为主，要求学生根据投影关系想象空间的几何形体，不断地由物画图，由图想物，培养学生掌握科学思维方法的能力、空间思维能力、图样处理能力。在编写过程中力求反映基础理论教学，以必需、够用为特色。

本书由制图概述、图样基本画法、图样特殊表示法、图样标注和机械图样 5 篇组成，共 15 章。本书精选教学内容，严格筛选例图，并为每个例图配以三维立体图和图示的画图方法，作图步骤清晰，内容结构紧凑、由浅入深、循序渐进，文字简练、通俗易懂；根据行业实际需要，不但要求学生会画图、读图，还特别强化图样标注的能力，如机件的尺寸注法和技术要求等内容；降低了画法几何部分的难度，将换面法的内容，如直线实长和平面实形分别安排在直线和平面的章节中，对机械行业使用较多的焊接和钢铁零件热处理的表示法也做了简单介绍；较详细地介绍了零件、部件的测绘方法，系统地指导学生进行课程设计、毕业设计以及机械设计的绘图工作；书中重点、难点配有二维码，用手机扫描即可观看相关学习视频，方便理解和掌握；为便于读者在机械设计中查找、使用标准，特将机械行业使用率较高的现行标准汇总在本书附录中。

与本书配套使用的刘合荣主编的《机械制图习题集》同时出版，可供选用。

本书由刘明涛主编，参加编写的人员有刘合荣、范竞芳。其中，刘合荣编写了第 1、10、11、14、15 章，范竞芳编写了第 7、8 章，刘明涛编写了第 2、3、4、5、6、9、12、13 章及附录。

从事制图教学多年、教学经验丰富的李彦启教授认真审阅了全书，并提出了许多宝贵意见。

本书的编写得到教研室全体老师的帮助及关心，凝聚着参与制图教学改革全体老师和学生的智慧和汗水，在此表示衷心的感谢。此外，还要感谢其他关心和帮助本书出版的工作人员。

本书在编写过程中参考了一些国内同类著作，在此特向有关作者表示诚挚的谢意。

由于编著者的水平有限，书中难免有疏漏和错误之处，恳请读者批评指正，以完善教材的内容，提高教材的质量。

编著者

二维码资源索引

目　录

第1篇　制　图　概　述

第2篇　图样基本画法

第3篇　图样特殊表示法

第4篇　图 样 标 注

第5篇　机 械 图 样

绪　　论

1. 本课程的性质

图形是人类社会生活与生产过程中进行信息交流的重要媒介。采用一定的投影方法，准确地表达物体的形状、尺寸及技术要求的图形，称为图样。在现代工业生产中，各种机器、设备都是根据图样来加工制造的。设计者通过图样来表达设计对象，制造者通过图样来了解设计对象和设计要求。在加工制造过程中，人们离不开图样，就像生活中离不开语言一样。因此，图样不但是指导生产的重要技术文件，而且是进行技术交流的重要工具，是工程技术人员必须掌握的"工程界的技术语言"。

在机械工程中，常用的图样是零件图和装配图，统称为机械图样。机械图样的内容，包括机器（或零、部件）的结构形状、尺寸、材料和各种技术要求等。"机械制图"是研究绘制和阅读机械图样的一门技术基础课程。

2. 本课程的任务

本课程是工科院校学生一门必修的技术基础课。对于机械类专业学生来说，学习本课程的主要目的是培养绘制和阅读机械图样的能力及对形体空间思维的能力。本课程的主要任务是结合新时期建设社会主义现代化强国对新工科人才的要求，着重从以下几个方面培养学生的工程图学能力：

1）掌握正投影法的基本理论、方法和应用。

2）掌握徒手绘制草图、尺规绘图的技能。

3）培养绘制和阅读机械图样的基本能力。

4）学习掌握零、部件测绘的方法和技巧。

5）掌握查阅和使用国家标准及有关手册的方法。

此外，在教学工程中，还要有意识地培养学生分析问题和解决问题的能力，培养认真负责的工作态度和严谨细致的工作作风，从而达到提高学生各方面素质和创新能力的目的。

3. 本课程的学习方法

1）以习近平新时代中国特色社会主义思想为指导，注意用系统的观点和方法，理论联系实践，积极动手创新，充分运用新技术、新手段，灵活运用所学的知识与技术。

2）认真听课，及时复习，扎实掌握正投影法的基本理论，学会形体分析、线面和结构分析等分析问题的方法。

3）认真完成作业，在完成作业过程中，必须严格遵守机械制图国家标准的规定。注意正确使用制图仪器和工具，采用正确的作图方法和步骤。作图不但要正确，而且要保证图面整洁。

4）注意画图和读图相结合，物体与图样相结合。要多画、多看，注意培养空间想象能力和空间构思能力。

第1篇 制图概述

第1章 制图的基本知识

1.1 国家标准有关制图的基本规定

图样是现代机器制造过程中的重要技术文件，用来指导生产、使用、维护机器和设备，同时也是技术交流中不可或缺的资料，是工程界通用的技术语言，所以必须有统一的规定。我国于1959年发布的国家标准（简称国标，代号GB，后面为标准编号及发布时间）中就有机械制图的相关规定。为了适应生产技术的发展和国际交流的需要，国家标准也在不断地更新和完善。机械制图及技术制图的部分标准最近更新颁布是在2008年前后，也有一些标准变化不大，一直沿用20世纪90年代的有关版本。现就机械制图及技术制图中常用的一些相关标准介绍如下。

本章仅介绍图幅、比例、字体、图线、尺寸注法等基本规定，其他常用制图标准将在后续章节中介绍。

1.1.1 图纸幅面及格式（GB/T 14689—2008）

绘图时应优先采用表1-1规定的基本幅面，幅面代号为A0、A1、A2、A3、A4五种（图1-1中粗实线）。必要时可按规定加长幅面，常用的见表1-2（图1-1中细实线）。如果仍不能满足绘图需要，还可以选择图1-1中虚线所定义的尺寸。

表1-1 图纸幅面及相关尺寸 （单位：mm）

幅面代号	A0	A1	A2	A3	A4
$B×L$	841×1189	594×841	420×594	297×420	210×297
e	20			10	
c	10			5	
a	25				

表1-2 加长幅面及相关尺寸 （单位：mm）

幅面代号	A3×3	A3×4	A4×3	A4×4	A4×5
$B×L$	420×891	420×1189	297×630	297×841	297×1051

在图纸上必须用粗实线画出图框，其格式分为不留装订边（图1-2及图1-3）和留有装订边（图1-4及图1-5）两种。同一种产品的图样要求格式统一，其边框尺寸按表1-1确定，加长幅面的图框尺寸按所选幅面大一号的图框尺寸确定，如A3×4的边框尺寸按A2的图框尺寸确定。

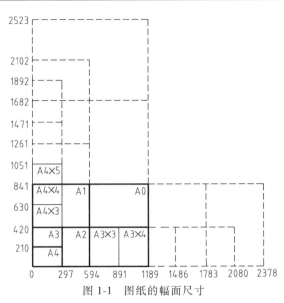

图 1-1　图纸的幅面尺寸

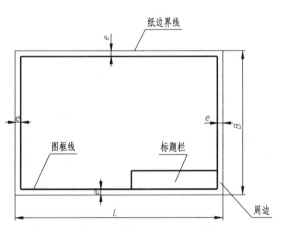

图 1-2　无装订边图纸（X 型）的图框格式

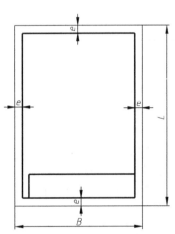

图 1-3　无装订边图纸（Y 型）的图框格式

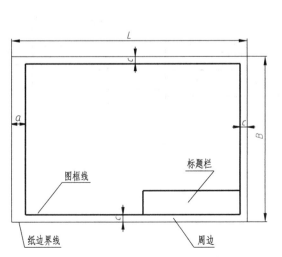

图 1-4　有装订边图纸（X 型）的图框格式

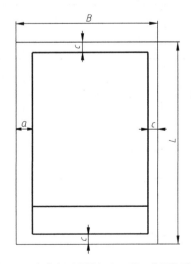

图 1-5　有装订边图纸（Y 型）的图框格式

每张图纸必须在图纸的右下角画出标题栏，标题栏的长边与图纸长边平行时则构成 X 型图纸，如图 1-2、图 1-4 所示；标题栏的长边与图纸短边平行时则构成 Y 型图纸，如图 1-3、图 1-5 所示。

另外，在该国标中还规定了对中符号、方向符号、剪切符号等附加符号以方便工程应用，其画法及线型在相关标准中可查取。

1.1.2 标题栏（GB/T 10609.1—2008）

标题栏一般由更改区、签字区、其他区、名称及代号区组成，如图 1-6 和图 1-7 所示，也可按照实际需要增加或减少。

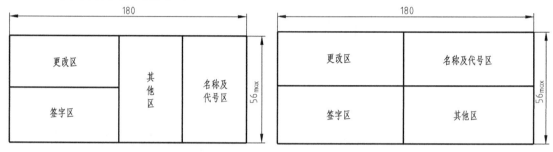

图 1-6 标题栏的分区（一）　　　　　　　图 1-7 标题栏的分区（二）

更改区一般由更改标记、处数、分区、更改文件号、签名和" 年 月 日"等组成。签字区一般由设计、审核、工艺、标准化、批准、签名和" 年 月 日"等组成。其他区一般由材料标记、阶段标记、质量、比例、"共 张 第 张"和投影符号等组成。名称及代号区一般由单位名称、图样名称、图样代号和存储代号等组成。需要注意的是，更改区的内容应按由下向上的顺序填写，也可根据实际情况顺延，或放在图样中其他地方，但应有表头。标题栏各部分具体的尺寸和格式可按图 1-8 确定。

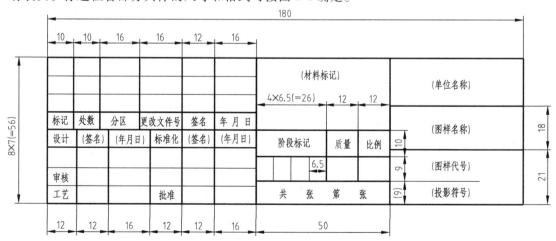

图 1-8 国家标准规定的标题栏尺寸及格式

1.1.3 明细栏（GB/T 10609.2—2009）

装配图中一般应有明细栏，用于标记组成该装配的各零件的基本信息。明细栏一般由序号、代号、名称、数量、材料、质量（单件、总计）、分区、备注等组成，也可按实际需要增加或减少。相关尺寸和格式如图 1-9 和图 1-10 所示。

明细栏一般配置在装配图中标题栏的上方，按由下而上的顺序填写，当位置不够时，可移至标题栏的左边自下而上延续。当装配图中不能在标题栏的上方配置明细栏时，可作为装配图的续页按 A4 幅面单独给出，其顺序应是由上而下延伸，可连续加页，但应在明细栏的下方配置标题栏。

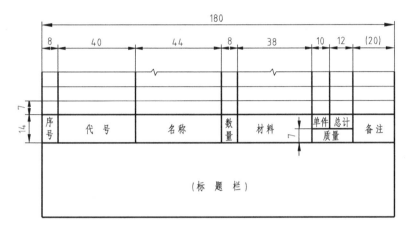

图 1-9　明细栏的格式（一）

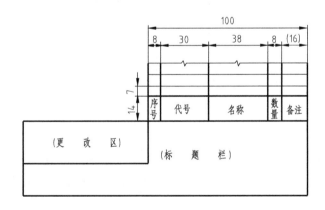

图 1-10　明细栏的格式（二）

在校学习期间，建议采用图 1-11 所示的简易标题栏格式。

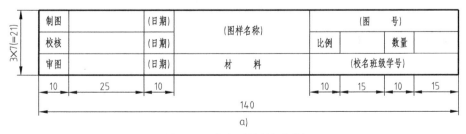

图 1-11　学生用简易标题栏

a）标题栏（零件图适用）

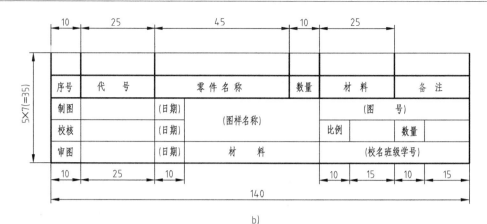

图 1-11　学生用简易标题栏（续）

b）上接明细栏的标题栏（装配图适用）

1.1.4　比例（GB/T 14690—1993）

图中图形与其实物相应要素的线性尺寸之比称为比例，在实际应用中分为三种：原值比例（比值为 1 的比例，即 1:1）、放大比例（比值大于 1 的比例，如 2:1）及缩小比例（比值小于 1 的比例，如 1:2），见表 1-3。

表 1-3　绘图中使用的比例系列

种　类		比　　例				
原值比例		1:1				
放大比例	优先选用系列	5:1	2:1			
		$5 \times 10^n:1$	$2 \times 10^n:1$	$1 \times 10^n:1$		
	允许选用系列	4:1	2.5:1			
		$4 \times 10^n:1$	$2.5 \times 10^n:1$			
缩小比例	优先选用系列	1:2	1:5			
		$1:2 \times 10^n$	$1:5 \times 10^n$	$1:1 \times 10^n$		
	允许选用系列	1:1.5	1:2.5	1:3	1:4	1:6
		$1:1.5 \times 10^n$	$1:2.5 \times 10^n$	$1:3 \times 10^n$	$1:4 \times 10^n$	$1:6 \times 10^n$

比例一般应填写在标题栏中的比例栏内。必要时，可在视图名称的下方或右侧标注比例，如图 1-12 所示。

$$\frac{I}{2:1} \qquad \frac{A}{1:100} \qquad \frac{B—B}{2.5:1} \qquad \frac{墙板位置图}{1:200} \qquad \underline{平面图\ 1:100}$$

图 1-12　比例的标注

1.1.5　字体（GB/T 14691—1993）

字体是指图样中汉字、字母和数字的书写形式。

书写字体必须做到：字体工整，笔画清楚，间隔均匀，排列整齐。

字体号数即字体高度（用 h 表示），其公称尺寸系列为 1.8mm、2.5mm、3.5mm、5mm、7mm、10mm、14mm、20mm。

如需要书写更大的字，其字体高度应按 $\sqrt{2}$ 的比率递增。

1. 汉字

汉字应写成长仿宋体字，并应采用中华人民共和国国务院正式公布推行的《汉字简化方案》中规定的简化字。汉字的高度 h 不应小于 3.5mm，其字宽一般为 $h/\sqrt{2}$。字体的笔画宜直不宜曲，起笔和收笔不要追求刀刻效果，要大方简洁。

写字要领：横平竖直，注意起落，结构均匀，填满方格。

"横平竖直"是对字形主要骨架的要求。根据汉字的特点，应做到：横笔手写时应从左到右平直且略微提升，才能显得生动而不呆板，而且横与横、竖与竖大致平行，同时各基本笔画的粗细一致，且要一笔写成，不可勾描。

"注意起落"是对下笔和提笔的基本要求。即在提笔和下笔处要有呈三角形的棱角和尖峰，只有这样才能写出仿宋体的特色。

"结构均匀"是对字体结构的要求。根据汉字的结构特点，恰当地布置其各组成部分所占的部位，并注意笔画与空白的疏密，使字匀称美观。

表 1-4 是基本笔画的示范，可参考练习。

表 1-4 仿宋体的基本笔画

笔画	横	竖	撇	捺	点		挑	钩	折
形状									
笔顺									

2. 字母与数字

字母与数字分 A 型和 B 型。A 型字体的笔画宽度 d 为字高 h 的十四分之一，B 型字体的笔画宽度为字高的十分之一。在同一图样上，只允许选用一种形式的字体。字母和数字可写成斜体和直体。斜体字字头向右倾斜，与水平基准线成 75°。

图 1-13 给出了常用的汉字、A 型字母和数字的示例，更多的示例请参看相关国家标准。初学者可以按照下述方法进行字体练习：

1）用 H 或 HB 铅笔写字，将铅笔修理成圆锥形，笔尖不要太尖或太秃。

2）按所写的字号用 H 或 2H 的铅笔打好底格，底格宜浅不宜深。

3）字体的结构力求匀称、饱满，笔画分割的空白分布均匀。

1.1.6 图线（GB/T 17450—1998、GB/T 4457.4—2002）

图线为起点和终点间以任意方式连接的一种几何图形，形状可以是直线或曲线、连续线或不连续线。图线中不连续线的独立部分称为线素，如点、长度不同的画和间隔；一个或一个以上不同线素组成一段连续的或不连续的图线称为线段，如实线的线段或由"长画、短间隔、点、短间隔、点、短间隔"组成的双点画线的线段（见表 1-5 中 No.05）等。

10号字

字体工整笔画清楚间隔均匀排列整齐

7号字

横平竖直注意起落结构均匀填满方格

5号字

技术制图机械电子汽车航空船舶土木建筑天津科技大学

3.5号字

螺纹齿轮端子接线飞行指导驾驶舱位挖填施工引水通风闸阀坝棉麻化纤

a)

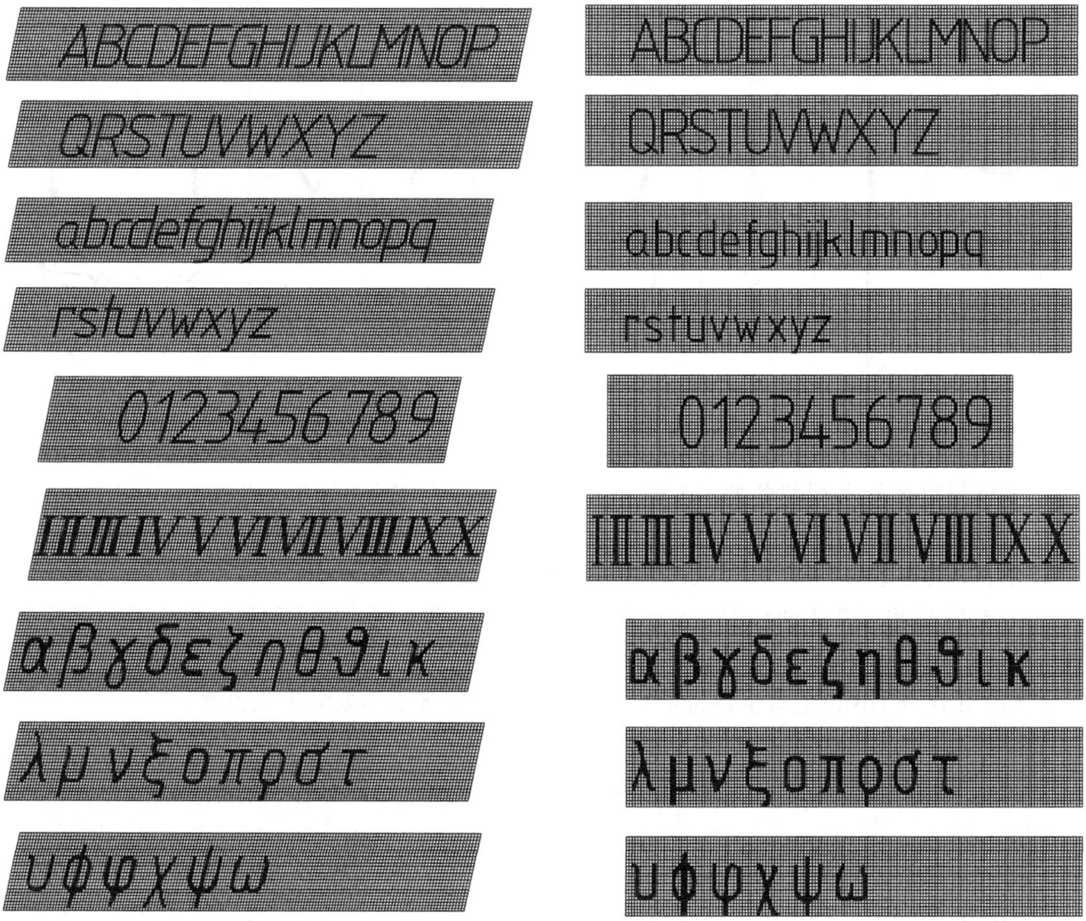

b)

图 1-13　字体示例

a）长仿宋体汉字　b）A 型字母和数字（左侧为斜体，右侧为直体）

　　图线的起点和终点可以重合，如一条图线形成圆的情况。图线长度小于或等于宽度的一半，称为点。

　　制图中常用的基本线型和图线各组成线素的长度见表 1-5 和表 1-6。

　　图线的尺寸包括图线的宽度和图线的各线素的长度。所有线型的图线宽度 d 应按图样的类型和尺寸大小在下列数系中选择（该数系的公比为 $1:\sqrt{2}$）：0.13mm，0.18mm，0.25mm，0.35mm，0.5mm，0.7mm，1mm，1.4mm，2mm（粗线一般用 0.5mm、0.7mm）。粗线、中粗线和细线的宽度比率为 4：2：1。在同一图样中，同类图线的宽度应一致。

表 1-5　常用的基本线型

基本图线代号及名称	代号、名称及线型	一般应用
No. 01（实线）	No. 01.1（细实线）	过渡线、尺寸线、尺寸界线、指引线和基准线、剖面线、重合断面的轮廓线、短中心线、螺纹牙底线、尺寸线的起止线、表示平面的对角线、零件成形前的弯折线、范围线及分界线、重复要素表示线（如齿轮的齿根线）、锥形结构的基面位置线、叠片结构位置线、辅助线、不连续同一表面连线、成规律分布的相同要素连线、投影线、网格线
	No. 01.1（波浪线）	断裂处边界线及视图与剖视图的分界线
	No. 01.1（双折线）	断裂处边界线及视图与剖视图的分界线
	No. 01.2（粗实线）	可见棱边线、可见轮廓线、相贯线、螺纹牙顶线、螺纹长度终止线、齿顶圆（线）、表格图及流程图中的主要表示线、系统结构线（金属结构工程）、模样分型线、剖切符号用线
No. 02（虚线）	No. 02.1（细虚线）	不可见棱边线、不可见轮廓线
	No. 02.2（粗虚线）	允许表面处理的表示线
No. 04（点画线）	No. 04.1（细点画线）	轴线、对称中心线、分度圆（线）、孔系分布的中心线、剖切线
	No. 04.2（粗点画线）	限定范围表示线
No. 05（双点画线）	No. 05.1（细双点画线）	相邻辅助零件的轮廓线、可动零件极限位置的轮廓线、重心线、成形前轮廓线、剖切面前的结构轮廓线、轨迹线、毛坯图中制成品的轮廓线、特定区域线、延伸公差带表示线、工艺用结构的轮廓线、中断线

表 1-6　线素的长度

线素	代号 No.	长度
点	04~07,10~15	≤0.5d
短间隔	02,04~15	3d
短画	08,09	6d
画	02,03,10~15	12d
长画	04~06,08,09	24d
间隔	03	18d

注：1. d 为所有线型的图线宽度。

　　2. 表中给出的长度对于半圆形和直角端图线的线素都是有效的。半圆形线素的长度与技术笔（带有管端和墨水）从该线素的起点到终点的距离相一致，每一种线素的总长度是表中长度加 d 的和。

　　绘制图线时还需注意间隙和相交。除非另有规定，两条平行线之间的最小间隙不得小于 0.7mm。基本线型应恰当地相交于画线处，点线相交于点，如图 1-14 所示。

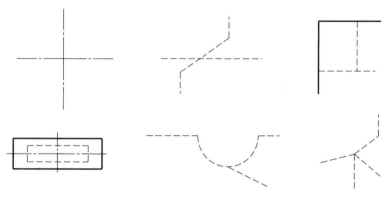

图 1-14　图线相交画法

　　常用的基本图线的综合应用如图 1-15 所示。

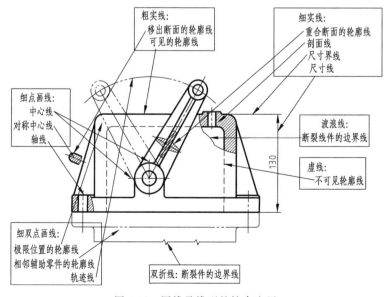

图 1-15　图线及线型的综合应用

1.1.7　尺寸注法（GB/T 4458.4—2003、GB/T 4458.5—2003、GB/T 16675.2—2012）

图形只能表达机件的形状，而机件的大小必须通过标注尺寸才能确定。图样的尺寸标注，应做到正确、完整、清晰、合理。国家标准分别规定了尺寸注法（GB/T 4458.4—2003）、尺寸公差与配合的注法（GB/T 4458.5—2003）及尺寸标注的简化（GB/T 16675.2—2012）。本节只介绍正确标注尺寸的若干规定，其他有关内容将在后面章节中讲述。

1. 标注尺寸的基本规则

1）机件的真实大小应以图样上所注的尺寸数值为依据，与图形的大小及绘图的准确性无关。

2）图样中的尺寸凡以毫米为单位时，不需标注其计量单位的代号或名称，否则需标注其计量单位的代号或名称。

3）图样中所标注的尺寸，为该图样所示机件的最后完工尺寸，否则应另附说明。

4）机件的每一尺寸，在图样上一般只标注一次，并应标注在反映该结构最清晰的图形上。

5）标注尺寸的所有图线均用细实线完成。

2. 尺寸的组成

尺寸由尺寸线、尺寸界线、尺寸数字和尺寸线终端组成，如图 1-16 所示。

（1）尺寸界线　尺寸界线用细实线绘制，一般是图形轮廓线、轴线或对称中心线的延长线，超出尺寸线终端 2～3mm。允许利用轮廓线（或其延长线）、轴线、对称中心线作为尺寸界线。尺寸界线一般与尺寸垂直，必要时允许倾斜。相关说明及注意事项如图 1-17 所示。

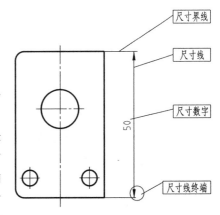

图 1-16　尺寸的组成

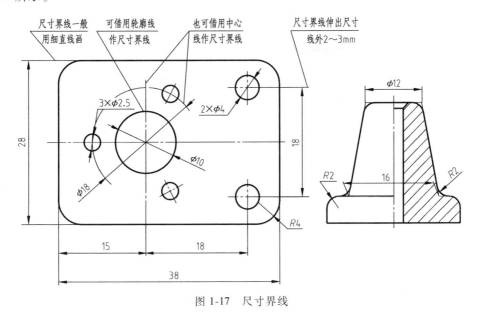

图 1-17　尺寸界线

（2）尺寸线　尺寸线必须单独画出，不能用其他图线代替。

标注线性尺寸时，尺寸线必须与所标注的线段平行。尺寸线与轮廓线的距离以及相互平行的尺寸线间的距离应尽量一致，一般为 5～7mm，以便注写尺寸数字和相关符号。相互平行的尺寸线，小尺寸应靠近图形轮廓线，大尺寸应依次等距离地平行外移。尺寸标注时应尽量避免尺寸线与尺寸界线相交，如图 1-18 所示。

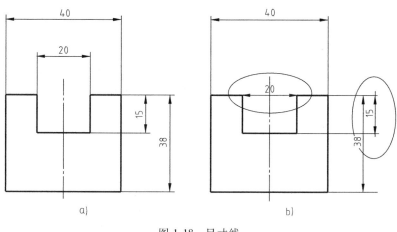

图 1-18　尺寸线

a）正确　b）错误

（3）尺寸线终端　尺寸线终端有箭头、斜线两种形式，相关尺寸大小如图 1-19 所示。

在同一张图样上，箭头的大小要一致，箭头一般是由内向外指。但当尺寸线内侧没有足够位置画箭头时，可将箭头画在尺寸界线的外侧，由外向内指；当尺寸界线内、外均无足够位置画箭头时，可在尺寸线与尺寸界线的相交处用圆点或细斜线代替，圆点的直径为粗实线的宽度 d，如图 1-25 所示。

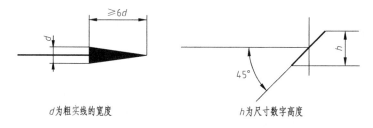

d 为粗实线的宽度　　　　　　　　　　h 为尺寸数字高度

图 1-19　尺寸线终端的形式及尺寸大小

（4）尺寸数字　线性尺寸数字一般要注写在尺寸的上方，也可以注写在尺寸线的中断处，同一张图样中要尽量采用相同的标注方法。尺寸数字不得被任何图线通过，当无法避免时，必须将图线断开，如图 1-21 中的部分尺寸。

图样上水平方向的尺寸，其数字写在尺寸线的上方；竖直方向的尺寸，其数字写在尺寸线的左方，字头朝左；其他方向的尺寸数字注写如图 1-20 所示，并尽可能避免在图示 30°范围内注写尺寸，无法避免时，可以用引出注法。

为了使标注的尺寸清晰易读，标注尺寸时可按下列尺寸绘制：尺寸线到轮廓线、尺寸线和尺寸线之间的距离取 6～10mm，尺寸线超出尺寸界线 2～3mm，尺寸数字一般为 3.5 号字，

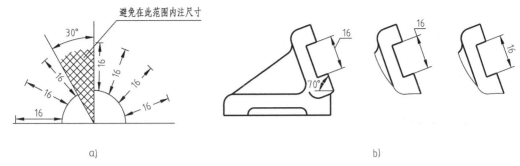

图 1-20　尺寸数字

a）填写尺寸数字的规则　b）无法避免时的注法示例

箭头长 5mm，箭头尾部宽度 d 约为 1mm。

角度的尺寸数字一律写成水平方向，一般注写在尺寸线的中断处，也可写在尺寸线的上方，或引出标注，如图 1-21 所示。

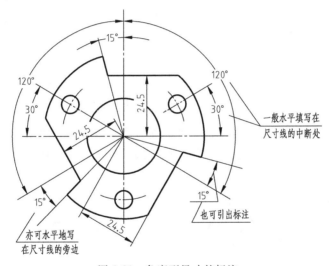

图 1-21　角度型尺寸的标注

在标注中，在尺寸数字前经常用到如下符号，用于表示不同类型的尺寸：ϕ 表示直径；R 表示半径；S 表示球面；t 表示板状零件厚度；C 表示 45°倒角；EQS 表示均布。

3. 常用的尺寸注法

（1）直径与半径　整圆或大于 180°的圆弧，要标注圆的直径，且尺寸数字前加"ϕ"；圆弧小于等于 180°时，要标注圆的半径，且尺寸数字前加"R"，如图 1-22 所示。标注球面直径或半径尺寸时，应在符号 ϕ 或 R 前再加符号"S"。

（2）对称图形　对称图形的尺寸注法如图 1-23 所示。按照国标规定，图形对称可以只画出一半，但标注尺寸时需要标注完整的尺寸，尺寸线超过对称线，如图 1-23 中的尺寸 98、20 及 70。同时，对于对称结构的定位尺寸在标注时要反映其对称的特征，如图 1-23 中 4 个圆的水平方向及竖直方向的定位尺寸 70 及 30。

（3）相同要素　在同一图形中，对于尺寸相同的孔、槽等成组要素，可仅在一个要素上标注其数量和尺寸，均匀分布在圆上的孔可在尺寸数字后加注"EQS"表示，如图 1-24 所示。

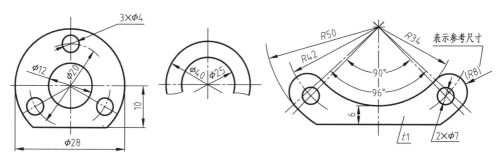

图 1-22　直径与半径型尺寸的标注

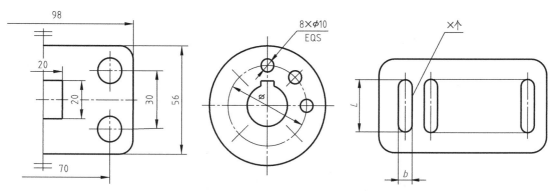

图 1-23　对称图形的尺寸注法　　　　　图 1-24　相同要素的尺寸注法

（4）小尺寸的注法　在没有足够的空间位置画箭头或注写尺寸数字时，允许将箭头或数字布置在图形的外面。标注一连串小尺寸时，可以用小圆点或斜线代替箭头，但两端箭头仍要画出，如图 1-25 所示。

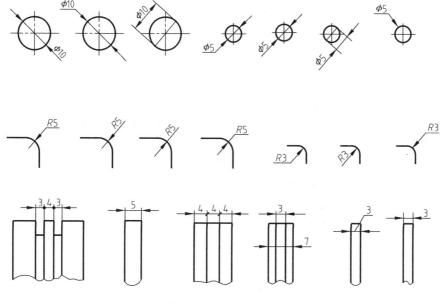

图 1-25　小尺寸的注法

（5）弦长与弧长　弦长尺寸按直线型尺寸进行标注，弧长尺寸要用同弧度的圆弧作为尺寸线进行标注，尺寸数字前还要加弧度符号"⌒"，如图 1-26 所示。

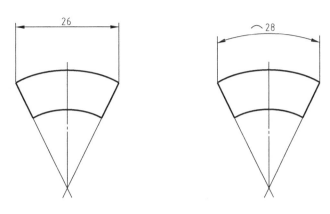

图 1-26　弦长与弧长的标注

（6）正方形平面　正方形平面采用直线型尺寸进行标注，常见的标注形式如图 1-27 所示。可以用"□"来表示所标注的图形为正方形，符号后面标注边长的数值，如图 1-27a、c 所示；也可以使用"边长×边长"的标注形式，如图 1-27b、d 所示；在标注过程中，如果需要也可使用旁注法，如图 1-27c、d 所示。

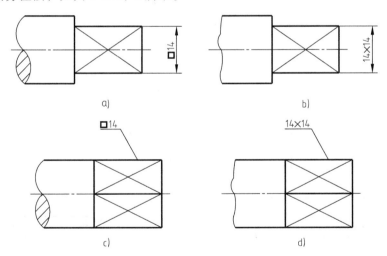

图 1-27　正方形平面的尺寸注法

（7）斜度与锥度　斜度与锥度的标注方法以及符号的使用如图 1-28 所示。注意符号的方向应与锥度、斜度的方向一致。符号的线宽为 $h/10$，h 为字高，夹角均为 $30°$。

一般不需在标注锥度的同时再注出其角度值（α 为锥顶角），如有必要，则可如图 1-28 中所示进行标注。

（8）倒角的注法　$45°$ 的倒角可以用旁注法标注，"C" 代表倒角线与轴线的夹角为 $45°$，"1" 表示倒角锥面的轴向距离为 1mm，如图 1-29a、b、c 所示；非 $45°$ 的倒角应将倒角线与轴线的夹角及锥面的轴向距离分别标注，如图 1-29d、e 所示。

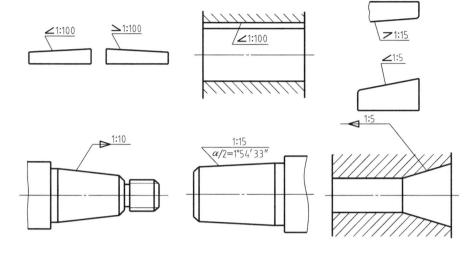

图 1-28　斜度与锥度的注法

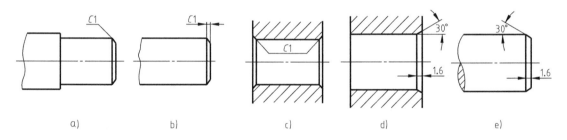

图 1-29　倒角的注法

标注尺寸时，还应注意避免各种错误，如图 1-30 所示。

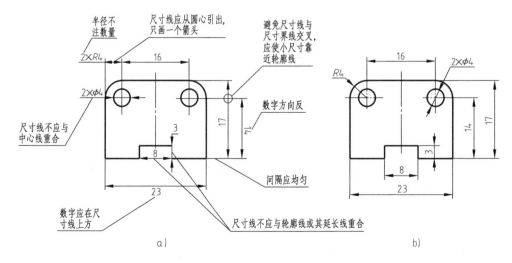

图 1-30　尺寸注法正确与错误的对比

a）常见错误　b）正确注法

1.2 几何作图

机件的形状虽然各有不同，但都是由各种基本体组合而成的。这些形体的图形又由一些最基本的几何图形组成。因此，熟练掌握几何图形的正确作图方法是提高绘图速度、保证绘图质量的基本技能之一。最基本的几何作图包括：圆周的等分（圆内接正多边形）、斜度和锥度的画法、圆弧连接和平面曲线等。

1.2.1 等分圆周及作正多边形

在几何作图中经常利用等分圆周的方法绘制内接正多边形。这里分别介绍机械制图中常用的内接正五边形和正六边形的画法。

1. 五等分圆周及内接正五边形的绘制（图 1-31）

1）画出需要等分的圆并求出 *ON* 的中点 *M*。

2）以 *M* 点为圆心，*MA* 为半径画弧交圆的水平直径于 *H*。

3）以 *A* 点为圆心，*AH* 为半径画弧交圆于点 *B*、*E*，再分别以点 *B*、*E* 为圆心，以 *AH* 为半径画弧交圆于点 *C*、*D*。

4）*A*、*B*、*C*、*D*、*E* 就是五等分圆周的各点，依次连接等分点即得内接正五边形。

2. 六等分圆周及内接正六边形的绘制（图 1-32）

根据正六边形的边长等于外接圆半径，可以用圆规将圆周六等分，然后依次连接各等分点，即得正六边形，如图 1-32a 所示；根据圆内接或外切正六边形各内角均为 120°，可以利用丁字尺和三角板（夹角为 30° 与 60°）得到圆的六等分点，绘制出圆内接正六边形，如图 1-32b 所示。

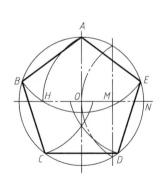

图 1-31 五等分圆周及内接
正五边形绘制

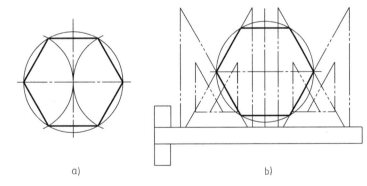

图 1-32 六等分圆周及内接正六边形绘制
a）利用圆规作图 b）利用丁字尺和三角板作图

1.2.2 斜度和锥度

1. 斜度

斜度是指一直线（或平面）对另一直线（或平面）的倾斜程度。

绘制斜度时，先取一定的单位长度，根据斜度值在基准直线上截取

正六边形的
作图方法

相应长度，绘出一条斜线，从直线起始点，绘制此斜线的平行线即为所求直线，如图 1-33 所示。

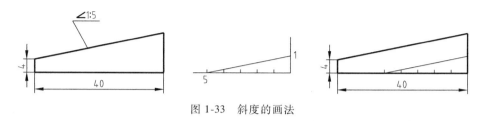

图 1-33　斜度的画法

2. 锥度

锥度是指正圆锥底圆直径与其轴向距离之比或正圆锥台的两直径之差与其轴向距离之比。绘制方法如图 1-34 所示。

通过定义和图示可以看出，如锥度为 1∶5，则斜度就为 1∶10，二者可以相互转化使用。

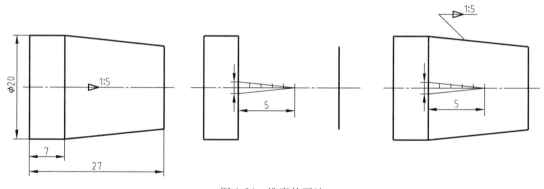

图 1-34　锥度的画法

1.2.3　圆弧连接

通过圆弧或直线，可以将一些图线光滑地连接起来。在圆弧连接中，准确地求出切点和连接圆弧的圆心是保证图线之间光滑相切的关键。经常用的方法有以下几种：

锥度的画法

1. 通过圆弧光滑连接两直线

圆弧光滑连接两直线，关键是找到圆弧与直线的两个切点，按照直线间夹角分为三种情况：

1）当两直线夹角为锐角时，如图 1-35a 所示，分别以圆弧半径为间距，从两条直线向内侧作平行线，交点即为连接圆弧的中心，再向两条直线分别作垂线，垂足就是相切点，以 O 点为圆心、以圆弧半径为半径在两切点间画弧即可。

2）当两直线夹角为钝角时，如图 1-35b 所示，作图过程与两直线夹角为锐角的作图过程相同。

3）当两直线夹角为直角时，既可按照两直线夹角为锐角的方法作图，如图 1-35c 所示；也可按照图 1-35d 所示方法作图。

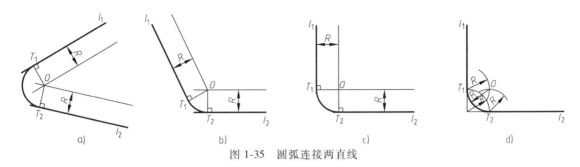

图 1-35　圆弧连接两直线

2. 通过直线光滑连接圆弧

1) 作两圆弧外公切线的过程如图 1-36a 所示。

2) 作两圆弧内公切线的过程如图 1-36b 所示。

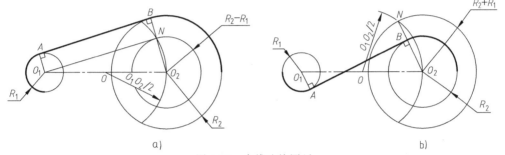

图 1-36　直线连接圆弧

3. 通过圆弧光滑连接圆弧

1) 圆弧外切连接圆弧作图过程如图 1-37 所示。

2) 圆弧内切连接圆弧作图过程如图 1-38 所示。

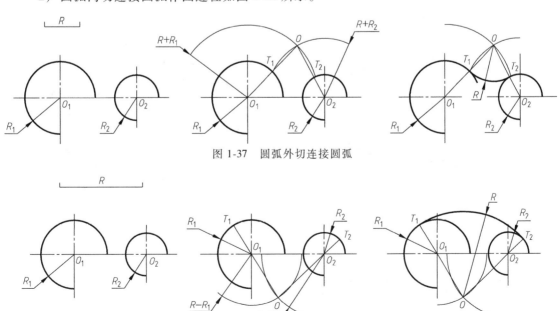

图 1-37　圆弧外切连接圆弧

图 1-38　圆弧内切连接圆弧

1. 2. 4　椭圆

椭圆为常见的非圆曲线，无法用尺规作图方法准确作出。在已知长、短轴的条件下，通常采用同心圆画法和四心近似画法。

1. 利用椭圆长、短轴的同心圆画法（图 1-39）

作图步骤：

1）以点 O 为圆心，分别以长半轴 OA、短半轴 OC 为半径画圆。

2）过圆心作若干射线等分两圆周若干份（图示为 12 等分）。

3）从大圆各等分点作短轴的平行线，与过小圆各对应等分点所作的与长轴平行的线相交，得椭圆上各点。

4）用曲线板将椭圆上各个点光滑连接起来，就得到所求椭圆。

2. 四心近似法画椭圆

这种画法适用于长短轴相差不多的椭圆，如图 1-40 所示。

作图步骤：

1）连接长、短轴的端点 A、C，以点 C 为圆心，长、短半轴之差（CE）为半径画弧与 AC 线交于点 E_1。

2）作 AE_1 的中垂线与长、短轴分别交于点 O_1、O_2，并分别求点 O_1、O_2 的对称点 O_3、O_4。

3）分别以点 O_2、O_4 为圆心，O_2C、O_4D 为半径画弧，分别交 O_2O_1、O_2O_3 延长线于点 K、N，交 O_4O_1、O_4O_3 延长线于点 K_1、N_1；再分别以 O_1、O_3 为圆心，O_1K、O_3N 为半径，在 K、A、K_1 间及 N、B、N_1 间画弧。

这样就得到用四段圆弧近似替代的椭圆。

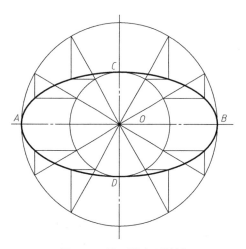

图 1-39　同心圆法画椭圆

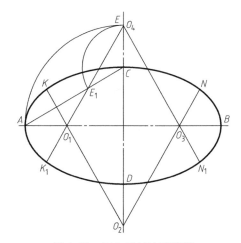

图 1-40　四心近似法画椭圆

1. 3　平面图形的分析和尺寸注法

平面图形一般是由直线段、圆弧和圆等元素构成的封闭图形。

1.3.1 平面图形的尺寸分析

平面图形的尺寸可以分为定形尺寸和定位尺寸。

1. 定形尺寸

用于确定平面图形中各几何元素大小的尺寸，即线段的长度、角度、圆弧的半径、圆的直径等都是定形尺寸，如图 1-41 中 $R7$、$\phi18$、$R5$ 等。

2. 定位尺寸

用于确定平面图形中各几何元素相对位置的尺寸，如图 1-41 中的 56、25 等。

标注定位尺寸时，首先应确定标注尺寸的起点，这个起点即尺寸基准，平面图形的长度和高度方向都至少应该确定一个基准，还可以根据需要设一个或几个辅助尺寸基准。

定位尺寸一般选择对称线、中心线、图形的边界线等作为尺寸基准，如图 1-41 中长度、高度方向的主要尺寸基准。

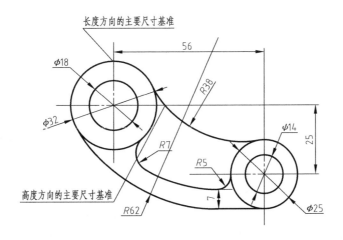

图 1-41 平面图形的尺寸分析

1.3.2 平面图形的线段分析

组成平面图形的线段根据其已知的尺寸和与其他线段的连接关系，可以分为已知线段、中间线段和连接线段。

1. 已知线段

定形尺寸和定位尺寸齐全，可以直接绘制的直线或圆弧称为已知线段。

2. 中间线段

有定形尺寸，但定位尺寸不全，需要根据其与已知线段的连接关系才能绘制的直线或圆弧称为中间线段。

3. 连接线段

只有定形尺寸，没有定位尺寸，需要依靠其两侧的连接关系才能绘制的直线或圆弧为连接线段。

1.3.3 平面图形的绘图步骤

以图 1-41 为例，绘制平面图形应按以下步骤：

1）对平面图形进行线段分析和尺寸分析。根据图中长度和高度基准及图中所标尺寸，可知圆 φ18、φ32、φ14、φ25 为已知线段，间隔为 7 的两条直线为中间线段，其余的圆弧为连接线段。

2）绘制主要基准线，如图 1-42a 所示。

3）绘制已知线段，如图 1-42b 所示。

4）绘制中间线段，如图 1-42c 所示。

5）绘制连接线段，如图 1-42d 所示。

6）整理加深，完成图 1-41。

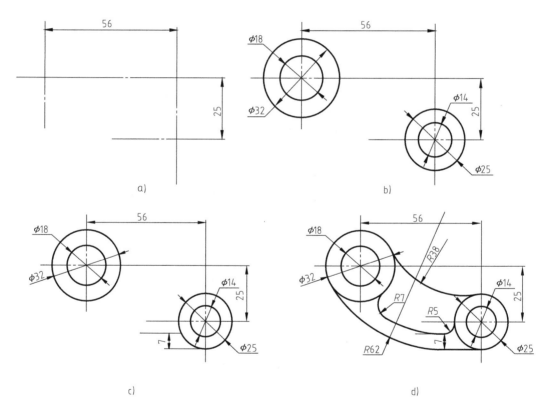

图 1-42　平面图形的绘图步骤

1.3.4 常见平面图形的尺寸注法

在绘图过程中，经常会遇到一些典型的平面图形，在标注尺寸过程中有一定的规律。下面列举一些常见的图例。

1. 尺寸标注时需体现总体尺寸的平面图形（图 1-43）

2. 尺寸标注过程中不需要体现总体尺寸的平面图形（图 1-44）

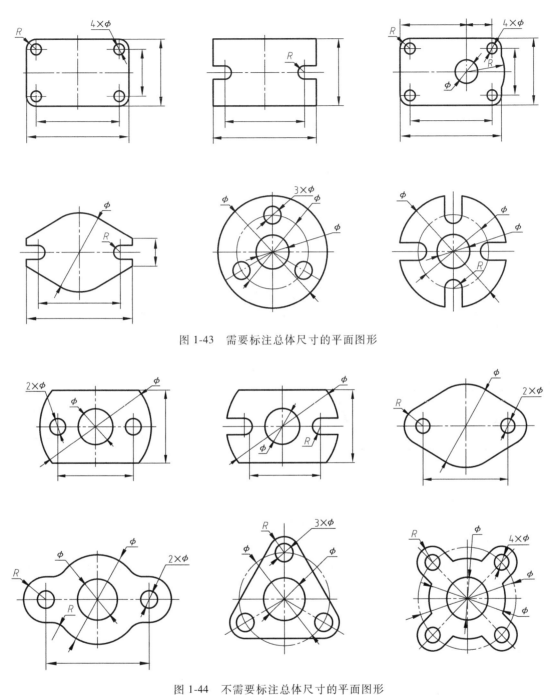

图 1-43　需要标注总体尺寸的平面图形

图 1-44　不需要标注总体尺寸的平面图形

1.4　绘图技能

　　仪器绘图、徒手绘制草图及计算机绘图是机械制图中三种主要绘图手段，是工程技术人员必须熟练掌握的技术技能。在这里主要介绍前两种。

1.4.1　仪器绘图的方法和步骤

1. 准备工作

1）将绘图工具和仪器以及图板擦拭干净，削好铅笔。

2）根据图形大小和复杂程度，确定绘图比例和图纸幅面。

3）识别图纸正反面，将图纸用胶带固定在图板左下方适当位置，如图 1-45 所示。

2. 画底稿

使用较硬的铅笔（一般选用 H 或 2H 铅芯），按照各类图线的规格绘制底稿，要细而浅。

1）先画图幅边框、图框及标题栏，确定各个图形的位置，应使图形布局尽量匀称。通常是在水平或铅直方向采用 3∶4∶3 布局法，如图 1-46 所示。

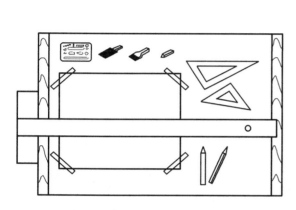

图 1-45　仪器绘图准备工作示意图

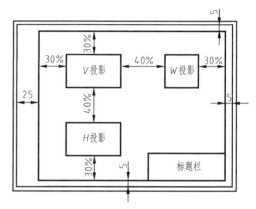

图 1-46　图纸布局（以 A3 幅面为例）

2）画图形底稿。

① 画出各个图形的主要基准线以确定图形的位置，如圆的中心线、对称线和图形的主要轮廓线等。

② 按照平面图形的绘图步骤完成各个图形的已知线段、中间线段及连接线段，完成主要轮廓线。

③ 画细节，完成全部图形底稿。

3）画出尺寸界线和尺寸线。

3. 检查并加深图线

1）检查图形的正确性，擦去多余的图线。

2）利用铅芯较软的铅笔（B 或 HB）及圆规（2B 或 B）进行加深，加深时应按从上到下，从左到右，先圆（弧）后直线，先水平、垂直后倾斜，先细后粗的顺序进行。

4. 注写尺寸数字、填写标题栏及其他内容

5. 校核全图，取下图样

1.4.2　徒手绘制草图的方法

徒手绘图是一种基本不用绘图仪器与工具，按目测比例徒手进行画图的方法。这种徒手

绘制的图称为草图。草图没有比例，但应使图形基本保持物体各部分比例关系。草图也应做到图形表达正确，符合绘图标准，图形清晰，字体工整，尺寸标注正确合理，图面整洁，要力争做到草图不草。徒手绘制草图一般用 HB 铅笔，铅芯削成圆锥形。

1. 画直线

画直线时，执笔要稳，眼睛的余光要注意终点。画较短线时，只运动手腕；画长线时，运动手臂，如图 1-47 所示。

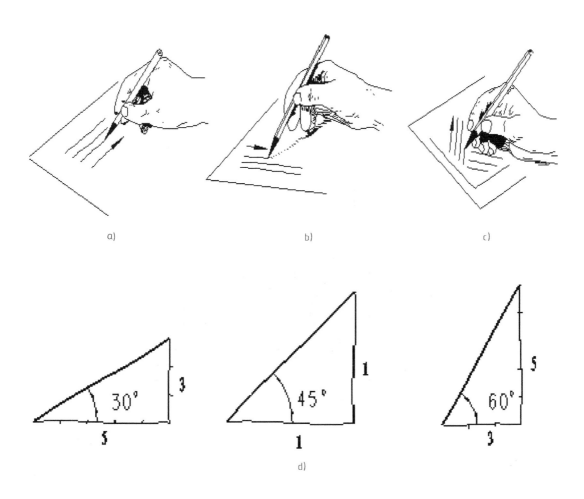

图 1-47　徒手画直线

a）画水平线时，从左向右　b）画垂直线时，自上而下　c）画斜线时，可转动图纸

d）徒手画 30°、45°、60°斜线的方法

2. 画圆

画圆时，应先定出圆心的位置，过圆心定出中心线（图 1-48）。

3. 利用坐标纸绘制草图（图 1-49）

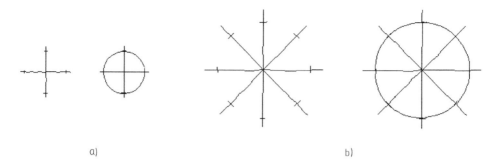

a)　　　　　　　　　　　　　　　　　　　　　b)

图 1-48　徒手画圆

a）小圆画法　b）大圆画法

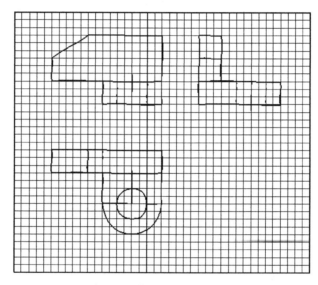

图 1-49　利用坐标纸绘制草图

第 2 章　正投影法和点的投影

2.1　正投影法的基础

机械工程图样一般是按照正投影法绘制的。只有掌握正投影法的概念及投影基本规律，才能为学好本门课程打好基础。

2.1.1　投影法

物体在灯光或阳光照射下，在地面上或墙面上会出现其影子，这种影子在工程上就称为投影。投影法就是将这种自然现象加以几何抽象而产生的，使几何形体在选定平面上得到图形的方法。

1. 投影要素（图 2-1）

（1）投射中心　所有投射线的起源点，如图 2-1 中的点 S。

（2）投射线　发自投射中心且通过被表示物体上各点的直线，一般用细实线表示，如图 2-1 中的 Sa、Sb 线。

（3）投射方向　指投射线的方向。

（4）投影面　投影中用于得到投影的平面，用大写字母表示，如图 2-1 中的 P 面。

（5）空间物体　需要表达的物体，用大写字母表示各个顶点，如图 2-1 中的空间点 A、B 及平面 ABC。

（6）投影　根据投影法所得的图形，用与空间点或物体对应的小写字母表示，如图 2-1 中 a、b 及平面 abc。

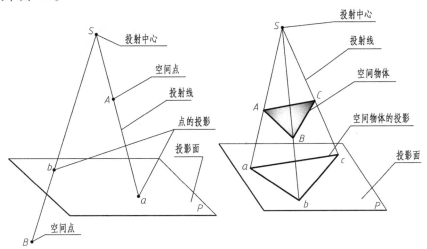

图 2-1　投影法

2. 投影法的分类

根据投射线之间的相互位置关系（平行或交于一点），投影法可分为中心投影法和平行投影法。平行投影法根据投射线与投影面的相对位置（垂直或倾斜），又分为正投影法和斜投影法。投影法的分类及主要应用如图 2-2 所示。

（1）中心投影法　投射线交于一点的投影法（投影中心位于有限远处）称为中心投影法。

中心投影法体系由投射中心、空间物体、投射线、投影面和空间物体的投影组成，如图 2-3 所示。

中心投影法的特点：投射中心、空间物体、投影面三者之间的相对距离对投影的形成有影响，度量性较差，如图 2-4 所示。

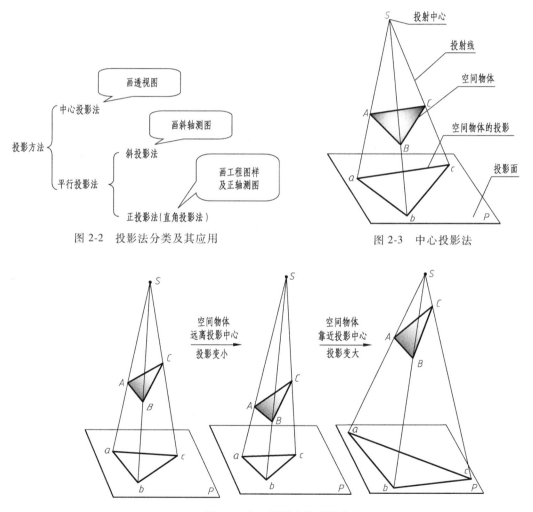

图 2-2　投影法分类及其应用　　　　　　　　　图 2-3　中心投影法

图 2-4　中心投影法的投影特点

（2）平行投影法　若将中心投影法的投射中心沿不平行于投影面的方向移到无穷远，投射线就会相互平行，这种投射线相互平行的投影法称为平行投影法，如图 2-5 所示。

平行投影中，投射线与投影面倾斜的称为斜投影；投射线与投影面垂直的称为正投影。

　　正投影有单面正投影与多面正投影。单面正投影用于正轴测投影和标高投影。多面正投影则是技术制图中的图样画法。

　　国家标准规定技术制图采用正投影法绘制，并优先采用第一角画法。必要时可以使用第三角画法。

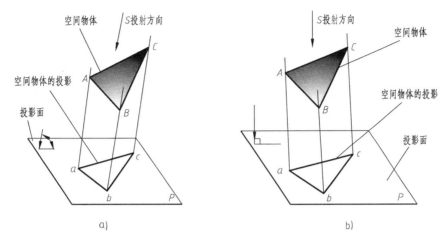

图 2-5　平行投影法

a）斜投影　b）正投影

2.1.2　正投影法的基本性质

　　（1）同素性　点的投影仍然是点；直线的投影一般仍为直线，特殊情况下积聚成一点；平面的投影仍为平面，特殊情况下积聚成一直线，如图 2-6 所示。

　　（2）从属性　点在直线（或平面）上，则该点的投影一定在直线（或平面）的同面投影上；直线在平面内，则该直线的投影也一定在平面的同面投影内，如图 2-6a 所示。

　　（3）定比性　点分线段之比等于点的投影分线段同面投影之比，如图 2-6b 所示。

　　（4）平行性　两直线平行，其同面投影一定相互平行，如图 2-6c 所示。

　　（5）实形性　当直线（或平面）平行于投影面时，则在该投影面的投影反映实长（或实形），如图 2-6d 所示。

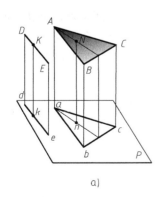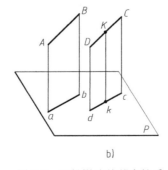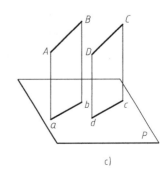

图 2-6　正投影法的基本性质

a）从属性　b）定比性　c）平行性

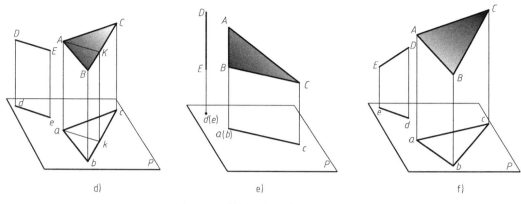

图 2-6　正投影法的基本性质（续）

d）实形性　e）积聚性　f）类似性

（6）积聚性　当直线（或平面）垂直于投影面时，则在该投影面的投影积聚成一点（或一直线），如图 2-6e 所示。

（7）类似性　当直线（或平面）倾斜于投影面时，则在该投影面的投影仍为直线（或平面），呈长度变短（或面积变小）的类似形，但其边数、曲直、凹凸不变，如图 2-6f 所示。

正是因为正投影具有以上这些性质，特别是图形具有度量性、作图简便的突出优点，选择正投影绘制工程图样才有更多的优势。

2. 2　点的投影

点、线、面是构成空间物体的基本几何元素。在正投影法中，掌握点、线、面的投影规律，是学好本课程的重要基础。下面首先来研究点的投影。

2. 2. 1　三面投影体系与投影轴

空间几何元素或者物体在一个投影面上的投影不能完全反映出其位置、大小及形状等信息。如图 2-7a 所示，对于空间点 A，在投影面 P 上的正投影是唯一的；但是，如果知道点的单面投影，则在过该投影点的投射线上任一个位置都可能是该点的空间位置，也就不能确定该点的空间位置。如图 2-7b 所示，物体 A、B、C 在 V 面上的正投影完全相同，如果只有 V 面投影也就无法确定该投影表达的空间物体是 A、B 还是 C 了。因此，在工程图样中要使用多面投影图来进行表达，通常采用三面投影体系。

分别用 V（称为正面投影面，简称 V 面）、H（称为水平投影面，简称 H 面）、W（称为侧面投影面，简称 W 面）表示三个相互垂直的投影面，彼此两两垂直相交。其交线分别用 OX、OY、OZ 表示，称为投影轴，三轴的交点 O 称为原点，从而构成三面投影体系，三面投影体系与空间坐标体系完全对应。三面投影体系将空间分成八个部分，每部分称为分角，我国优先采用坐标全为正值的第一分角投影，如图 2-8a 所示。

为了将空间的三面投影能画到同一张图纸上，国家标准规定，正面投影面不动，将水平投影面绕 OX 轴向下旋转 90°，侧面投影面绕 OZ 轴向右旋转 90°，如图 2-8b 所示。展平后，

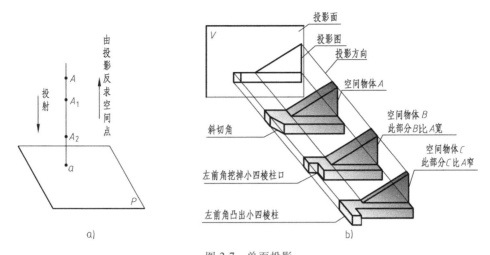

图 2-7　单面投影

a）点的单面投影　b）空间物体的单面投影

就能在同一平面上表达三面投影，如图 2-8c 所示。

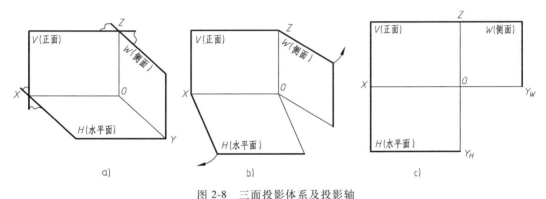

图 2-8　三面投影体系及投影轴

a）三面投影体系的构成　b）展开　c）展平

2.2.2　点的三面投影

点的三面投影
体系及展开

　　点是最基本的几何元素，一切几何形体都可以看作是点的集合。点的投影就是通过空间点分别向三个投影面作投射线（作垂线），投射线与投影面的交点（垂足）即为空间点在三个投影面的投影，用空间点 A 对应的小写字母 a、a'及 a"分别表示点在水平投影面（H）、正面投影面（V）及侧面投影面（W）上的投影，按图 2-9a 所示方法将三面投影两两相连，用相应的字母表示空间坐标及其与坐标轴的交点。按三面投影体系展开的规定展开后，如图 2-9b 所示。在画图时，可以去掉边框，同时为了保证展开后 Y 坐标的对应，可以加 45°辅助线，如图 2-9c 所示。

　　通过图 2-9 可以得出点的投影规律：

　　1）点的正面投影与水平投影的连线 aa'垂直于 OX 投影轴，即 aa'⊥OX，该两投影均反映点的 X 坐标。

　　2）点的正面投影与侧面投影的连线 a'a"垂直于 OZ 投影轴，即 a'a"⊥OZ，该两投影均

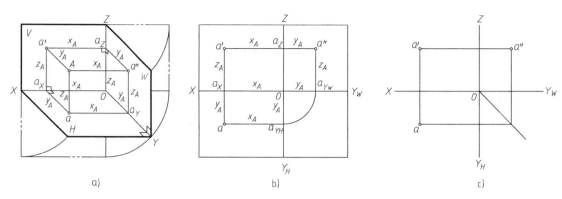

图 2-9　点的三面投影

a）点在三面投影体系中投影　b）投影面展开后　c）投影图（加 45°辅助线）

反映点的 Z 坐标。

3）点的水平投影到 OX 轴的距离等于点的侧面投影到 OZ 轴的距离，即 $aa_X = a''a_Z$，该两投影均反映点的 Y 坐标。

点在三面投影体系中的位置有一般位置，也有特殊位置。图 2-9 所示就是一般位置点。另外，点还可以位于投影面上或投影轴上，甚至位于原点处，这些位置的点称为特殊位置点。

点在投影面上的投影特点：点所在的投影面上投影与该空间点重合，另两个投影分别位于点所在投影面的两投影轴上，如图 2-10 中的点 A、B。

点在投影轴上的投影特点：点在包含该投影轴的两个投影面上的投影都与该点重合，另一投影与坐标原点重合，如图 2-10 中的点 C。

点在原点处的投影特点：点的三个投影均与原点重合。

需要注意的是，表示特殊位置点三面投影的字母要标注在相应区域。

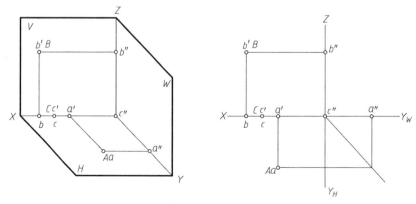

图 2-10　特殊位置点的三面投影

2.2.3　点的投影和坐标

通过点的投影可以看出，点的投影图与点在空间三维坐标体系有对应关系。在展开的投影图中，水平投影反映点的 X、Y 坐标但不反映 Z 坐标，正面投影反映点的 X、Z 坐标但不

反映 Y 坐标，侧面投影反映点的 Y、Z 坐标但不反映 X 坐标。

根据点的投影规律及点的投影与坐标的对应关系，就可以完成已知点的坐标作出点的三面投影以及由点的两面投影求其第三面投影的作图。

2.2.4　点投影作图

下面举例说明点的投影作图方法。

【**例 2-1**】　已知图 2-11a 中点 A 的正面 a' 和侧面投影 a''，点 B 的水平投影 b 和侧面投影 b''，求点 A 的水平投影 a 和点 B 的正面投影 b'。

作图过程如图 2-11b 所示。

1）过原点 O 作出 45°辅助线。

2）求点 A 的水平投影 a。

根据点的投影规律，过点 a'' 作 OY_W 的垂线与辅助线相交后向左作垂直于 OY_H 轴的直线，与过点 a' 所作的 OX 轴的垂线相交，其交点即为所求 a。

3）求点 B 的正面投影 b'。

根据点的投影规律，过点 b'' 作 OZ 轴的垂线与过点 b 所作 OX 轴的垂线相交，其交点即为所求 b'。

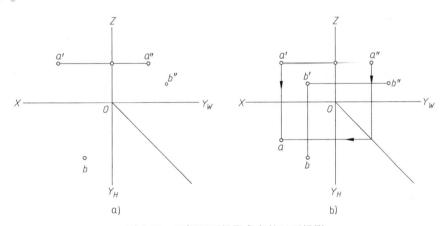

图 2-11　已知两面投影求点的三面投影

2.3　两点的相对位置

空间两点的相对位置可用两点的同面投影的坐标大小来判断：

X 坐标大者（距 W 面远者）在左，小者（距离 W 面近者）在右。

Y 坐标大者（距 V 面远者）在前，小者（距离 V 面近者）在后。

Z 坐标大者（距 H 面远者）在上，小者（距离 H 面近者）在下。

【**例 2-2**】　如图 2-12a 所示，已知点 B 的投影，且知点 A 在点 B 的左方 6 个单位，前方 2 个单位，上方 5 个单位。试根据两点的相对位置求点 A 的投影。

作图过程如图 2-12b 所示，根据已知条件，分别在点 b 左侧 6 个单位处及前方 2 个单位处画 OX 轴及 OY_H 轴的垂线并相交，其交点就是点 A 的水平投影 a；在 b' 点上方 5 个单位处

画 OZ 轴的垂线，与所作的 OX 轴的垂线相交得点 A 的正面投影 a'；根据所求得的 a、a'，就可求出点 A 的侧面投影 a''。

A、B 两点空间的直观图如图 2-12c 所示。

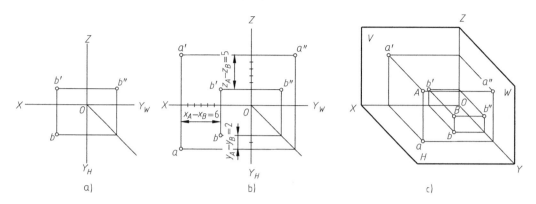

图 2-12　根据两点的相对位置求投影

a）已知点 B 投影　b）根据相对位置作图求点 A　c）两点在空间的实际情况

2.4　重影点及其可见性

当空间两点在某个投影面上的投影重合时，则此两点称为该投影面的重影点。如图 2-13 所示，点 A、B 的 V 面投影重合，是对 V 面的重影点。重影点在投影时要判断可见性并在投影中将不可见的投影加括号。在判断可见性时，可以根据坐标的大小来进行：V 面的重影点在前（Y 坐标大）的点可见，H 面的重影点在上（Z 坐标大）的点可见，W 面的重影点在左（X 坐标大）的点可见。

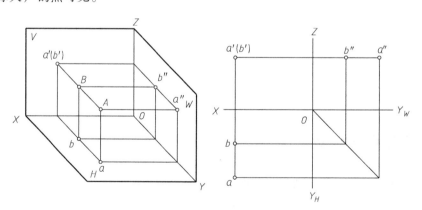

图 2-13　重影点及其可见性

第 3 章　直线的投影

3.1　直线投影概述

直线是无限延展的，这里研究的直线主要是指直线段。

根据两点确定一条直线，直线的投影就是直线上两端点的同面投影之间的连线。根据正投影法的基本投影特性可知，直线的投影一般还是直线，特殊情况下积聚为一点。

在三面投影体系中，直线根据与投影面的相对位置关系分为一般位置直线和特殊位置直线，特殊位置直线又可分为投影面的平行线和投影面的垂直线两种。

3.1.1　直线对投影面的位置

1. 一般位置直线

与三个投影面都倾斜的直线为一般位置直线。直线与 H、V、W 面的倾角分别用 α、β 及 γ 表示，如图 3-1 所示。

一般位置直线的特点：与三个投影面都倾斜，倾角在 $0° \sim 90°$ 之间。三个投影既不反映实长也没有积聚性，三面投影都是与投影轴倾斜并比实长短的直线段。

根据立体投影图可以看出，通过作图可以求出直线的实长及与各投影面的倾角。以求 AB 实长及 β 为例，利用直线 AB 的正面投影 $a'b'$ 及直线两个端点相应的 Y 坐标差 Δy 可以作出一个直角三角形，其斜边就是直线的实长，与 Δy 这一直角边相对的角为 β，如图 3-1 所示。

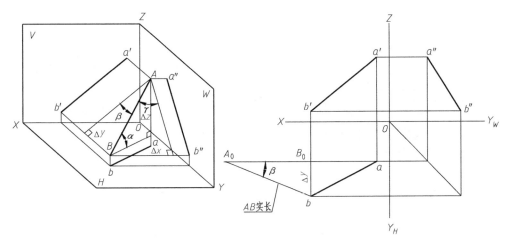

图 3-1　一般位置直线的投影

2. 投影面平行线

只平行于一个投影面的直线称为该投影面的平行线。在三面投影体系中，投影面的平行线分为水平线、正平线及侧平线。各种平行线的空间投影图、平面投影图及投影特性见表 3-1。

投影面的平行线投影特性：直线平行于某投影面，它在该投影面上的投影倾斜于该投影面所包含的两个投影轴，反映直线实长及该直线与其他两个投影面的倾角的大小；另两个投影分别平行于该投影面所包含的两个投影轴，且共同垂直于该投影面所垂直的投影轴，投影长度小于实长。

表 3-1　投影面平行线的空间投影图、平面投影图及投影特性

平行线	空间投影图	平面投影图	投影特性
水平线			1）$ab = AB$，即水平投影反映 AB 实长，倾斜于 X、Y 轴 2）在水平投影上反映与 V、W 面的倾角 β 及 γ 3）正面投影及侧面投影小于实长且分别平行于 OX 轴及 OY_W 轴
正平线			1）$a'b' = AB$，即正面投影反映 AB 实长，倾斜于 X、Z 轴 2）在正面投影上反映与 H、W 面的倾角 α 及 γ 3）水平投影及侧面投影小于实长且分别平行于 OX 轴及 OZ 轴
侧平线			1）$a''b'' = AB$，即侧面投影反映 AB 实长，倾斜于 Y、Z 轴 2）在侧面投影上反映与 H、V 面的倾角 α 及 β 3）水平投影及正面投影小于实长且分别平行于 OY_H 轴及 OZ 轴

3. 投影面垂直线

垂直于一个投影面的直线称该投影面的垂直线。在三面投影体系中，投影面的垂直线分为铅垂线、正垂线及侧垂线。各种垂直线的空间投影图、平面投影图及投影特性见表 3-2。

投影面的垂直线的投影特性：直线垂直于某投影面，它在该投影面上的投影积聚为一点，在另两个投影面上的投影平行于该投影面所垂直的投影轴，且均反映实长。

表 3-2　投影面垂直线的空间投影图、平面投影图及投影特性

垂直线	空间投影图	平面投影图	投影特性
铅垂线	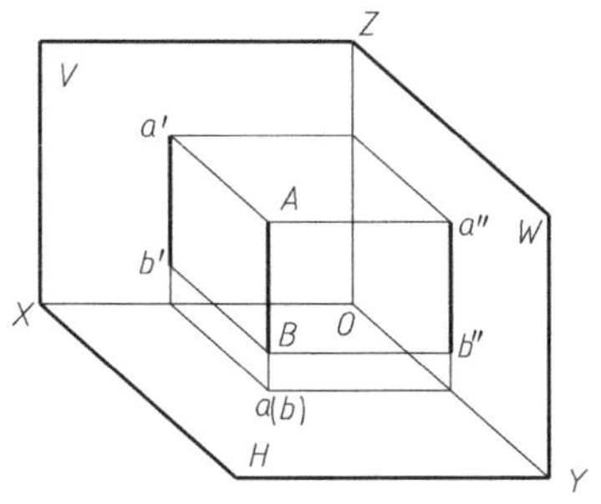	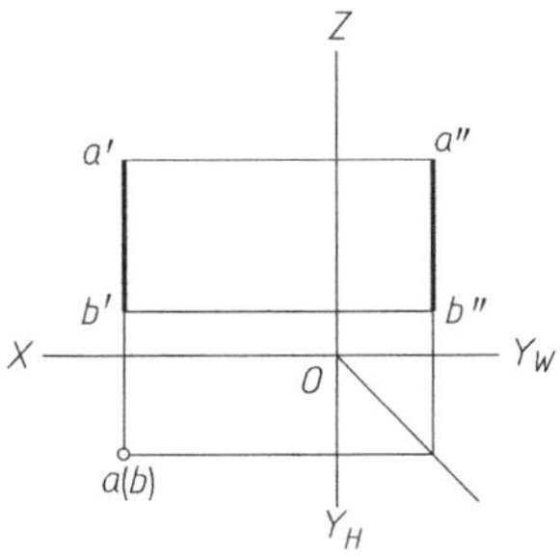	1）水平投影 ab 积聚成一点 2）$a'b' = a''b'' = AB$，$a'b'$ 垂直于 OX 轴，$a''b''$ 垂直于 OY_W 轴 3）正面投影、侧面投影平行于 OZ 轴，均反映实长
正垂线	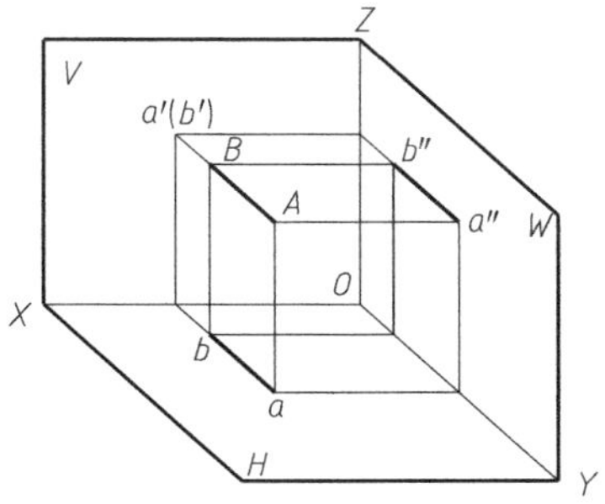	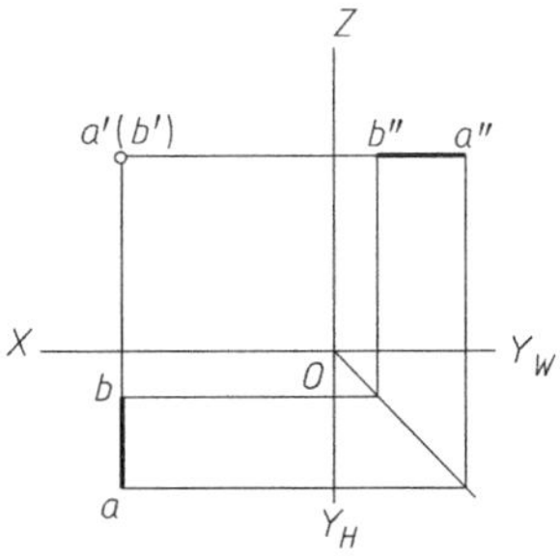	1）正面投影 $a'b'$ 积聚成一点 2）$ab = a''b'' = AB$，ab 垂直于 OX 轴，$a''b''$ 垂直于 OZ 轴 3）水平投影、侧面投影分别平行于 OY_H 轴及 OY_W 轴，均反映实长
侧垂线	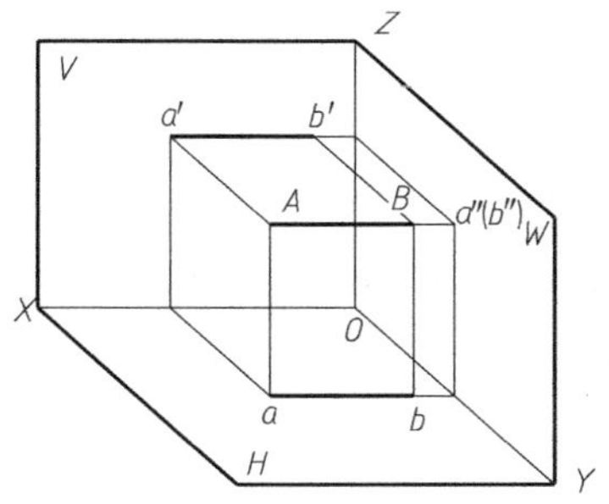	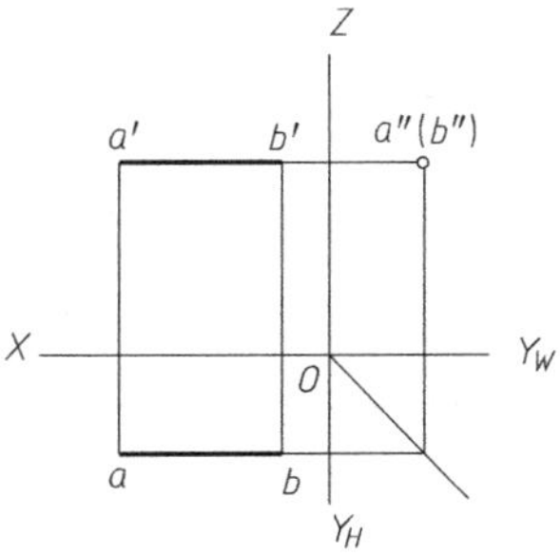	1）侧面投影 $a''b''$ 积聚成一点 2）$ab = a'b' = AB$，ab 垂直于 OY_H 轴，$a'b'$ 垂直于 OZ 轴 3）水平投影、正面投影平行于 OX 轴，均反映实长

3.1.2　换面法求一般位置直线的实长及其与投影面的夹角

通过以上对特殊位置直线投影规律的介绍可知，如果想求一般位置直线的实长及其与投影面的夹角，除了用图 3-1 所示的方法外，还可以通过更换组成投影体系的某个投影面，使一般位置直线变换成新投影体系中某个投影面的平行线或投影面的垂直线。下面简单介绍将一般位置直线变换成投影面平行面求直线实长及其与投影面的夹角。

如图 3-2a 所示，欲求 AB 的实长和对 H 面的倾角 α，须将一般位置直线变换成正平线，即必须用一个新的投影面 V_1 去取代 V。然后按照空间投影图展开成平面投影图的方法，保持 H 面不动，将 V_1 平面绕 X_1 轴向右旋转 $90°$，绘制平面投影图，如图 3-2b 所示，就可以求得 AB 实长 $a_1'b_1'$ 及与 H 面的夹角 α。

如欲求 AB 的实长和对 V 面的倾角 β，要保持 V 面不动，用一个新的投影面 H_1 去替换 H 面，后续作图方法类同，如图 3-2c 所示。

如欲求 AB 的实长和对 W 面的倾角 γ，则要保持 W 面不动，通过更换 H 面或 V 面进行。

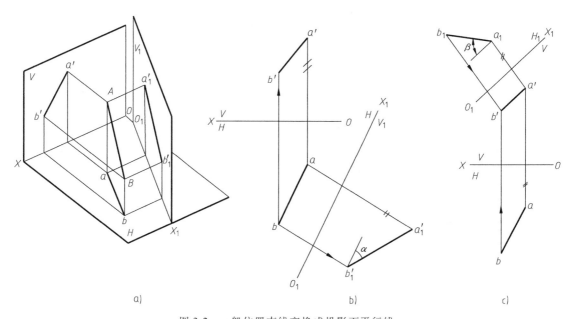

图 3-2　一般位置直线变换成投影面平行线

a）更换投影面空间图　b）求直线实长和 α 角　c）求直线实长和 β 角

3.2　点与直线的相对位置

点与直线的空间相对位置可分为点在直线上和点不在直线上两种。

点在直线上的投影特性：点在直线上，则点的各面投影必在该直线的同面投影上（即点线投影的从属性），且点分线段之比等于其投影分线段投影之比（即定比原理），如图 3-3 所示。

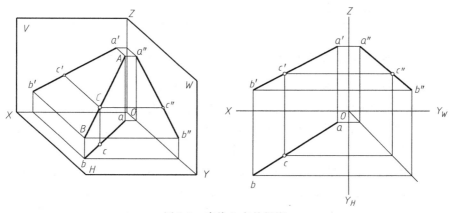

图 3-3　直线上点的投影

3.2.1　点与直线的从属关系

在投影中可以通过点与直线的从属关系来判断点是否在直线上或者求点在直线上的投影。

【例3-1】 如图3-4a 所示,已知线段 *AB* 的水平投影 *ab* 及正面投影 *a'b'*,点 *K* 的正面投影 *k'*,求点 *K* 的水平投影 *k*。

作图过程:根据点与直线的从属关系,点 *K* 的水平投影 *k* 也应在直线的水平投影上,但由于 *AB* 是特殊位置直线(从已知条件可判断出是侧平线),无法直接作出水平投影。可以先作出侧面投影,然后再通过二求三的方法作出水平投影。作图过程如图3-4b 所示。

3.2.2 点分割线段的定比原理

在投影中也经常用定比原理来作图,如对于图3-4a,作图过程如图3-4c 所示:在水平投影上,自直线投影的端点 *a* 任意作一条直线 *aB₀*,使 $aB_0 = a'b'$,取 $aK_0 = a'k'$,连接 B_0b,再过 K_0 作 K_0k 平行于 B_0b,与 *ab* 交于 *k*。点 *k* 即为所求。

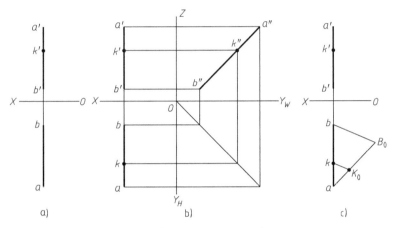

图 3-4 求直线 *AB* 上点 *K* 的投影

a)已知条件 b)利用点与直线的从属性 c)利用定比原理

3.3 两直线的相对位置

空间两条直线的相对位置有平行、相交及交叉三种。两直线的相对位置可以通过投影来表达或判断。

3.3.1 平行

空间平行的两直线,其同面投影仍平行。反之,若两直线的同面投影平行,则该两直线在空间中一定平行。空间平行的两直线长度之比等于其同面投影之比。

对处于一般位置的平行两直线,只要两个同面投影平行,则在空间中必然平行,如图3-5 所示。

对于同一投影面的两垂直线,可以直接判断出空间投影相互平行。而对于同一投影面的两平行线,虽然有两个同面投影平行,但在空间中未必平行,可以通过作出第三投影判断其是否平行,如图3-6 所示。也可假设 *AB∥CD*,则 *AB* 与 *CD* 组成同一平面,其对角线也必然相交,交点的投影符合点的投影规律;否则,*AB*、*CD* 必然不平行,如图3-6 所示。

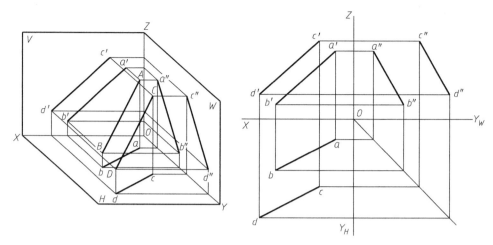

图 3-5　平行两直线的投影

3.3.2　相交

空间相交两直线的交点是两直线的共有点。所以，空间相交的两直线，同面投影均相交，且交点的投影必符合点的投影规律。反之，若两直线在同一投影面上的投影均相交，且交点的投影符合点的投影规律，则该两直线空间一定相交，如图 3-7 所示。

在一般情况下，通过两面投影就可以判断两直线是否相交。但如果其中有一直线是投影面平行线，则需作出两直线在所平行的那个投影面上的投影来判断二者是否相交或根据定比原理进行判断，如图 3-8 所示。

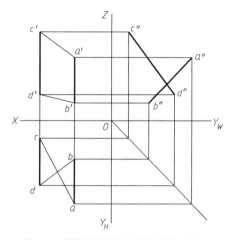

图 3-6　判断投影面两平行线的平行性

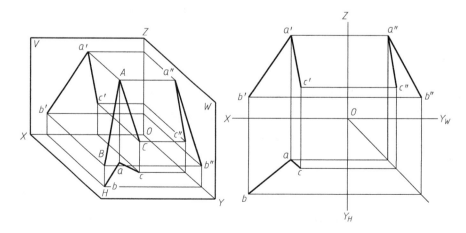

图 3-7　相交两直线的投影

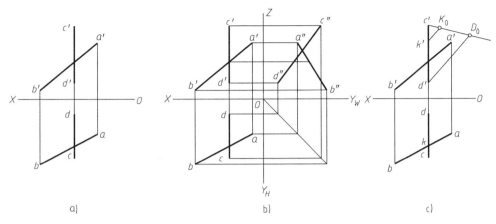

图 3-8　两直线相交的判断

a）已知　b）第三投影判断　c）定比定理判断

图 3-8a 为已知侧平线 CD 与一般位置直线 AB 的两面投影；图 3-8b 为画出第三投影来判断：两直线不相交；图 3-8c 通过定比定理来判断：两直线不相交。

3. 3. 3　交叉

在空间既不平行也不相交的两直线称为交叉（异面）直线，其投影既不符合平行两直线的投影特点也不符合相交两直线的投影特点。所以通过投影来判断交叉两直线，是进行排除性判断，即先进行平行与相交的判断，如都不符合，则可判断此两直线是交叉两直线。

交叉两直线也可能在某个投影面存在投影交点，但不符合点的投影规律，它是位于两条直线上对于该投影面的重影点。如图 3-9 所示的两交叉直线，在水平投影面上就存在投影交点，它是位于直线 AB 和 CD 上对 H 面的一对重影点 E、F 的水平投影 e(f)。由于 E 在 F 之上，可知水平投影上 E 点可见，F 点不可见。

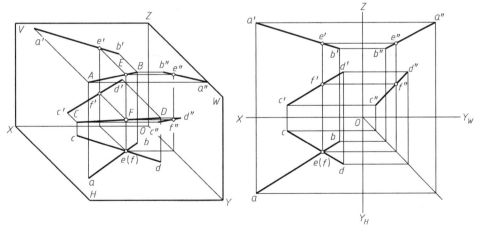

图 3-9　两交叉直线

3. 3. 4　直角投影定理

如果两直线垂直相交或垂直交叉，其中一条直线为某一投影面的平行线，则两直线在该投影面上的投影的夹角为直角。这一投影规律也称为直角投影定理。

如图 3-10 所示，*AB* 与 *BC* 相互垂直，*BC* 平行于 *H* 面，所以在水平投影中 $ab \perp bc$。

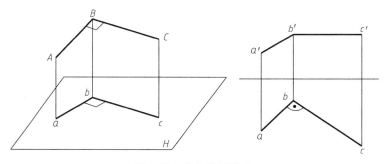

图 3-10　直角投影定理

【例 3-2】　如图 3-11 所示，已知 *ab* 平行于 *OX* 轴，过点 *C* 作直线 *CD* 与 *AB* 垂直相交于点 *D*。

作图：因为 *ab* 平行于 *OX* 轴，所以可以判断出 *AB* 为正平线，所以与 *AB* 垂直的 *CD* 正面投影 $c'd' \perp a'b'$。先过点 *c'* 作垂线 $c'd' \perp a'b'$，再根据点的投影规律作出水平投影 *d*，连接 *cd*。这样，就求得了 *CD* 的两面投影。

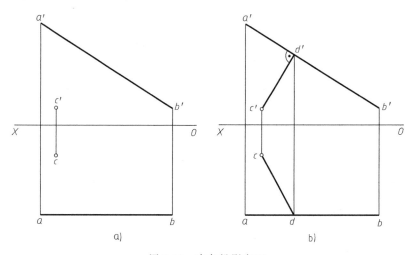

图 3-11　直角投影定理

a）已知条件　b）利用直角投影定理作图

第4章 平面的投影

4.1 平面投影概述

4.1.1 平面的表示法

在投影图上表示空间平面的一般表示法有以下几种：不在同一直线上的三点（图4-1a）；一直线及直线外一点（图4-1b）；两相交直线（图4-1c）；两平行直线（图4-1d）；平面图形（图4-1e），如三角形、多边形、圆形或其他平面图形。

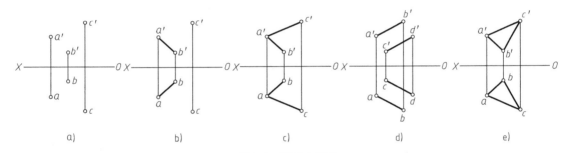

图 4-1 平面表示法

a）不在同一直线上的三点 b）一直线及直线外一点 c）两相交直线 d）两平行直线 e）平面图形

在三投影面体系中，根据平面对投影面的相对位置及其投影特点，可以将平面分为一般位置平面和特殊位置平面，而特殊位置平面又分为投影面的平行面和投影面的垂直面。

4.1.2 平面对投影面的相对位置

1. 一般位置平面

与三个投影面都倾斜的平面为一般位置平面。平面与 H、V、W 面的倾角分别用 α、β 及 γ 表示。一般位置平面与每个投影面的倾角在 $0° \sim 90°$ 之间。

由图4-2可以看出一般位置平面的投影特性：三个投影既没有积聚性，又不反映实形，也不能直接反映出与三个投影面的倾角。如果是用平面图形表示的平面，则其投影均是面积缩小的类似形。

2. 投影面平行面

平行于一个投影面的平面为投影面平行面。投影面平行面根据其所平行的投影面又可以分为水平面、正平面及侧平面。

各种投影面平行面的投影特性见表4-1。

投影面平行面的投影特性：平面平行于某投影面，它在该投影面上的投影反映实形；在其他两个投影面的投影均积聚为一直线段，且分别平行于该投影面所包含的投影轴，共同垂

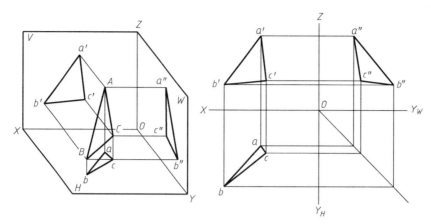

图 4-2   一般位置平面的投影

直于该投影面所垂直的投影轴。

表 4-1   投影面平行面的投影特性

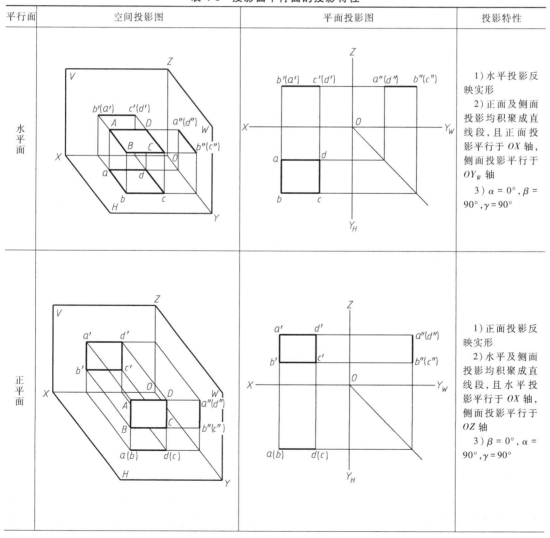

平行面	空间投影图	平面投影图	投影特性
水平面			1）水平投影反映实形 2）正面及侧面投影均积聚成直线段，且正面投影平行于 OX 轴，侧面投影平行于 OY_W 轴 3）$\alpha = 0°$，$\beta = 90°$，$\gamma = 90°$
正平面			1）正面投影反映实形 2）水平及侧面投影均积聚成直线段，且水平投影平行于 OX 轴，侧面投影平行于 OZ 轴 3）$\beta = 0°$，$\alpha = 90°$，$\gamma = 90°$

（续）

平行面	空间投影图	平面投影图	投影特性
侧平面	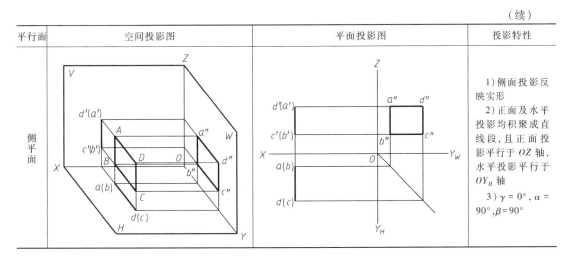		1）侧面投影反映实形 2）正面及水平投影均积聚成直线段，且正面投影平行于 OZ 轴，水平投影平行于 OY_H 轴 3）$\gamma = 0°$，$\alpha = 90°$，$\beta = 90°$

3. 投影面垂直面

只垂直于一个投影面，而倾斜于另外两个投影面的平面称为投影面垂直面。在三面投影体系中，投影面垂直面根据所垂直的投影面又可分为铅垂面、正垂面及侧垂面三种。各投影面垂直面的投影特点见表 4-2。

总之，投影面垂直面的投影特点：平面垂直于某投影面，它在该投影面上的投影积聚为一直线段，该直线段与投影轴的夹角反映该平面与另外两个投影面的倾角；在其他两个投影面上的投影是面积缩小的类似形。

表 4-2　投影面垂直面的投影特性

垂直面	空间投影图	平面投影图	投影特性
铅垂面			1）水平投影积聚为直线段，并反映 β、γ，$\alpha = 90°$ 2）正面及侧面投影均为面积缩小的原平面图形的类似形
正垂面			1）正面投影积聚为直线段，并反映 α、γ，$\beta = 90°$ 2）水平及侧面投影均为面积缩小的原平面图形的类似形

（续）

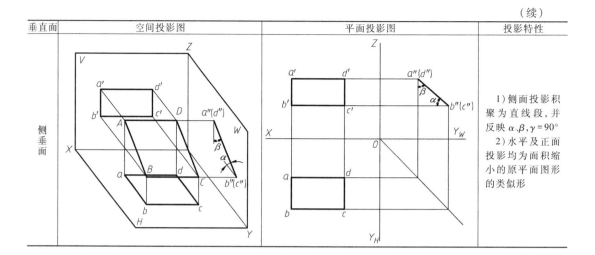

垂直面	空间投影图	平面投影图	投影特性
侧垂面			1) 侧面投影积聚为直线段, 并反映 α、β、$\gamma = 90°$ 2) 水平及正面投影均为面积缩小的原平面图形的类似形

4.1.3　求一般位置平面的实形

求平面的实形, 可以分为三种情形:

1) 平面为某投影面的平行面时, 平面在该投影面的投影反映实形。

2) 平面为某投影面的垂直面, 可以保持该投影面不变, 更换一个与该平面平行的新投影面, 构成新的两面投影体系, 从而在新投影面上反映该平面的实形, 作图过程如图 4-3 所示。

① 从投影可知, 平面 ABC 为正垂面, 正面投影积聚为直线段, 保持 V 面不变, 用 H_1 面更换 H 面。

② 作 $O_1 X_1$ 轴平行于直线段 $a'b'c'$。

③ 向 H_1 面作出 a_1、b_1、c_1 的投影。

④ 依次连接 $a_1 b_1 c_1$ 就得到平面 ABC 的实形。

3) 平面为一般位置平面, 则需要先将其变换为投影面的垂直面, 再变换成投影面的平行面, 作图过程如图 4-4 所示。

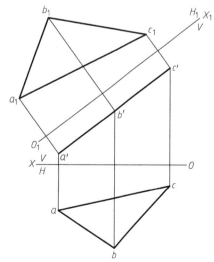

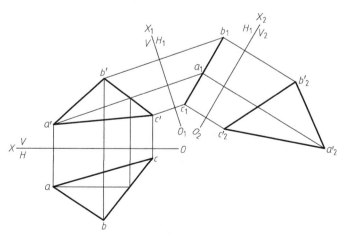

图 4-3　投影面垂直面变换为投影面的平行面求实形

图 4-4　一般位置平面变换为投影面的平行面求实形

① 第一次换面，使新投影面 H_1 垂直于平面 ABC 上的正平线，则该平面必然垂直于新投影面 H_1。作图时，应使新的 X_1 轴垂直于正平线的正面投影，则在新辅助投影面 H_1 上，正平线就成为该投影面的垂直线，投影积聚为一点，平面 ABC 的投影就积聚为一直线 $b_1a_1c_1$。

② 第二次换面，使该投影面垂直面 $A_1B_1C_1$ 平行于另一新的辅助投影面 V_2，平面的新投影 $b'_2a'_2c'_2$ 就反映平面 ABC 的实形。作图时，注意使新的 X_2 轴平行于 $b_1a_1c_1$。

4.2 平面内的直线与点

4.2.1 平面内的点

过平面内任意点可作无数条直线，所以点在平面内，则点必在该平面内的任一条直线上。在平面内任一直线上所取的任一点均在平面内，所以在平面内取点的投影，是在平面内先作辅助线，然后在直线上求点的投影。

1. 点在特殊位置平面上

因为特殊位置平面在某个投影面（投影面垂直面）或某两个投影面（投影面平行面）的投影积聚为直线段，所以如果点在平面非积聚的投影上投影已知，则可利用特殊位置平面的投影积聚性直接求点的投影。

【例 4-1】 如图 4-5a 所示，已知正垂面 ABC 的两面投影及该面上一点 D 的水平投影 d，求 D 的正面投影 d'。

作图过程如图 4-5b 所示。

2. 点在一般位置平面上

若已知平面内点的一个投影，求点的其他投影，必须利用辅助线来确定点的投影。即先过点的已知投影在平面内取一条辅助直线，然后再在该直线上利用点与直线的从属性及点的投影规律确定点的其他投影。

【例 4-2】 如图 4-6a 所示，已知平面 ABC 的两面投影及其上点 D 的正面投影 d'，求水平投影 d。

作图过程如图 4-6b 所示。

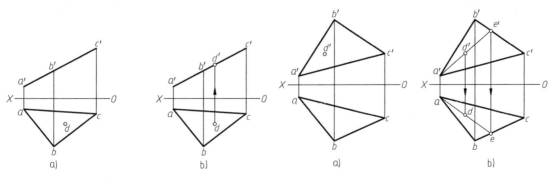

图 4-5　在特殊位置平面上取点　　　　　　　　图 4-6　在一般位置平面上取点
a）已知条件　b）作图过程　　　　　　　　　　a）已知条件　b）作图过程

4.2.2　平面内的直线

平面内的直线有无数条，即使是通过指定点的直线也有无数条，在实际投影作图中经常会有一些条件限制，或者所作直线为特殊位置。

1. 在平面内取一直线

直线在平面内，则直线必通过该平面内的两个点。反之，过平面内的任意两点作一直线，则该直线必在该平面内，如图 4-7a 所示。

或者，过平面内的任一点作一直线平行于该平面内的一已知直线，则所作直线必在该平面内，如图 4-7b 所示。

2. 在平面内作投影面的平行线

平面内的投影面平行线就是既要在平面内又要平行于投影面的直线，在投影中既要符合投影面平行线的投影特点，又要符合直线在平面上的条件。

如图 4-7c 所示，过平面 *ABC* 内的点 *C* 作水平线。作出 *c'd'*//*OX* 轴，交 *a'b'* 于点 *d'*；然后求出水平投影 *d*，连接 *dc* 就求得了 *CD* 的两面投影。

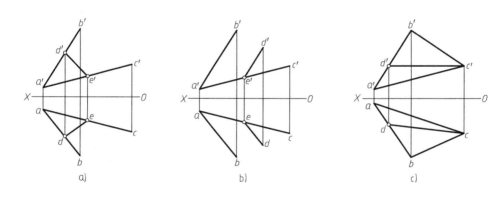

图 4-7　在平面内取直线

a) 过平面内两点　b) 过平面内一点且平行于平面内一直线　c) 平面内取水平线

【例 4-3】　如图 4-8a 所示，已知 *AC* 为水平线，试补全平行四边形 *ABCD* 的投影。

作图：本题有两种作图方法。

方法一：利用平面内取点法作图

AC 为水平线，故其正面投影 *a'c'*//*OX* 轴；点 *C* 的水平投影已知，可以作出点 *C* 的正面投影 *c'*；连接 *ac*、*bd* 交于点 *k*，并作出 *k'*；连接 *d'k'* 并延伸与投影连线 *bb'* 交于点 *b'*；依次连接 *d'c'b'a'* 就为平行四边形的正面投影，如图 4-8b 所示。

方法二：利用平行四边形的对边平行性作图

AC 为水平线，作出其正面投影 *a'c'*//*OX* 轴，并由水平投影 *c* 求出 *c'*；连接 *d'c'* 并根据对边平行性，作 *a'b'*//*d'c'*，作 *b'c'*//*a'd'*，并交于点 *b'*，即求得平行四边形 *ABCD* 的正面投影，如图 4-8c 所示。

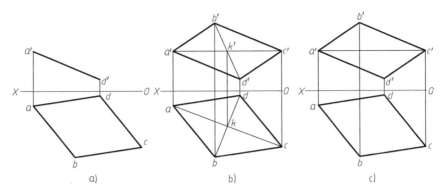

图 4-8　补全平行四边形 *ABCD* 的投影

a）已知条件　b）方法一　c）方法二

4.3　直线与平面、平面与平面的相对位置

直线与平面、平面与平面的相对位置分为平行、相交和垂直。其中垂直是相交的特殊情况。

4.3.1　平行

1. 直线与平面平行

若一直线平行于平面内任一直线，则该直线平行于该平面；反之，若在平面内能作出一直线与已知直线平行，则直线必平行于该平面。那么根据平行直线的投影规律及平面与直线投影的从属性就可以通过投影作图来完成直线与平面平行、在平面内作已知直线的平行线或判断直线与平面是否平行。

【例 4-4】　如图 4-9a 所示，过点 *E* 作水平线平行于平面 *ABC*。

分析：过点 *E* 可作无数条直线平行于已知平面，但水平线只有一条。先在平面内任取一条水平线作为辅助线，通过点 *E* 作直线平行于平面内的水平线。

作图过程如图 4-9b 所示。

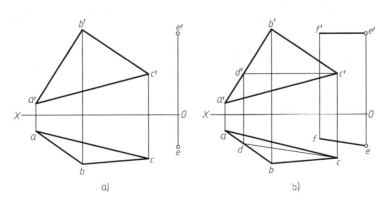

图 4-9　求直线与平面平行

a）已知条件　b）作图过程

1）过平面上任一点 C 作一水平线 CD。

2）过点 E 作 EF 平行于 CD，即 $ef//cd$，$e'f'//c'd'$，则 EF 即为所求的直线。

【例 4-5】　如图 4-10a 所示，判断直线 DE 是否平行于平面 ABC。

分析：判断直线 DE 是否平行于平面 ABC，取决于是否能够在平面 ABC 内作出 DE 的平行线。

作图过程如图 4-10b 所示。

1）在平面 ABC 内作直线 AF，使 $a'f'//d'e'$，再求出 af。

2）由于 af 不平行于 de，所以 DE 不平行于平面 ABC。

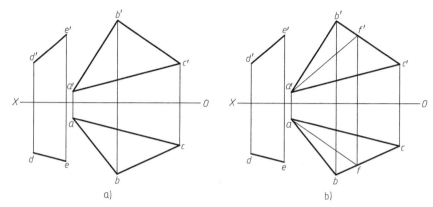

图 4-10　判断直线与平面是否平行

a）已知条件　b）作图判断过程

2. 平面与平面平行

一个平面上的两相交直线分别对应平行于另一平面上的两相交直线，则这两个平面相互平行。这是平面与平面平行的投影作图的基本依据。

【例 4-6】　试判断图 4-11a 中的两个平面 ABC 和 DEF 是否平行。

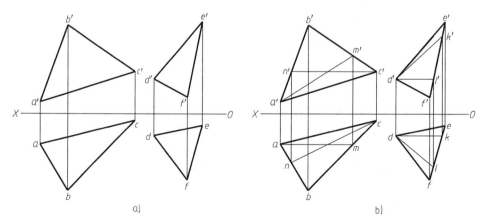

图 4-11　判断两个平面是否相互平行

a）已知条件　b）作图判断过程

在判断两个平面相互平行的过程中，为了作图方便，一般分别在两个平面内选取相交的正平线和水平线作图，根据它们是否相互平行，来判断两平面是否相互平行。

作图：如图 4-11b 所示。

1）在平面 ABC 内作正平线 AM 和水平线 CN。

2）在平面 DEF 内作正平线 DK 和水平线 DL。

3）根据作图结果，可以看出两条平面内水平线的水平投影 cn 与 dl 不平行，所以 CN 与 DL 不平行，故两平面 ABC 与 DEF 不平行。

3. 平行问题的特殊情形（图 4-12）

1）直线平行于投影面垂直面，则该直线与该投影面垂直面垂直于同一投影面，如图 4-12a 所示。

2）直线与平面在平面有积聚性的投影面上的投影相互平行，则直线平行于该平面，如图 4-12b 所示。

3）若两投影面垂直面相互平行，则它们具有积聚性的那组投影必相互平行，如图 4-12c 所示。

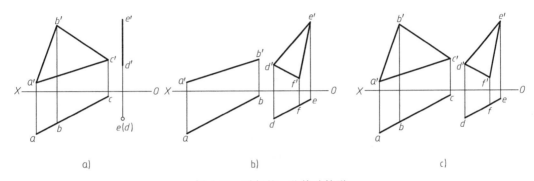

图 4-12 平行的一些特殊情形

a）直线与平面垂直于同一投影面 b）直线与平面积聚性投影平行 c）两投影面垂直面平行

4.3.2 相交

直线与平面、平面与平面如果不平行，则必相交。本书仅讨论相交的直线或平面中至少有一个投影有积聚性的情况。

1. 直线与平面相交

直线与平面相交，其交点是直线与平面的共有点，且是直线的投影可见与不可见的分界点。

1）投影面垂直线与一般位置平面相交，其交点的一个投影与该直线的积聚性投影重合，其余投影可按平面内取点的方法求出，直线投影的可见性可用重影点来判断。

【例 4-7】 如图 4-13a 所示，求直线 DE 与平面 ABC 的交点 K，并判断可见性。

分析：因直线 DE 为正垂线，所以其正面投影积聚成一个点，交点 K 的正面投影 k' 与该点重合，又点 K 在平面 ABC 上，故可用平面内取点法求出点 K 的水平投影，然后利用重影点判断可见性。

作图过程如图 4-13b 所示。

① 过点 K 作平面内一辅助线 AF 的正面投影 a'f'，再作出其水平投影 af，af 与 de 的交点就为点 K 的水平投影 k。

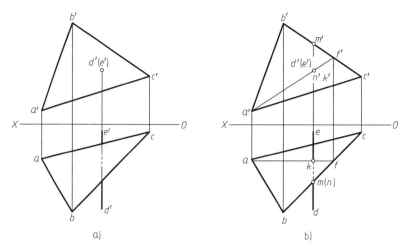

图 4-13　正垂线与一般位置平面相交

a）已知条件　b）作图过程

② 利用重影点判别直线 DE 水平投影的可见性。选取与 DE 的水平投影有重影点的直线 BC，它们的水平投影 bc 与 de 的交点分别为 m、n，利用点线从属性可分别在 b'c' 与 d'e' 上求出 m'、n'。由于 m' 比 n' 高，故水平投影 m 可见而 n 不可见，即直线段 kn 不可见，画成虚线，直线 de 的其他部分均可见。

2）投影面的垂直面（或平行面）与一般位置直线相交，其交点的一个投影是平面有积聚性的投影与直线投影的交点，交点的其他投影可利用点线从属性求得。

【例 4-8】　如图 4-14a 所示，求直线 AB 与平面 DEF 的交点 K，并判断可见性。

分析：平面 DEF 是铅垂面，水平投影积聚成一条直线，该直线与 DE 的水平投影的交点即为点 K 的水平投影 k。利用交点的共有性、点线投影从属性和投影规律可求得点 K 的正面投影 k'。

作图过程如图 4-14b 所示。

① 由 k 向 V 面作投影连线交 a'b' 于 k'。

② 判断直线 AB 正面投影 a'b' 的可见性。由水平投影可知，直线 AB 的右前方段 KA 位于平面 DEF 之前，在正面投影中应为可见，即 k'a' 应画成粗实线；KB 段位于平面 DEF 之后，正面投影在平面范围内的投影为不可见，所以 k'b' 与平面投影重合部分应画成虚线。

2. 平面与平面相交

两平面相交时其交线为直线，交线是两平面的共有线，其投影是两平面投影重合区域的可见与不可见的分界线。求两平面交线的投影一般先求出交线的两个端点的投影，两端点的同面投影连线即为交线的投影。

1）两个同一投影面的垂直面相交，其交线为同一投影面的垂直线，交线在该投影面上的投影就是两平面的有积聚性投影的交点。根据投影规律及交线的共有性就可求得交线的其他投影，根据两个平面重合区域的相对位置情况可以判定可见性。

【例 4-9】　如图 4-15a 所示，求平面 ABC 与平面 DEF 的交线并判断可见性。

分析：平面 ABC 与平面 DEF 均为铅垂面，它们的水平投影均积聚成直线，其交线为一条铅垂线，两铅垂面的水平投影的交点即为交线的水平投影 n（m），根据投影规律、交线的

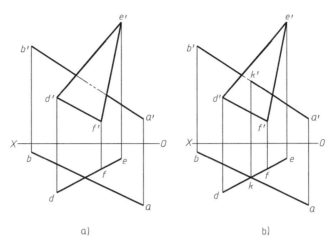

图 4-14　一般位置直线与铅垂面相交

a) 已知条件　b) 作图过程

共有性及点线的从属性求交线的正面投影并判断可见性。

作图：

① 求交线。由 m（n）向正面作投影连线，在两个平面投影重合范围内作出交线的正面投影 $m'n'$，其中点 M 在 AC 上，点 N 在 DE 上，如图 4-15b 所示。

② 判断可见性。由水平投影可知，在交线 MN 的左侧，平面 ABC 位于平面 DEF 之前，因而在正面投影中 MN 左侧的平面 ABC 部分可见，$a'm'$、$a'b'$ 均画成粗实线，而对应的平面 DEF 被其遮挡部分画成虚线；在交线 MN 的右侧可见性正好相反，平面 DEF 可见，平面 ABC 被遮挡部分不可见，如图 4-15c 所示。

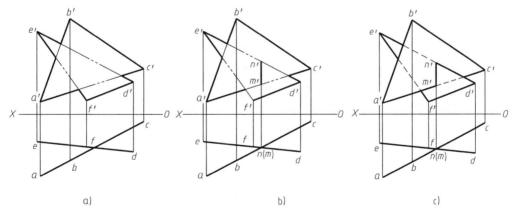

图 4-15　两铅垂面相交

a) 已知条件　b) 求交线　c) 判断可见性

2）特殊位置平面与一般位置平面相交，交线在特殊位置平面有积聚性的投影面上的投影为已知，再根据交线的共有性求得交线的其他投影，根据两平面重合区域的相对位置情况可以判定可见性。

【例 4-10】　如图 4-16a 所示，求平面 ABC 与平面 DEF 的交线并判断可见性。

　　分析：平面 *DEF* 为正垂面，其正面投影积聚为一条直线，两平面交线的正面投影必在此直线上，根据交线的共有性可知，交线在此直线与平面 *ABC* 正面投影的重合部分。

　　作图过程：

　　① 求交线。首先可以确定交线的正面投影 *m'n'*，根据交线端点的共有性和点线从属性，可在侧面投影上求出 *m"* 在 *b"c"* 上，*n"* 在 *a"c"* 上，连接 *m"n"* 就得到了交线 *MN* 的侧面投影，如图 4-16b 所示。

　　② 判断可见性。由正面投影可知，平面 *ABC* 的 *ABMN* 部分在交线 *MN* 左侧，也在平面 *DEF* 的左侧，所以在侧面投影中这部分是可见的，而 *d"e"* 及 *e"f"* 被其遮挡部分不可见；在交线的另一侧情况则相反，如图 4-16c 所示。

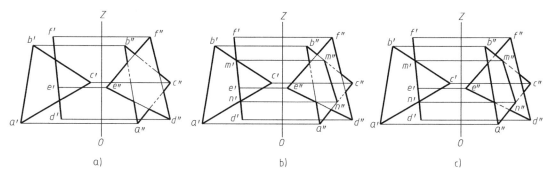

图 4-16　一般位置平面与正垂面相交

a）已知条件　b）求交线　c）判断可见性

4.3.3　垂直

　　在直线与平面、平面与平面相交的情形中，有一种特殊情形就是垂直。

　　1. 直线与平面垂直

　　若一直线垂直于一个平面内的两相交直线，则此直线垂直于这个平面。这是直线垂直于平面的几何条件和作图的依据。根据直角投影定理，可以得到其两面投影体系中的投影特性：直线的水平投影垂直于平面内的水平线的水平投影，直线的正面投影垂直于平面内的正平线的正面投影。反之，具有上述投影特性的直线与平面垂直。

　　2. 直线与投影面的垂直面垂直

　　若直线与投影面的垂直面垂直，则直线必平行于该平面所垂直的投影面，且在该投影面上的投影既反映实长，又垂直于该平面有积聚性的投影。即垂直于铅垂面的直线为水平线，垂直于正垂面的直线为正平线，垂直于侧垂面的直线为侧平线，如图 4-17 所示。

　　3. 直线与投影面的平行面垂直

　　若直线垂直于投影面的平行面，则直线必垂直于该平面所平行的投影面。即垂直于正平面的直线为正垂线，垂直于水平面的直线为铅垂线，垂直于侧平面的直线为侧垂线。

　　4. 平面与平面垂直

　　1）垂直于同一个投影面的两个相互垂直的平面，在它们投影有积聚性的投影面上的投影相互垂直，它们的交线是该投影面的垂直线，如图 4-18 所示。

　　2）直线垂直于某一平面，则过此直线所作的任一平面均与该平面垂直。反之，若一个

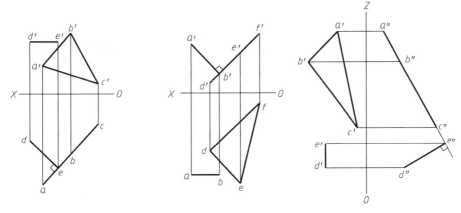

图 4-17　直线与投影面的垂直面垂直

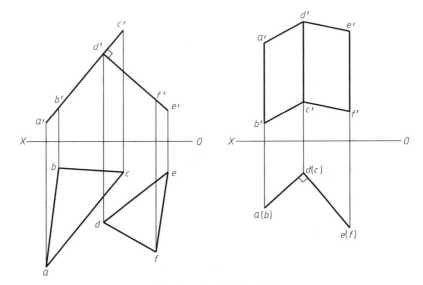

图 4-18　平面与平面垂直

平面通过另一个平面的一条垂线，则这两个平面相互垂直。这是两平面垂直的条件，也是解决平面间垂直问题的依据，其基础是直线与平面垂直。

第5章　基本立体及其表面交线的投影

5.1　基本立体及其表面取点

立体是由若干个面所围成的。表面均为平面的立体称为平面立体，表面为曲面或曲面与平面的立体称为曲面立体。

图 5-1a 所示的立体，分别向三个投影面投射，得到的三面投影如图 5-1b 所示。

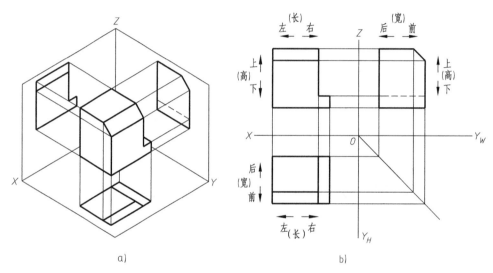

图 5-1　立体的三面投影
a）立体　b）三面投影

平面立体的投影一般是把围成立体的各个表面、面与面的交线（棱线）和顶点的投影画出来，并判别它们的可见性。用粗实线画立体的可见轮廓；用细虚线画出立体的不可见轮廓；当粗实线与虚线重合时，应画粗实线；当虚线与点画线重合时，应画虚线。

立体三面投
影图的形成

图 5-1 所示立体的三个投影图之间存在着下列投影规律：

（1）投影图之间的位置关系　V 面投影反映立体的上下（高度方向）和左右（长度方向）的位置关系；H 面投影反映立体的左右（长度方向）和前后（宽度方向）的位置关系；W 面投影反映立体的上下（高度方向）和前后（宽度方向）的位置关系。

（2）投影图之间的度量关系

1）V 与 H 面投影沿 OX 轴方向的坐标相等，即长对正。

2）V 与 W 面投影沿 OZ 轴方向的坐标相等，即高平齐。

3）H 与 W 面投影沿 OY 轴方向的坐标相等，即宽相等。

　　需要注意，在确定宽度相等时，一定要分清立体的前后方向，即 H 和 W 面投影中，远离 V 面的方向为立体的前面。上述投影规律适用于所有立体的整体和局部结构的投影。

　　由于立体投影图的形状和大小与立体对投影面的距离无关，画图时为了合理布置图幅，通常去掉投影轴，而在立体上选取合适的基准线（如底面、重要表面、轴线等），进行各图之间的合理布图，如图 5-2 所示，它们之间的位置和度量的投影关系不变。

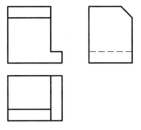

图 5-2　立体的投影图

5.1.1　平面立体的投影及其表面取点

　　最常用的平面立体有棱柱和棱锥。常见平面立体的立体图和投影图见表 5-1。

表 5-1　常见平面立体的立体图和投影图

名称	三　棱　柱	五　棱　柱	六　棱　柱
立体图			
投影图			

名称	三　棱　锥	正三棱锥	四　棱　台
立体图			
投影图			

1. 平面立体的投影

由表 5-1 可见，棱柱有一组相互平行的棱线，其表面由顶面、底面和一组侧面所围成。如六棱柱，当棱线垂直于 H 面放置时，棱柱各表面的投影分析见表 5-2。

表 5-2　六棱柱各表面的投影分析

表面名称（相对投影面位置）	投影分析
顶、底面（水平面）	H 面投影为实形（六边形）；V、W 面积聚为直线
前、后棱面（正平面）	V 面投影为实形（矩形）；H、W 面积聚为直线
其余四棱面（铅垂面）	H 面投影积聚为直线；V、W 面投影为矩形的类似形

由表 5-1 可见，棱锥有一组交汇于一点的棱线，其表面由一组棱面和底面组成。如正三棱锥，当底面平行于 H 面放置时，棱锥各表面的投影分析见表 5-3。

表 5-3　正三棱锥各表面的投影分析

表面名称（相对投影面位置）	投 影 分 析
底面（水平面）	H 面投影为实形（正三角形）；V、W 面积聚为直线
后棱面（侧垂面）	W 面投影积聚为直线；V、H 面为三角形的类似形
其余两棱面（一般位置平面）	V、H、W 面为三角形的类似形

绘制平面立体三面投影的作图步骤见表 5-4，说明如下：

1）分析形体各表面相对投影面的位置，分别画出三个投影图的作图基准线。

2）首先在反映实形的投影面上绘制平面立体的实形，然后依次根据投影规律，在其他两投影面上绘制平面积聚性的直线投影（对于棱柱，绘制顶面、底面的三面投影；对于棱锥，绘制底面、锥顶的三面投影）。

3）绘制棱线的三面投影，并判断棱线的可见性。

表 5-4　绘制平面立体三面投影的作图步骤

名称	步骤 1	步骤 2	步骤 3	步骤 4
五棱柱				
三棱锥				

4）检查整理底稿，按规定线型加深。

【例 5-1】　根据图 5-3a 六棱柱的 V 和 W 面的投影，求其 H 面投影图。

由图 5-3a 可见，该六棱柱的棱线垂直于 W 面，两侧面在 W 面投影为实形。作图过程如图 5-3b 所示，先作六棱柱左右两表面在 H 面积聚的直线投影，特别注意 H 面和 W 面的 Y 坐标要相等，然后作棱线的投影，按规定线型加深如图 5-3c 所示。

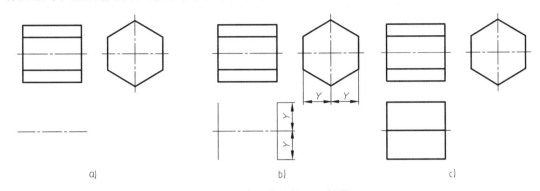

a)　　　　　　　　　　　　　　b)　　　　　　　　　　　　　　c)

图 5-3　求六棱柱的 H 面投影

a）已知　b）作图过程　c）线型加深

2. 平面立体的表面取点

平面立体的表面取点，作图原理和方法与第 4 章讲述的在平面取点方法相同。首先根据已知投影分析判断点属于哪个平面，再根据该平面所处的空间位置：若点所在的平面为特殊位置平面，则利用投影的积聚性作图求其余两投影；若点所在的平面为一般位置平面，则利用作辅助线的方法求其他两个投影。

点的投影可见性依据点所在表面投影的可见性来判断。点所在表面可见，则该平面上点的同面投影为可见，反之为不可见；点所在的表面投影有积聚性，则该平面上点的投影可不判断可见性。

【例 5-2】　如图 5-4a 所示，已知棱柱表面上点 M 的 H 面投影 m，点 N 的 V 面投影 n'，点 K 的 W 面投影 k''，求点的另外两个面的投影，并判断可见性。

点 M 位于棱柱表面上的左侧面，该棱面为正垂面，其 V 面投影具有积聚性，由 m 按投影规律可得 V 面投影 m'，m'' 是采用直接量取 H、W 面投影的 Y_m 坐标相等的方法作图求得，并且可见，如图 5-4b 所示。

点 N 所在平面为正平面，并在 V 面投影不可见，此面在另外两投影面均具有积聚性，可利用平面投影的积聚性求得 n、n''。

点 K 的投影，请读者自己分析，求其 V 和 H 面投影。

可见，棱柱的各表面均处在特殊位置，特殊位置平面上的点的投影可利用平面投影的积聚性方法作图，如采用直接量取相等坐标的方法作图，要注意水平投影与侧面投影之间必须符合宽度相等和前后对应的关系。

【例 5-3】　如图 5-5 所示，已知三棱锥表面上点 M 的正面投影 m' 及点 N、K 的水平面投影 n 和 k，求出三个点的其余两投影，并判断可见性。

分析：从图 5-5a 所示的三棱锥的立体图可以看出，棱面 SAB 和 SBC 为一般位置平面，棱面 SAC 为侧垂面，底面 ABC 为水平面；三条棱线中的 SA 和 SC 为一般位置直线，而 SB 为

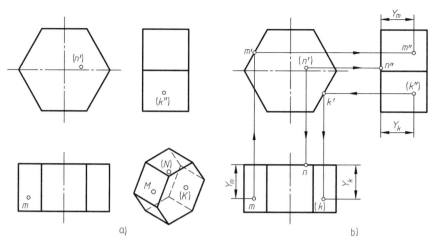

图 5-4　棱柱表面上取点
a）已知　b）作图过程

侧平线。

点 M 和 N 分别位于一般位置平面 SAB 和 SBC 上，因而点的投影可选取适当的辅助直线作图求得；点 K 所在的棱面 SAC 为侧垂面，其侧面投影积聚为一直线，点 K 的侧面投影在该直线上，其投影可利用平面投影的积聚性直接求得。

（1）求点 M 的投影　过点 M 在棱面 SAB 上作平行于 AB 的辅助直线 I II，即 $1'2'$ // $a'b'$，12//ab，$1''2''$//$a''b''$，因点 M 在 I II 直线上，点 M 的投影必在的 I II 同名投影上，故由 m' 可求得 m 和 m''，如图 5-5b 所示。

棱面 SAB 在 H 和 W 面投影均可见，点 M 在其余两投影面上也可见。

（2）求点 N 的投影　过点 N 作辅助直线 S III 交 BC 边于点 III，作 S III 的各投影，点 N 在 S III 直线上，点 N 的投影必在 S III 同名投影上，故由 n 可求得 n' 和 n''，如图 5-5c 所示。

棱面 SBC 在 V 面投影可见，n' 可见；SBC 在 W 面投影不可见，故点 N 在 W 面投影 n'' 不可见。

（3）求点 K 的投影　点 K 位于棱面 SAC 上，其 W 投影积聚为一直线 $s''a''c''$，k'' 在该直线上，由 k 和 k'' 求得 k'，注意点 K 在 H 和 W 面投影的 Y 坐标相等，如图 5-5d 所示。

棱面 SAC 在 V 面投影不可见，k' 不可见；棱面 SAC 在 W 面投影具有积聚性，k'' 可不判断可见性。

5.1.2　曲面立体的投影及其表面取点

工程上常见的曲面立体为回转体。回转体是由单一回转面或回转面和平面围成的，回转面是由一动线绕与它共面的一条定直线旋转一周而形成的，这条动线称为母线，母线在回转过程中的任意位置称为素线，与母线共面的定直线称为回转体的轴线。常见的回转体有圆柱、圆锥和圆球等，见表 5-5。

1. 曲面立体的投影

由表 5-5 可见，曲面立体的投影主要是绘制立体回转面的轮廓。回转面的轮廓是在投射时的转向轮廓素线，它在曲面上的位置取决于投射方向，因此，投射方向不同，对应投影图

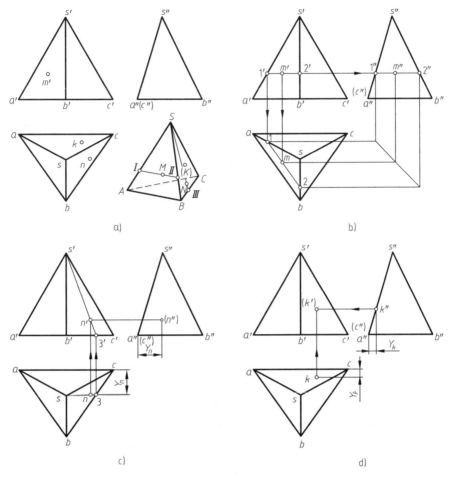

图 5-5　三棱锥表面取点

a）已知　b）求点 M 的投影　c）求点 N 的投影　d）求点 K 的投影

中的转向轮廓素线也不同。转向轮廓素线是曲面立体上起特殊作用的素线，通常位于立体的最前、最后、最上、最下、最左、最右处，是曲面立体表面上可见部分与不可见部分的分界线。

表 5-5　常见回转体形成、立体图和三面投影图

名称	形　成	立　体　图	投　影　图
圆柱			

（续）

名称	形　成	立 体 图	投 影 图
圆锥			
球			

（1）圆柱　圆柱由顶面、底面和圆柱面所围成，圆柱面由一直母线绕与之平行且等距的轴线旋转而成。当圆柱轴线垂直于 H 面，各要素的投影分析见表 5-6。

（2）圆锥　圆锥由圆形平面和圆锥面所围成，圆锥面由一直母线绕与之相交的轴线旋转而成，因此，圆锥面上任意位置的素线均交于锥顶点。当圆锥轴线垂直于 H 面，各要素的投影分析见表 5-7。

（3）球　球是由球面围成的。球面可以看成是以圆为母线、以它的直径为轴线旋转而成的，球的三个投影分别是球在平行于 H、V、W 面三个方向最大圆的投影，其大小与球直径相等，且没有积聚性，其投影分析见表 5-8。

表 5-6　圆柱各要素的投影分析

表面名称 （相对投影面位置）	投 影 分 析
顶、底面（水平面）	H 面投影为实形（圆）；V、W 面积聚为直线
圆柱面（铅垂面）	H 面投影积聚为圆周；V、W 面投影均为同样大小的矩形线框
最左、最右转向轮廓素线（铅垂线）	V 面的分界素线，即前后两半圆柱面可见与不可见部分的分界线；W 面的投影在对称中心线处
最前、最后转向轮廓素线（铅垂线）	W 面的分界素线，即左右两半圆柱面可见与不可见部分的分界线；V 面的投影在对称中心线处

表 5-7　圆锥各要素的投影分析

表面名称 （相对投影面位置）	投 影 分 析
圆形面（水平面）	H 面投影为实形（圆）；V、W 面积聚为直线
圆锥面（无积聚性）	H 面投影为圆平面；V、W 面投影均为同样大小的三角形线框
最左、最右转向轮廓素线（正平线）	V 面的分界素线，即前后两半圆锥面可见与不可见部分的分界线；W 面的投影在对称中心线处
最前、最后转向轮廓素线（侧平线）	W 面的分界素线，即左右两半圆锥面可见与不可见部分的分界线；V 面的投影在对称中心线处

表 5-8　球的投影分析

表面名称 （相对投影面位置）	投 影 分 析
水平圆	H 面投影最大水平圆；V、W 面投影积聚为直线，与水平对称中心线重合；是球体水平投影的转向轮廓素线，上下半球可见与不可见的分界线
正平圆	V 面投影最大正平圆；H、W 面投影积聚为直线，分别与水平和垂直对称中心线重合；是球体正面投影的转向轮廓素线，前后半球可见与不可见的分界线
侧平圆	W 面投影最大侧平圆；H、V 面投影积聚为直线，与垂直对称中心线重合；是球体侧面投影的转向轮廓素线，左右半球可见与不可见的分界线

　　绘制曲面立体三面投影图的作图方法及步骤见表 5-9，说明如下：

　　1）分析形体各表面相对投影面的位置，画对称中心线、轴线、底面等作图基准线。

　　2）首先在反映圆的投影面上绘制立体的顶（底）面投影；根据投影规律，在其余两投影面上绘制积聚性的直线（对于圆柱，绘制顶面、底面的三面投影；对于圆锥，绘制圆形底面、锥顶的三面投影）。

　　3）绘制曲面立体上相对于某一投射方向转向轮廓素线的投影。

　　4）检查整理底稿，按规定线型加深。

表 5-9　曲面立体三面投影图的作图方法及步骤

名称	步骤 1	步骤 2	步骤 3	步骤 4
圆柱				

（续）

名称	步骤 1	步骤 2	步骤 3	步骤 4
圆锥				
球				

【例 5-4】　画出如图 5-6a 所示锥台的三面投影。

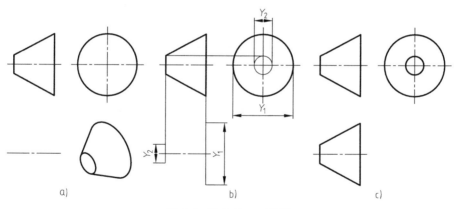

图 5-6　锥台的三面投影

a）已知　b）、c）作图过程

分析：锥台的轴线垂直于 W 面，在 W 面两侧面的投影分别为直径 Y_1 和 Y_2 的圆，根据 V 面投影，求得两侧面在 H 面的投影，连接圆周面的转向轮廓素线的投影，作图过程如图 5-6b、c 所示。

2. 曲面立体的表面取点、取线

求曲面立体表面上点的投影时，应首先分析表面的投影特性。若其投影有积聚性，点的投影可利用积聚性法；若其表面没有积聚性，点的投影可用辅助素线或辅助圆法。下面分别用圆柱、圆锥和球说明作图过程。

【例 5-5】　已知圆柱表面上点 M、K 的 H 面投影 m、(k) 和点 N 的 V 面投影 n'，求各点的其他两面投影，并判断可见性，如图 5-7a 所示。

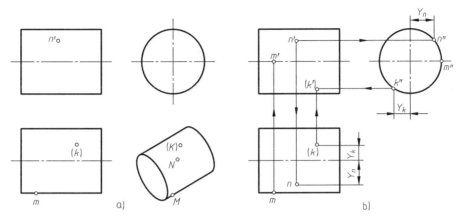

图 5-7　圆柱面上的取点

a）已知　b）作图过程

分析：在图 5-7a 中，圆柱的轴线垂直于侧面，柱面的侧面投影有积聚性，凡是在圆柱面上的点，其侧面投影一定在圆柱有积聚性的侧面投影圆上。

点 M 位于圆柱的最前转向轮廓素线上，m' 和 m'' 可直接求出，均可见。点 N 可利用圆柱面有积聚性的 W 面的投影，先求 n''，再求出 n。点 N 位于圆柱面上前部位，故在 H 和 W 面投影均可见，如图 5-7b 所示。同样，由于点 K 在 H 面投影上不可见，该点一定位于圆柱面下后部位，其 V 面投影不可见。

【例 5-6】　已知圆柱面上曲线 ADE 的 V 面投影 $a'd'e'$，如图 5-8a 所示，试求其余两面投影。

分析：在图 5-8a 中，曲线 ADE 由 AD 和 DE 两部分组成，AD 位于左前圆柱面上，为一椭圆弧；DE 在右前圆柱面上，为一圆弧；曲线 ADE 在 H 面投影积聚在圆周上；为能较准确地绘制 AD 在 W 面投影，可在 AD 上适当的位置选取若干个点，根据投影规律求其投影。

AD 线在 W 面投影可见，加深为粗实线；DE 线在 W 面投影不可见，画成虚线，如图 5-8b 所示。

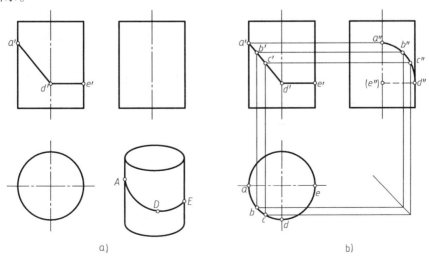

图 5-8　圆柱面上的取线

a）已知　b）作图过程

【例 5-7】　如图 5-9a 所示，已知圆锥面上点 M 的侧面投影 m''，点 N 的正面投影 n'，点 K 的水平投影 k，求其余两投影。

分析：圆锥面的三个投影均无积聚性，表面上的点可选取适当的辅助线方法作图取得。辅助线应该是简单易画的直线或圆，如垂直于轴线的圆其三面投影或为圆或为直线；或通过已知点过锥顶的每一条素线，其三面投影均为直线。因此，圆锥面上作辅助线常用的两种方法即辅助圆法和素线法。

（1）求点 M 的投影（辅助圆法）　通过点 M 在圆锥面上作垂直于轴线且平行于圆锥底面的水平辅助圆。其作图步骤如图 5-9b 所示，过点 m'' 作平行于底圆的直线 $1''2''$，其水平圆投影的半径为 Y_1，m 必在此圆周上，由投影规律 Y_m 相等得 m，由 m''、m 求 m'。由于点 M 位于圆锥面的左后部位，故 m' 不可见。

（2）求点 N 的投影（素线法）　过锥顶 S 和已知点 N 作一辅助素线 $S\,Ⅲ$，交底圆于点 $Ⅲ$，其 V 面投影为 $s'3'$，n' 可见，素线 $S3$ 位于前半圆锥面上，求得其 H 面投影 $s3$，按照点

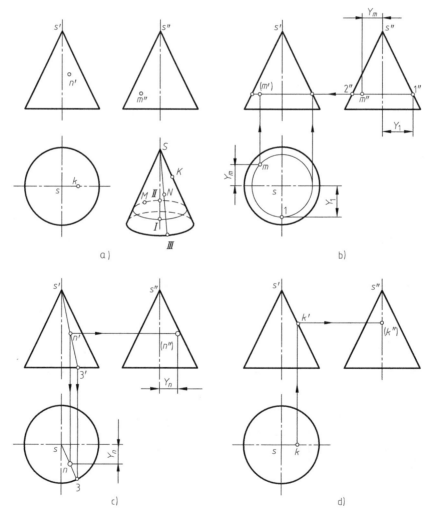

图 5-9　圆锥面上取点
a）已知　b）~d）作图过程

与直线的从属关系求其水平投影 n，再求出侧面投影 n″，n″不可见，如图 5-9c 所示，圆锥轴线垂直于水平面时，圆锥面上所有的点在 H 面投影均可见，点 n 也可见。

（3）求点 K 的投影　点 K 位于圆锥的最右转向轮廓素线上，按照投影规律可直接求出 k′和 k″，如图 5-9d 所示。

【例 5-8】　如图 5-10a 所示，已知圆锥面上的曲线 ABE 的 V 面投影 a′b′e′，试求其余两投影。

分析：由图 5-10a 可知，曲线 ABE 均处在圆锥面上，分为两部分，直线 AB 过锥顶，故三面投影均为直线，只要求出点 B 的三面投影，判断可见性，连线即可；BE 为一曲线，可在曲线上选择若干点，如点 C、D（其中点 C 为特殊位置的点），再顺序光滑连接这些点的同名投影，判断可见性，即得到曲线的投影。

曲线 ABE 的水平投影均可见，绘制成粗实线。侧面投影的可见性的分界面为左右对称面，AB、BC 在圆锥面的左前部位，W 面投影 a″b″c″为可见，画粗实线；CE 在右前部位，c″d″e″为不可见，画细虚线，如图 5-10b 所示。

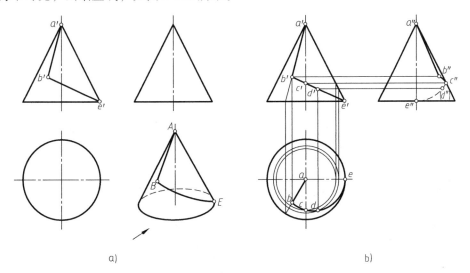

图 5-10　圆锥面上的曲线

a）已知　b）作图过程

【例 5-9】　如图 5-11a 所示，已知球面上点 M 的水平投影（m），点 N 的正面投影 n′和点 K 的侧面投影 k″，求各点的其余两投影。

分析：由于球面的三个投影都没有积聚性，且球面上不存在直线，所以球面上点的投影应采用辅助圆法，即过已知点作平行于某一投影面的辅助圆（正平圆、水平圆或侧平圆），该圆的另两个投影均积聚成直线。点的一个投影在反映实形的投影圆上，另外两个投影分别在该圆积聚成直线的投影上，如果点在球的转向轮廓线上，则可用点与线的从属性直接作图。

如图 5-11b 所示，过点 M 作平行于正平面的辅助圆，H 面投影为直线 12，V 面投影是直径为 1′2′的圆，由 m 求出 m′，再由 m、m′作出 m″。

点 M 的可见性判断：点 M 在下半球的左后面上，m′不可见，m″可见。

点 N 在球体 V 面投影的转向轮廓线上，H、W 面投影积聚为直线段，分别与水平和铅垂对称中心线重合，可直接作图。点 N 在下半球面的右侧，n 和 n″ 都不可见，如图 5-11c 所示。

　　同样，点 K 在后半球面的上部位，其投影如图 5-11d 所示，采用侧面的辅助圆（过点 K 的侧平圆），作图过程读者自行分析。

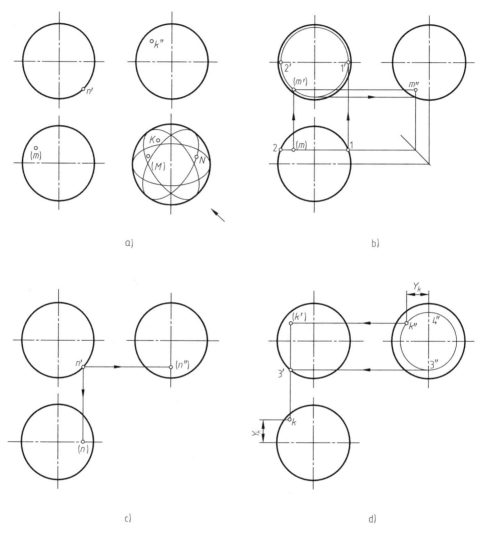

图 5-11　球面上的点
a) 已知　b)~ d) 作图过程

　　【例 5-10】　如图 5-12a 所示，已知球面上的曲线 AB 和 BF 的 V 面投影 a′b′ 和 b′f′，试求其余两投影。

　　分析：由图 5-12a 可知，曲线均处在球面上。AB 的正面投影为直线段，其水平投影为圆弧，侧面投影为直线段。点 A 为特殊点，在正面投影的最大圆上，点 B 为一般点，图中用水平辅助圆求得 b 和 b″ 投影。

　　AB 线在左半球的前上方，在三面投影中均可见。

　　BF 在 H、W 面投影为曲线，可在曲线上选择若干点，如点 C、D 和 E（其中点 D 为特殊位置的点），用辅助圆法求得各点的投影，再顺序光滑连接这些点的同名投影，判断可见性，即得到曲线的投影。

BF 线具体作图步骤：

1）求特殊点 D 的 H、W 面投影 d、d''。

2）过 c' 和 f' 分别作水平辅助圆，求 c 和 f，图中点 e 的作图过程略。

3）由 c' 和 f'、c 和 f 分别求出 c'' 和 f''。

4）依次光滑连接各点的同面投影，并判断可见性。

上半球面的 BCD 的 H 面投影 bcd 可见，画粗实线，下半球面的 DEF 的 H 面投影 def 不可见，画虚线；左半球面的 BCD 的 W 面投影 $b''c''d''$ 可见，为粗实线，右半球面的 DEF 的 W 面投影 $d''e''f''$ 不可见，画细虚线，如图 5-12b 所示。

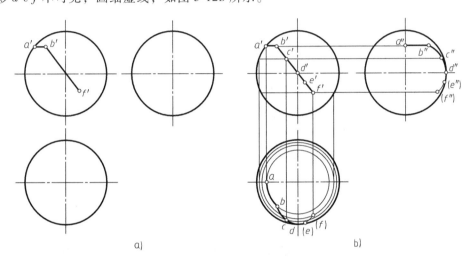

图 5-12　球面上的曲线

a）已知　　b）作图过程

5.2　截切立体的投影

立体被平面所截称为截交。截交时，与立体相交的平面称为截平面，该立体称为截切体，截平面与立体表面的交线称为截交线，截交线具有以下性质：

1）共有性。截交线是平面截切立体表面而形成的，因此截交线是立体表面与截平面的共有线，截交线上的点也是它们的共有点。

2）封闭性。由于立体表面具有一定的范围，故截交线必定是封闭的平面图形。

截交线的形状与被截切立体的形状及截平面与立体的相对位置有关。

画截切立体的三面投影时，不但要画出立体轮廓线的投影，还要画出截切立体表面上截交线的投影。根据上述截交线的性质，求截交线的方法可归结为求截平面与立体表面一系列共有点的问题，也就是利用投影积聚性或辅助线法对立体表面进行取点。

5.2.1　平面与平面立体相交

平面与平面立体相交，截交线是一个平面多边形，它的各边是平面立体各表面与截平面的共有线，它的顶点是平面立体的棱线或底边与截平面的交点。

求平面与平面立体的截交线可归结为两种方法：

1）求平面立体的各棱线与截平面的交点，顺序连接各交点，即得截交线。

2）求平面立体的各棱面与截平面的交线。

截平面可以是特殊位置平面，也可以是一般位置平面。本节主要以特殊位置截平面为例说明平面截切体的画图过程。

【例5-11】　如图5-13a所示，已知斜截六棱柱的正面投影和水平投影，求其侧面投影。

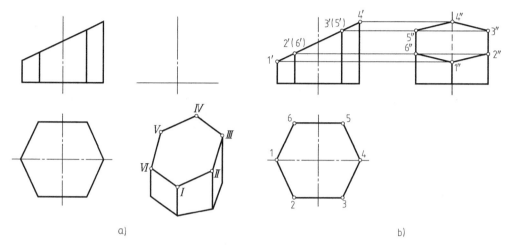

图 5-13　斜截六棱柱的三面投影图

a）已知　b）作图过程

分析：六棱柱的轴线是铅垂线，它被一个正垂面斜截掉上面一部分，所得截交线是六边形，六边形的各个顶点是六棱柱各棱线与截平面的交点。截交线的正面投影积聚成一段直线，截交线的水平投影与正六边形重合。求斜截六棱柱的侧面投影时，既要求出截交线的侧面投影，也要求出六棱柱各棱线及底面的侧面投影。

斜截正六棱柱
的作图过程

作图步骤：

1）画出六棱柱的侧面投影。

2）求截交线的侧面投影。

① 如图5-13b所示，标出截交线各顶点正面投影1′、2′、3′、4′、5′、6′。

② 根据直线上点的投影规律，由正面投影可求得水平投影1、2、3、4、5、6和侧面投影1″、2″、3″、4″、5″、6″。

③ 依次连接1″、2″、3″、4″、5″、6″，即得交线的侧面投影，它与截交线的水平投影成类似形，截交线的侧面投影均可见。

3）确定各棱线的侧面投影，并判别可见性。将各棱线的侧面投影加深到与截平面交点的投影处，其余部分要擦去。应注意点IV所在的棱线的侧面投影不可见，只将1″4″间画成虚线，其下面一段虚线与点I所在棱线侧面投影的粗实线重合，不再画出。

4）检查、加深图线，完成全图。

【例5-12】　如图5-14a所示，补全截切四棱柱的水平和侧面投影。

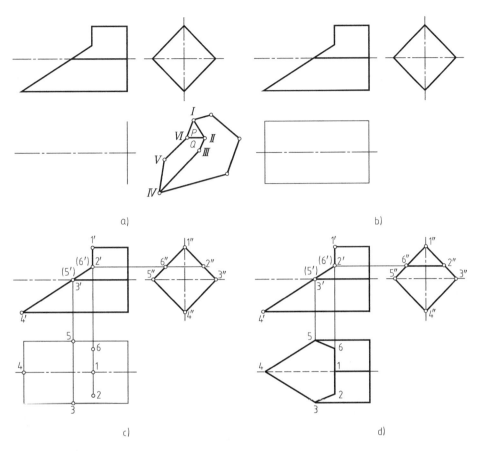

图 5-14　补全截切四棱柱的投影

a）已知　b）~ d）作图过程

分析：四棱柱被正垂面 Q 和侧平面 P 截切，正垂面 Q 与四棱柱的四个棱面相交，其截交线为多边形；侧平面 P 与四棱柱的两个侧面相交，其截交线为三角形。两个截平面的交线为正垂线。

作图步骤：

1）画出完整四棱柱的水平面投影，如图 5-14b 所示。

2）求截交线的投影。

① 标出截交线各顶点正面投影 $1'$、$2'$、$3'$、$4'$、$5'$、$6'$，由正面投影可求得侧面投影 $1''$、$2''$、$3''$、$4''$、$5''$、$6''$，根据点的投影规律，求得水平投影 1、2、3、4、5、6，如图 5-14c 所示。

② 顺序连接 1、2、3、4、5、6，即得到截交线的水平投影，该投影可见。

③ 侧面投影 $2''6''$为两个截平面 Q 和 P 的交线，可见，用粗实线表示。

3）确定各棱线的水平面投影，并判别可见性。将各棱线的水平投影加深到与截平面交点的投影处，点 3、5 所在棱线的左侧被截去，擦掉。点 IV 所在的棱线的水平面投影不可见，但其中点 1 右侧部分与点 I 所在棱线水平投影的粗实线重合，不再画出，只将点 1、4 间画成虚线，如图 5-14d 所示。

5.2.2　平面与曲面立体相交

平面截切曲面立体，截交线一般是由曲线或曲线与直线组成的封闭的平面图形，它的形状取决于曲面立体的表面性质和截平面与被截切曲面立体的相对位置，曲面立体的截交线常利用积聚性或者辅助线的方法求解。

1. 圆柱的截交线

由表 5-10 可见，平面与圆柱面相交时，根据平面与圆柱轴线的相对位置不同，其截交线的形状有三种情况：矩形、圆和椭圆。

1）截平面与圆柱轴线平行时，截平面与圆柱面的交线为平行于圆柱轴线的两条平行线，截交线为矩形。由于截平面为侧平面，截交线的侧面投影反映实形；水平投影和正面投影分别积聚成直线段。

2）截平面与圆柱轴线垂直时，截交线为圆，其水平投影与圆柱面的水平投影重合，正面投影和侧面投影分别积聚成直线段。

3）截平面与圆柱轴线倾斜时，截交线为椭圆，其正面投影积聚成直线段，水平投影与圆柱面的水平投影重合，侧面投影为椭圆。

表 5-10　平面截切圆柱的截交线

截平面位置	平行于圆柱轴线	垂直于圆柱轴线	倾斜于圆柱轴线
立体图	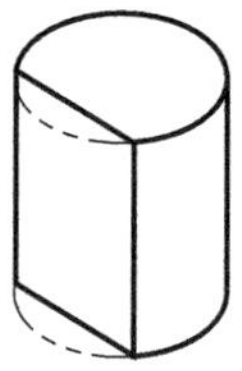	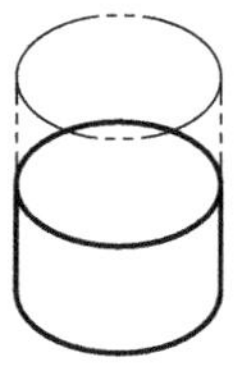	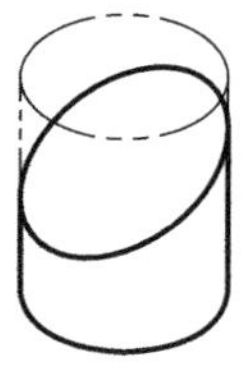
截交线	平行于轴线的矩形	垂直于轴线的圆	椭圆
投影图	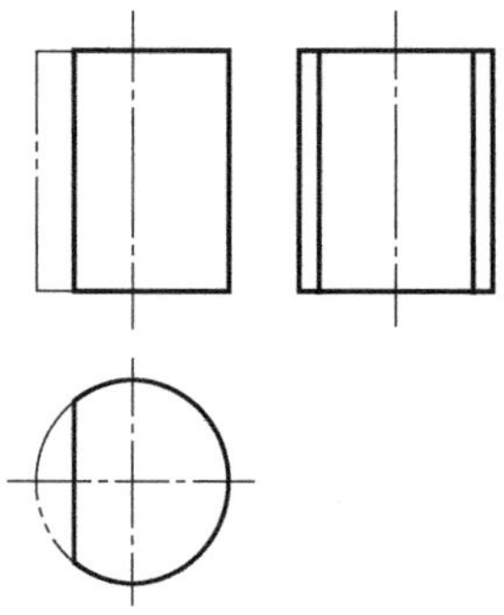	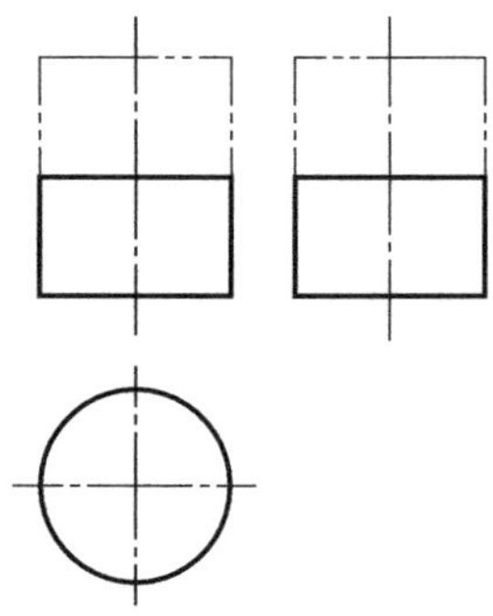	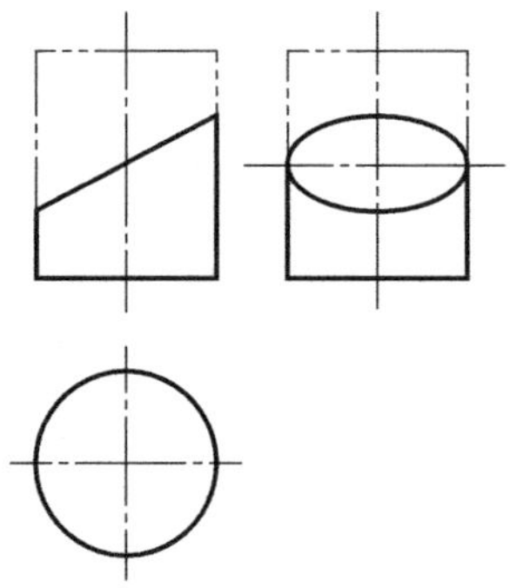

【例 5-13】　已知斜截圆柱的正面投影和水平投影，求其侧面投影，如图 5-15a 所示。

分析：圆柱的轴线为铅垂线，截平面为正垂面且倾斜于圆柱的轴线，截交线的空间形状是一个椭圆，其长轴为 I II，短轴为 III IV，截交线的正面投影积聚为一直线段，水平投影积聚为圆，侧面投影为椭圆，如图 5-15b 所示。

求椭圆截交线首先要确定截交线的范围，一般为截交线上的极限点，即最高、最低、最

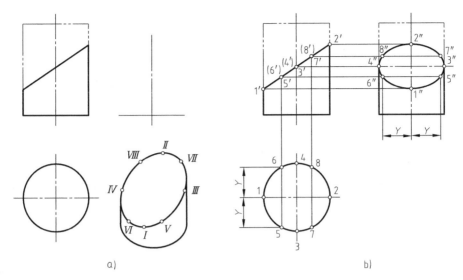

图 5-15　斜截圆柱的三面投影

a）已知　b）作图过程

左、最右、最前、最后以及转向轮廓线上的点，还包括椭圆的长、短轴的端点，这些点称为截交线的特殊点。然后求适量一般点，顺序光滑连接成曲线（椭圆），并判断可见性。

作图步骤（图 5-15b）：

1）画出完整圆柱的侧面投影。

2）求截交线的侧面投影。

① 求截交线上特殊点的侧面投影。如图 5-15a 所示的点 I 、II 、III 、IV ，它们既是圆柱轮廓线上的点，也是椭圆长、短轴的端点。由 1′、2′、3′、4′，利用积聚性得到 1、2、3、4，再利用投影规律求得 1″、2″、3″、4″。

② 求截交线上一般位置点的侧面投影。在特殊点之间的适当位置取截交线上的若干个一般位置的点，例如图中的 V 、VI 、VII 、VIII 四个点。已知点 V 、VI 的正面投影 5′、6′，利用圆柱表面积聚性，由 5′、6′得到 5、6，由点的投影规律求得 5″、6″。同理，可得 7″、8″。

③ 判断截交线的可见性，光滑连线。椭圆上所有的点在侧面投影中均可见，用粗实线光滑连接 1″、2″、3″、4″、5″、6″、7″、8″、1″。

3）整理轮廓线的侧面投影，判别可见性。圆柱面轮廓线的侧面投影应画至 3″、4″，其余部分擦去。侧面投影的圆柱轮廓线可见，画成粗实线。

当截平面与圆柱轴线相交的角度发生变化时，其侧面投影上的椭圆的形状也随之变化，如图 5-16 所示。从图中可见，当角度为 45°时，截交线的侧面投影为圆。

【例 5-14】　如图 5-17a 所示，画出带切口圆柱的侧面投影。

分析：圆柱的切口分别由正垂面、水平面和侧平面三个截切面组合截切形成。正垂面与圆柱的轴线倾斜，截交线为一椭圆弧；水平面垂直于圆柱的轴线，截交线为圆弧；侧平面平行于圆柱的轴线，截交线为平行于轴线的两条直线；截平面之间的交线为两条正垂线。由于三个截平面的正面投影均有积聚性，截交线的正面投影积聚在截平面的正面投影上，水平投影则积聚在圆上，侧面投影需作图求出。

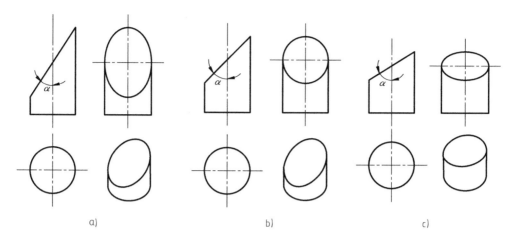

图 5-16　截平面倾斜角度对截交线投影的影响

a）α<45°　b）α＝45°　c）α>45°

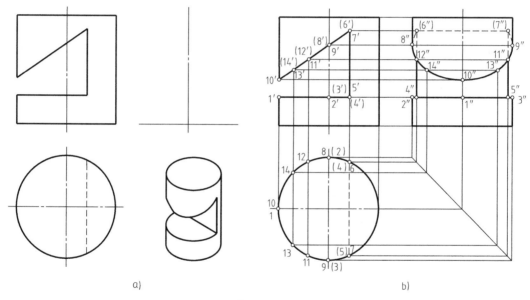

图 5-17　带切口圆柱的侧面投影

a）已知　b）作图过程

作图步骤：

1）画出圆柱的侧面投影。

2）求截交线的投影并判断可见性。

① 求水平面所截圆弧的三面投影。在图 5-17b 的正面投影上标出特殊点 1′、2′、3′、4′和5′，利用圆柱面水平投影有积聚性的特点求出 1、2、3、4 和 5，按照投影规律可求出 1″、2″、3″、4″和 5″。圆弧与水平投影的圆重合，1″2″3″4″5″可见，画粗实线。

② 求正垂面所截椭圆弧的三面投影。在图 5-17b 的正面投影上标出特殊点和适量的一般点，特殊点如右上端点 6′和 7′、左下端点 10′、椭圆长轴端

圆柱切口的
作图过程

点 8′和 9′，一般点如 11′、12′和 13′、14′，利用点的投影规律，求出其余两投影。椭圆弧与水平投影的圆重合，侧面投影 6″8″和 7″9″画虚线，8″12″14″10″13″11″9″画粗实线。

③ 求侧平面所截两条直线的三面投影。正面投影 4′6′和 5′7′，水平面投影 46 和 57 积聚在圆上，侧面投影 4″6″和 5″7″以椭圆弧为界：椭圆以上不可见，画虚线；以下可见，画粗实线。

④ 求截平面之间的交线。正垂面与侧平面交线的水平投影 67 和侧面投影 6″7″均不可见，画虚线；水平面与侧平面交线的水平投影 45 与 67 重影，侧面投影 4″5″重影在水平圆的侧面投影上。

3）整理轮廓线的侧面投影，判别可见性。圆柱面轮廓线的侧面投影 2″8″和 3″9″之间被切掉，不画线；其余部分的侧面投影的轮廓线均可见，画成粗实线。

【例 5-15】　如图 5-18a 所示，补全圆柱开槽后的侧面及水平投影。

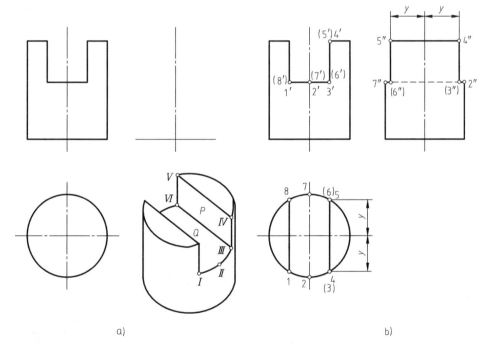

图 5-18　开槽圆柱的三面投影

a）已知　b）作图过程

分析：圆柱方形槽是由三个截平面截切形成的，两个左右对称且平行于圆柱轴线的侧平面 P，它们与圆柱面的截交线均为平行于圆柱轴线的两条直线，与上顶面的截交线为两条正垂线；另一个截平面是垂直于圆柱轴线的水平面 Q，它与圆柱面产生的截交线是两段圆弧。三个截平面之间产生两条交线，是正垂线。

作图步骤：

1）画出圆柱的侧面投影。

2）求截交线的侧面投影。

① 求出侧平面 P 与圆柱面产生截交线的投影，即立体图上的直线段 III IV、V VI 投影。在已知的正面投影上取点的投影 3′、4′、5′、6′，由 3′、4′、5′、6′得到 3、4、5、6，在水

平投影中量取 y，以前后对称面为基准，在侧面投影上量取 y，求得 $3''$、$4''$、$5''$、$6''$，如图 5-18b 所示。

② 求出水平截面 Q 与圆柱面产生的截交线的投影，即图中两段圆弧。圆弧上点 Ⅲ 的侧面投影已经求出，点 Ⅱ 的侧面投影可由 $2'$ 和 2 直接求出。

③ 求出侧平截面与水平截面产生的交线的投影，即图中的直线段 Ⅲ Ⅵ。交线上的点 Ⅲ、Ⅵ 也是水平截交线圆弧上的点，它们的侧面投影 $3''$、$6''$ 已经求出。

④ 按照截交线水平投影的顺序，依次连接所得各点的侧面投影。

3）整理轮廓线，判别可见性。三个截平面与圆柱面产生交线的侧面投影均可见，应画成粗实线；截平面之间的交线 $3''6''$ 的侧面投影不可见，应画成虚线；圆柱面侧面投影的轮廓素线画到 $2''$、$7''$ 为止，其余部分擦去。

4）检查、加深图线，完成全图。

圆柱切口、开槽、穿孔是机械零件中常见的结构，应熟练地掌握其投影的画法，如图 5-19 和图 5-20 所示。其中图 5-20 所示为空心圆柱被水平截面与侧平截面组合截切后的投影，其外圆柱面截交线的画法与【例 5-15】相同，内圆柱面的截交线画法与外圆柱面截交线的画法类同，但要注意，水平截面 P 与侧平截面 Q 之间交线的侧面投影、圆柱孔的轮廓线、截平面与圆柱孔的截交线的侧面投影均不可见，应画成虚线，还应注意中空部分不应画线。图 5-20 所示的结构左右、前后对称，其他位置点分析相同。

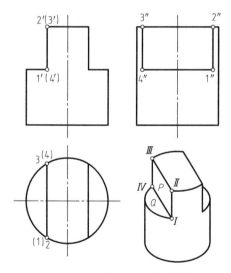

图 5-19　截切圆柱的三面投影

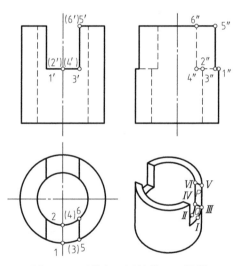

图 5-20　开槽空心圆柱的三面投影

2. 圆锥的截交线

平面截切圆锥，当截平面与圆锥轴线的相对位置不同时，其截交线有五种形式，见表 5-11。

1）当截平面过锥顶时，截交线为通过锥顶的两条相交直线加底面交线，即三角形。

2）当截平面垂直于圆锥轴线时，截交线为圆。

3）当截平面平行于圆锥轴线（$\theta = 0°$）时，截交线为双曲线。

4）当截平面倾斜于圆锥轴线且 $\theta = \alpha$ 时，截交线为抛物线。

开槽空心圆柱
的作图过程

表 5-11　平面截切圆锥的截交线

截平面位置	过锥顶	垂直于轴线	平行于轴线	平行于一条素线（$\alpha=\theta$）	倾斜于轴线倾斜（$\alpha<\theta<90°$）	
立体图						
截交线	过锥顶的三角形	圆	双曲线和直线	抛物线和直线	椭　圆	
投影图						

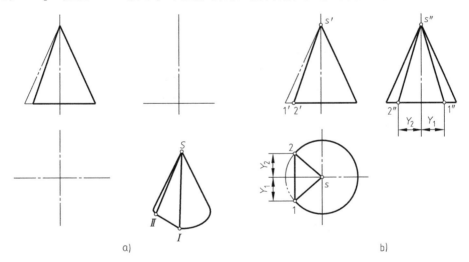

5）当截平面倾斜于圆锥轴线且 $\theta>\alpha$ 时，截交线为椭圆。

【例 5-16】　如图 5-21a 所示，求过锥顶的正垂面截切圆锥的截交线。

图 5-21　过锥顶的正垂面截切圆锥
a）已知　b）作图过程

分析：如图 5-21a 所示，截平面过锥顶截切圆锥，截交线的空间形状为等腰三角形，截平面与圆锥面的截交线是等腰三角形的两个腰，与圆锥底面的截交线为等腰三角形的底。由于截平面为正垂面，等腰三角形的正面投影积聚成直线，其水平投影和侧面投影为类似形。

作图步骤：

1）画出完整圆锥的水平投影和侧面投影。

2）求截交线的水平投影和侧面投影。由截交线 I 、II 两个端点的正面投影 $1'$、$2'$，求得水平投影 1、2，再根据"宽相等"求侧面投影 $1''$、$2''$。分别连接 I 、II

过锥顶正垂面截切圆锥的作图过程

与锥顶点 S 的同面投影,可求得截交线的水平投影和侧面投影,即 $\triangle s12$ 和 $\triangle s''1''2''$。

3)整理轮廓线,判别可见性。截交线的三面投影均可见,应画成粗实线。S Ⅰ Ⅱ 左侧的圆锥体被截去,无线(圆锥轮廓线的投影中,双点画线部分可擦去)。

4)检查、加深图线,完成全图。

【例 5-17】 求图 5-22a 所示的正垂面截切圆锥的投影。

分析:正垂面倾斜于圆锥轴线,且 $\theta>\alpha$,空间截交线是椭圆。截交线的正面投影积聚成一直线段,反映椭圆长轴的实长;水平及侧面投影为类似形,因此需要求出椭圆上若干点的水平和侧面投影,再将同面投影顺序光滑连线,即得截交线的投影。

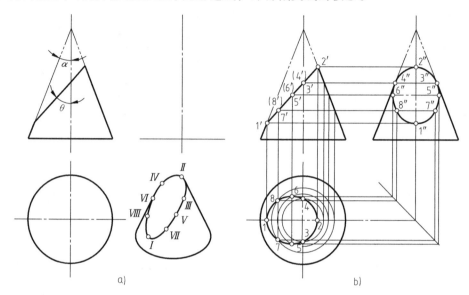

图 5-22　正垂面截切圆锥的投影
a)已知　b)作图过程

作图步骤:

1)画出圆锥的水平投影和侧面投影。

2)求截交线的投影。

① 求截交线上特殊点的投影。特殊点包括圆锥轮廓线上点和椭圆长短轴端点。圆锥轮廓线上的点是指圆锥正面转向轮廓线上的点 Ⅰ 、Ⅱ 及圆锥侧面转向轮廓线上的点 Ⅲ 、Ⅳ 。椭圆长轴的端点 Ⅰ 、Ⅱ 可根据它们的正面投影 1′、2′ 直接得到其水平及侧面投影。椭圆短轴的端点 Ⅴ 、Ⅵ(1′、2′ 连线的中点),根据各点的正面投影,利用辅助圆法得到其余两投影。

② 求一般位置点的投影。利用辅助圆法或辅助素线法,求适当数量的一般位置点的投影,如图 5-22a 所示的 Ⅶ 、Ⅷ 。

③ 光滑连线,判别可见性。截交线的水平投影和侧面投影均可见,将求得的各点按投影顺序光滑连接成椭圆,并画粗实线,从而得到截交线的水平及侧面投影。

3)整理轮廓线,圆锥侧面投影轮廓线应加深到 3″ 和 4″ 处,其上部分不存在,应擦去。

4)检查、加深图线,完成全图。

【例 5-18】　如图 5-23a 所示，画出带切口圆锥的投影。

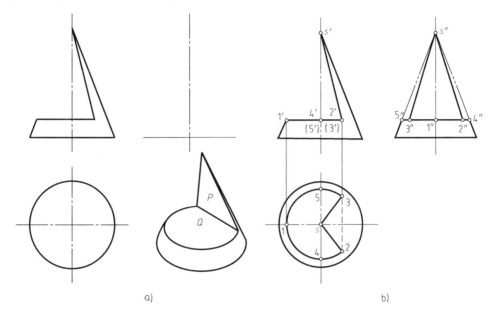

图 5-23　带切口圆锥的投影
a）已知　b）作图过程

切口圆锥的
作图过程

分析：圆锥的切口分别由正垂面 P 和水平面 Q 两个截切面截切形成。水平面 Q 与圆锥轴线垂直，其截交线为圆弧，V 和 W 投影有积聚性，H 投影反映实形；正垂面 P 过锥顶，截交线为过锥顶的两直线段，在 V 面投影积聚为一直线，在 H 和 W 投影为类似的三角形。

作图步骤：

1）画出圆锥的 W 投影。

2）求截交线的投影并判断可见性。

① 求水平面 Q 所截圆弧的三面投影。如图 5-23b 所示，取 V 投影 $1'$、$2'$、$3'$，并从 V 面投影可得到 H 面投影的半径，按照点线从属关系可直接得到 H 投影 1、2、3，由两点投影可求得 W 投影 $1''$、$2''$、$3''$。

② 求正垂面 P 所截两条直线的三面投影。V 面投影 $s'2'$ 和 $s'3'$，H 面投影 $s2$ 和 $s3$，侧面投影 $s''2''$ 和 $s''3''$。

③ 求截平面之间的交线 23。

④ 整理截交线，判别可见性。23 不可见，画虚线，其余均可见，顺序光滑连成粗实线。

3）整理轮廓线的 W 面投影，判别可见性。圆锥被两个截平面截去部分轮廓线的投影不应画出，如 s'' 与 4、5 之间的轮廓线已不存在，不应画线。

3．球的截交线

平面与圆球相交时，截交线的形状总是圆，该圆的直径大小与截平面到球心的距离有关，但是随着截切平面与投影面的位置不同，截交线投影的形状也会发生变化，见表 5-12。

表 5-12　平面截切圆球的截交线

截平面位置	平行于投影图		垂直于投影图
	水平面	正平面	正垂面
立体图	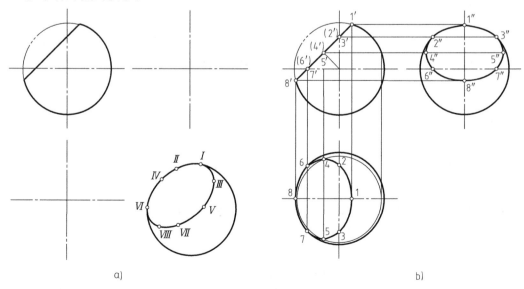		
三面投影图			

【例 5-19】　如图 5-24a 所示，求正垂面截切球的水平及侧面投影。

分析：截交线的空间形状为圆，它的正面投影积聚为直线段 1'8'，截交线圆的水平投影和侧面投影分别为椭圆，如图 5-24b 所示。利用球表面取点的方法，求出椭圆上的特殊点和一般位置点的投影，按顺序光滑连接各点的同面投影即可。

作图步骤：

1）画出球的水平投影和侧面投影。

2）求截交线的水平投影和侧面投影。

① 求特殊点的投影。

图 5-24　正垂面截切球的投影

a）已知　b）作图过程

a）截交线的正面投影上的点 1′、2′、3′、6′、7′、8′分别是球的正面、水平及侧面转向轮廓素线上的点，它们对应的水平和侧面投影可直接求出。

b）求椭圆长短轴的端点投影。椭圆短轴投影为 18、1″8″和 1′8′；椭圆长轴可以通过正面投影上 1′8′的中点 4′5′确定，利用辅助圆法求出其水平投影 45 和侧面投影 4″5″，即可得两个椭圆的长轴。

② 求一般点的投影。在 1′8′间取适当数量的一般点，利用辅助圆法求出这些点的水平及侧面投影，图中未表示，读者可自己作图。

③ 依次光滑连线。将各点按投影顺序光滑连线，即得所求截交线的投影。

3）整理轮廓线，判别可见性。水平投影上，球的轮廓线画到 6、7。侧面投影上，球的轮廓线上边画到 2″、3″。截交线的水平及侧面投影均可见。

4）检查、加深图线，完成全图。

【例 5-20】　如图 5-25a 所示，求切槽半球的侧面投影和水平投影。

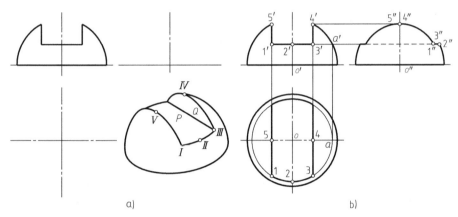

图 5-25　切槽半球的投影

a）已知　b）作图过程

分析：槽是由两个侧平面 Q 和一个水平面 P 截切球形成的，两个侧平截面 Q 与球面的截交线均为一段圆弧，侧面投影反映圆弧实形；水平截面 P 与球面的截交线是两段水平圆弧，其水平投影反映圆弧实形，侧面投影积聚为直线段，侧平面 Q 与水平面 P 的交线为正垂线，如图 5-25b 所示。

切槽半球的
作图过程

作图步骤：

1）画出半球的水平投影和侧面投影。

2）在 H 面投影上，以球心 o 为圆心，以 oa 为半径画圆，两侧平截面 Q 与圆的 H 面投影相交于 1、3，求出两端水平圆弧的 H 面投影；在 W 面投影上，以球心 o″为圆心，以 o″4″为半径画圆，与水平截面 P 的积聚投影直线交于 1″、2″、3″，求出侧平圆弧的 W 面投影；因为槽前后对称，只标注前半部分槽的点，后半部分槽的投影分析同理。

截交线在水平面投影均可见；水平面 P 和侧平面 Q 的交线在 W 面投影上不可见，画虚线，但是 1″2″可见，画粗实线。

3）整理水平投影和侧面投影的轮廓线，由正面投影可见，2′以上球的轮廓线已被切去，因此侧面投影球的轮廓线只画到 2″，擦去不要的图线。

4）检查、加深图线、完成全图。

4. 组合回转体

有的机件是由几个组合回转体组合而成的，当组合回转体被平面截切，求其截交线时，首先分析组合回转体由哪些基本回转体组成及其连接关系，分别求出这些基本回转体上的截交线的投影，并依次将其连接，即得所求组合回转面上的截交线投影。

【例 5-21】　如图 5-26a 所示，求顶尖的截交线投影。

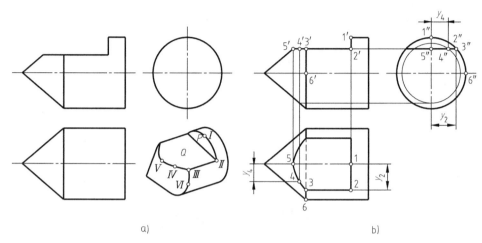

图 5-26　顶尖的三面投影图

a）已知　b）作图过程

分析：图中顶尖是由同轴回转体的圆锥和圆柱组成的，圆锥底圆和圆柱直径相等，圆锥和圆柱同时被水平面 Q 截切，圆柱还被侧平面 P 截切。Q 截切圆锥的截交线是双曲线，截切圆柱是两条直线；P 截切圆柱在侧面投影积聚在圆周上，水平和正面投影积聚为直线；P 和 Q 平面的交线是正垂线。

作图步骤：

1）求截交线，并判断可见性。如图 5-26b 所示，在 V 面投影上，标出特殊点 $1'$、$2'$、$3'$、$5'$、$6'$，利用积聚性求出 W 面投影 $1''$、$2''$、$3''$、$5''$、$6''$ 和 H 面投影 1、2、3、5、6；为较准确地求出双曲线，在截交线上取适量的一般点，如 $4'$，利用辅助圆法求 $4''$ 和 4。注意 H 和 W 面的点 II 和 IV 的 Y 坐标 y_2 和 y_4。截交线均可见，P 和 Q 平面的交线可见。

2）圆锥和圆柱之间的同轴相贯线在 H 面投影为直线，但是圆锥和圆柱的交线点 III 以上部分已被 Q 平面切掉，但是点 III 以下部分仍然存在，只是点 III 和 VI 之间画粗实线，其他部分被 Q 遮住不可见，画虚线。

3）检查、加深图线，完成全图。

【例 5-22】　如图 5-27a 所示，求吊环的截交线。

分析：图中吊环主体是由直径相等的半球和圆柱光滑相切而成，在投影图上没有分界线。它的前后两侧各用正平面 P 和水平截面 Q 对称地截去一部分，并在中间挖出圆柱通孔，且其轴线垂直于 V 面；正平面 P 截切半球的截交线为半圆，截切圆柱的截交线是与轴线平行的两条直线，半圆和直线相切，两部分的截交线形成倒 U 形的平面，水平截面 Q 截圆柱的截交线为圆弧，其 H 面投影积聚在圆周上。

作图步骤：

1）求水平投影，截交线是前后对称的两条直线和两段圆弧，根据截交线的 W 面投影直接求出 H 面的两直线投影，并量取小孔直径画出孔的投影，为两条不可见轮廓线，画虚线，如图 5-27b 所示。

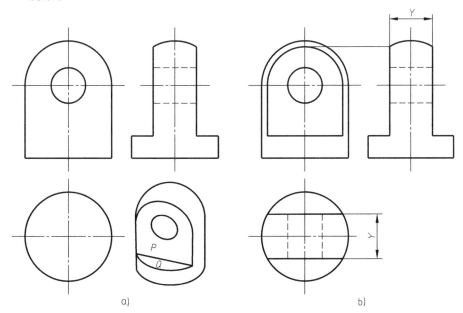

图 5-27　吊环的三面投影图

a）已知　b）作图过程

2）求正面投影，作出正平面 P 截切半球的半圆和截切圆柱的直线，且半圆和直线相切；中间小孔在 V 面投影为圆。

3）求两截切平面的交线，在 H、V 面上分别和同面截交线的投影重影。

4）检查、加深图线，完成全图。

5.3　相贯立体的投影

在机器上常常会看到两立体相交的情况。两立体相交所形成的表面交线称为相贯线。相贯线具有下列性质：

1）共有性。相贯线是两相交立体表面的共有线，共有线上的每一点都是两立体表面的共有点；相贯线也是两相交立体的分界线。

2）表面性。相贯线位于相交立体的表面上。

3）封闭性。相贯线一般是封闭的空间曲线，特殊情况为封闭的平面曲线或直线。

两立体相交可分为两平面立体相交、平面立体与曲面立体相交、两曲面立体相交，如图 5-28 所示。

求相贯线的投影实质是求相贯线上适当数量共有点的投影，依次光滑连接各点的同面投影，并判断可见性。常用的求相贯线上点的投影的方法有利用表面投影的积聚性法和辅助平面法。

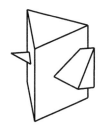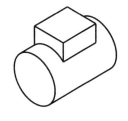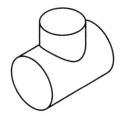

图 5-28　两立体相交

5.3.1　利用积聚性求相贯线的投影

【例 5-23】　如图 5-29a 所示，已知两圆柱正交相贯的水平投影和侧面投影，求相贯线的正面投影。

分析：由图 5-29a 可知两圆柱垂直相交，称为正交，相贯线是前后、左右对称的空间封闭曲线。水平圆柱轴线为侧垂线，其侧面投影积聚在圆周上，相贯线的侧面投影也积聚在该圆上；直立圆柱轴线是铅垂线，该圆柱面的水平投影积聚成圆，相贯线的水平投影也积聚在此圆上。

由相贯线共有性找出两立体表面的共有部分，得出相贯线的侧面投影为大圆上部落在小圆柱轮廓线之间的那段圆弧，由此可知，相贯线的水平投影和侧面投影是已知的，只需求出相贯线的正面投影。

作图步骤：

1）求相贯线的正面投影。

① 求相贯线上特殊位置点的投影。由图 5-29b 可以看出，特殊点的投影分别为 1、2、3、4 和 1″、2″、3″、4″，是正交两圆柱正面投影轮廓线上共有点 Ⅰ、Ⅱ 及直立圆柱侧面投影轮廓线上共有点 Ⅲ、Ⅳ 的 H、W 面投影，由点线从属性和轮廓素线的投影特性可求得点 Ⅰ、Ⅱ、Ⅲ、Ⅳ 的 V 面投影 1′、2′、3′、4′。

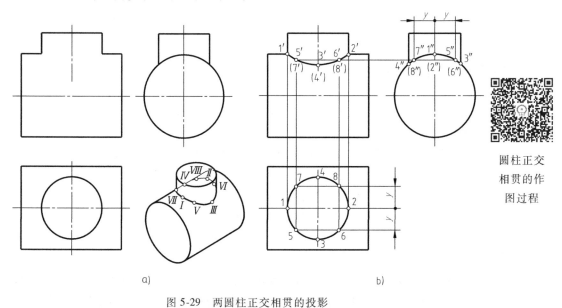

圆柱正交相贯的作图过程

a)　　　　　　　　　　　　　　　　　　b)

图 5-29　两圆柱正交相贯的投影

a）已知　b）作图过程

② 在相邻两特殊点之间求适当数量一般点的投影，如图 5-29a 中分别取 V、VI、VII、VIII 四个一般点。

先在 H 面投影（或 W 面投影）上确定 5、6、7、8（或 $5''$、$6''$、$7''$、$8''$），根据宽相等求得 $5''$、$6''$、$7''$、$8''$（或 5、6、7、8），按照点的投影规律求得 $5'$、$6'$、$7'$、$8'$。

③判别相贯线正面投影的可见性。图中的相贯线正面投影的可见与不可见部分（即前后两半部分）重影，用粗实线依次光滑连接各点，得到相贯线的正面投影。

2）检查投影，整理图线。

特别注意的是，贯穿在另一实体内部的轮廓线不再存在，如图中两圆柱正面投影轮廓线画到共有点 $1'$、$2'$ 为止。$1'2'$ 之间为实体，没有轮廓，不要连线。

两圆柱正交，由直径变化而引起相贯线的变化趋势见表 5-13。由表 5-13 可看出正交两圆柱的相贯线投影的变化规律如下：

1）直径不相等的两圆柱正交相贯时，其相贯线为空间曲线，其弯曲趋势总会向大圆柱投影内弯曲。例如当 $\phi_1 > \phi_2$ 时，相贯线为左右两条空间曲线；当 $\phi_1 < \phi_2$ 时，相贯线为上下两条空间曲线。

2）直径相等的两圆柱正交相贯如 $\phi_1 = \phi_2$ 时，其相贯线为两条平面曲线——椭圆，相贯线在平行于两圆柱轴线的投影面上的投影为两条相交直线。

表 5-13　两圆柱正交相贯线的变化趋势

两圆柱直径对比	直 径 不 等		$\phi_1 = \phi_2$
	$\phi_1 > \phi_2$	$\phi_1 < \phi_2$	
立体图	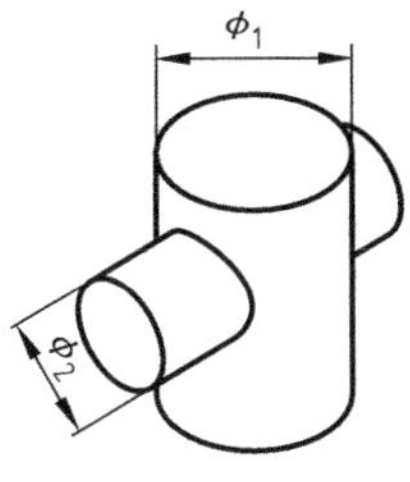	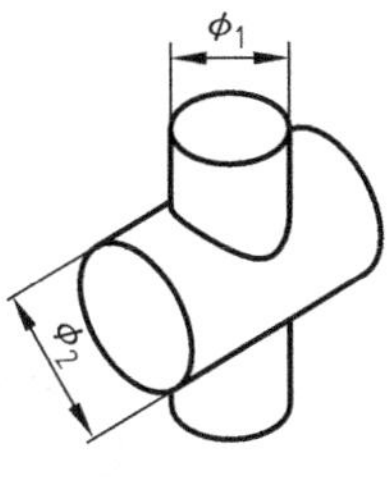	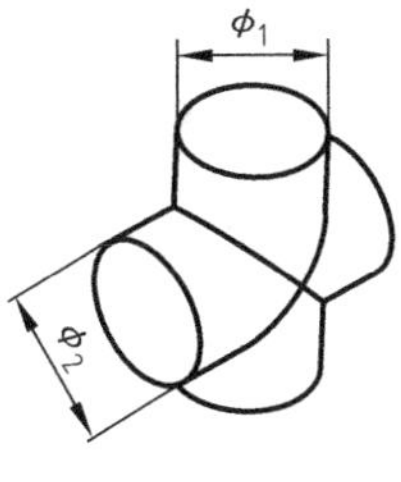
相贯线形状	左右两条空间曲线	上下两条空间曲线	两条平面曲线-椭圆
投影图	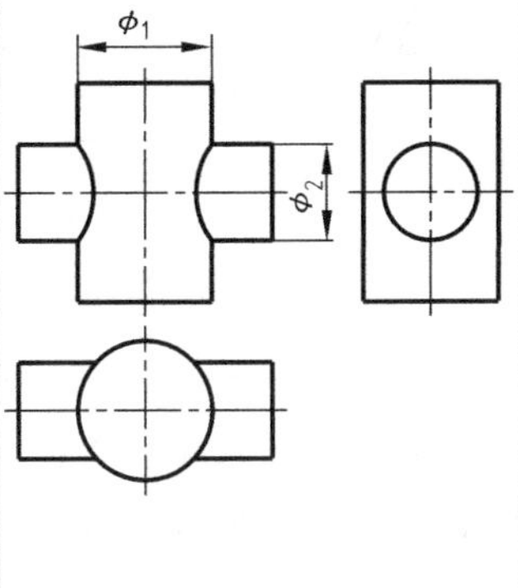	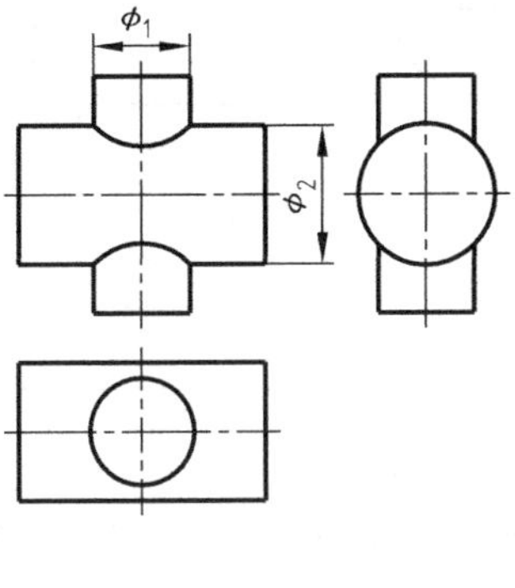	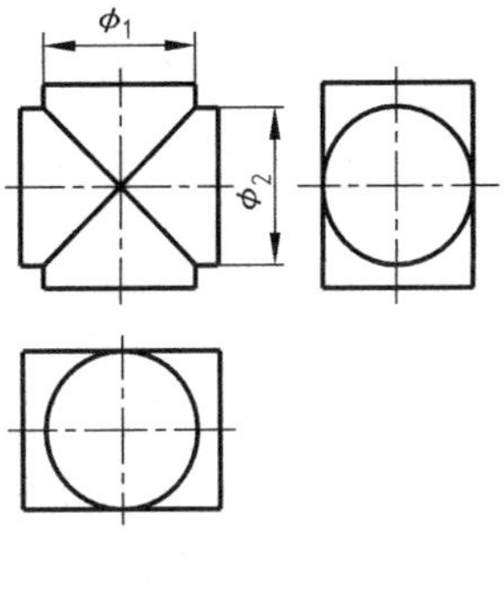

　　图 5-30 为正交等径两圆柱不完全贯通的相贯线投影。图 5-30a 所示的相贯线为两个左右对称的半椭圆，正面投影为两相交直线。图 5-30b 所示的相贯线为一个椭圆，正面投影为一条直线。

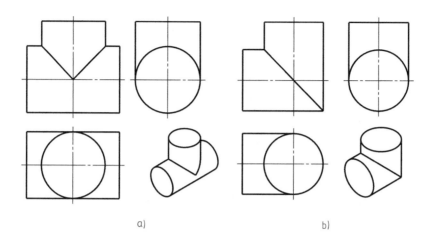

图 5-30　正交等径两圆柱不完全贯通的相贯线投影
a）相贯线为两个左右对称的半椭圆　b）相贯线为一个椭圆

　　圆柱上钻孔及两圆柱孔相贯，外表面与圆柱孔有交线，内表面与圆柱孔也有交线，按照两圆柱正交相贯的方法，分别求出内、外表面的相贯线。绘制内、外表面圆柱轮廓素线时，应注意虚、实线的判别，见表 5-14。

表 5-14　圆柱孔的正交相贯形式

形式	圆柱与圆柱孔相贯	圆柱孔与圆柱孔相贯	圆柱孔与圆柱孔等径相贯
立体图			
投影图			

　　表 5-15 所示为圆柱与方柱、圆柱与方孔、圆筒与方筒等相贯的情况。它们属于平面立体与曲面立体相贯，其相贯线由直线与曲线组成，可看成方柱、方孔各棱面（平面）与圆柱面相交，可用求截交线的方法求相贯线。

表 5-15　圆柱与方柱、圆柱与方孔、圆筒与方筒等相贯

形式	圆柱与方柱相贯	圆柱与方柱等径相贯	圆柱与方孔相贯
立体图	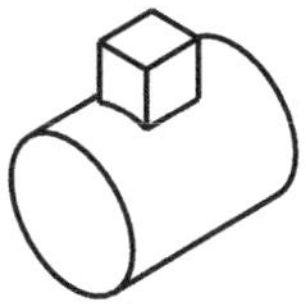	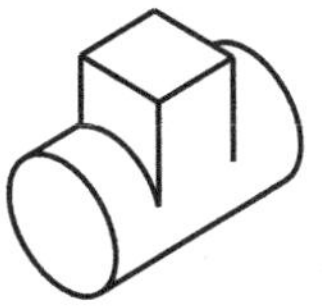	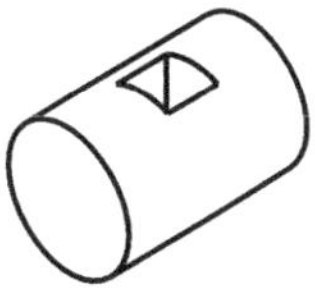
投影图	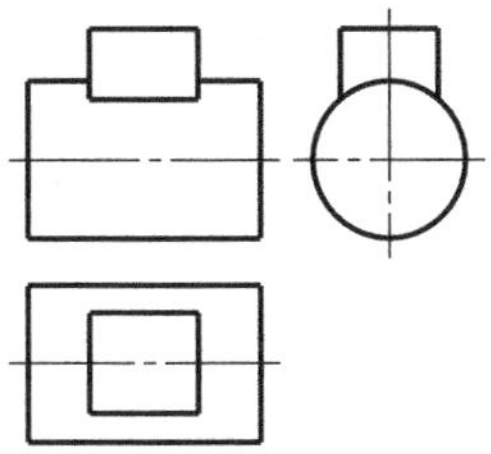	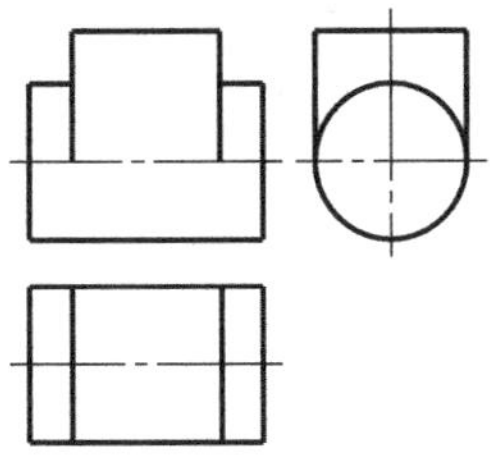	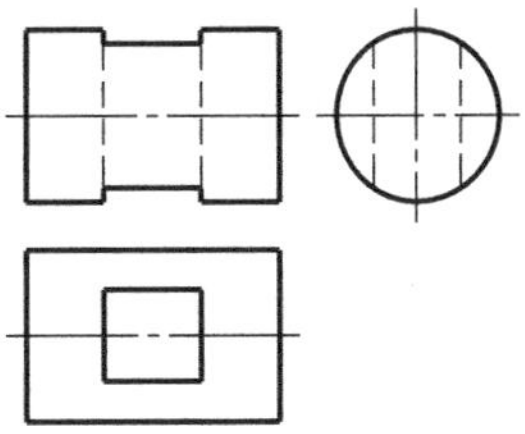

形式	圆筒与方筒相贯	圆筒与方筒等径相贯	圆筒与方孔相贯
立体图	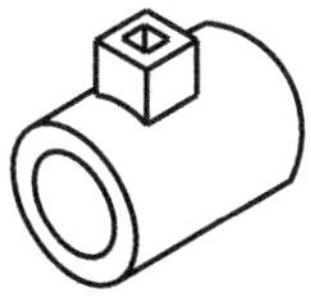	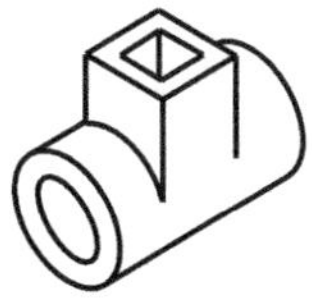	
投影图	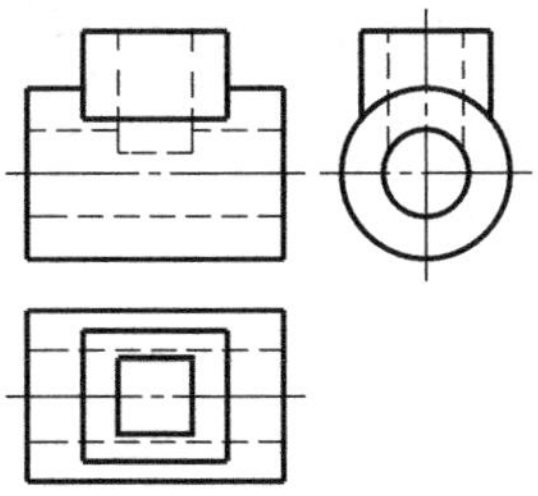	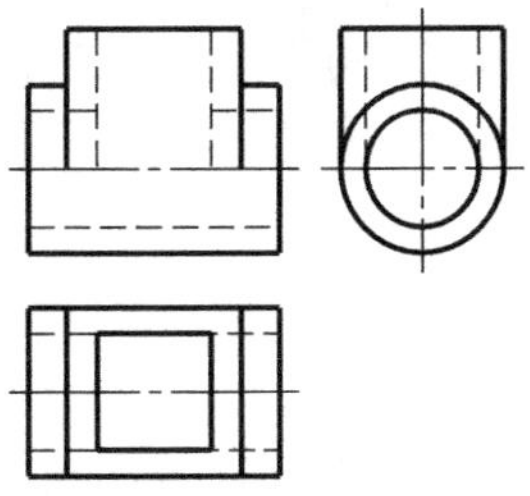	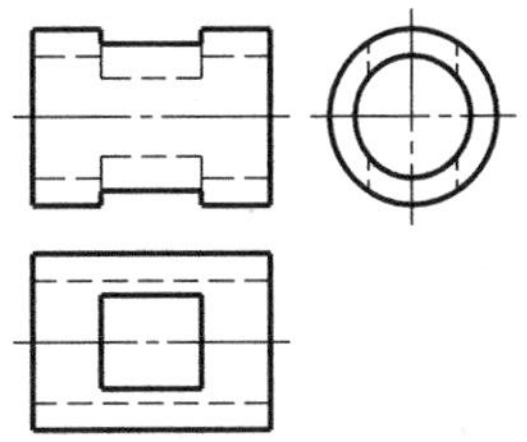

【例 5-24】　如图 5-31a 所示，补全正面投影。

分析：该立体的外表面由圆柱和棱柱组成，且尺寸相同；内表面由两个正交相贯的圆孔组成，孔径不同，且直立圆孔完全贯穿横置套筒。因此相贯线便有两外表面相贯线、两内表面相贯线及内表面和外表面相贯线。

无论是两外表面相贯，还是一内表面和一外表面相贯，或者两内表面相贯，求相贯线的方法和思路是一样的。

作图步骤：

1）图 5-31b 为圆柱和棱柱两外表面相贯线的作图，该线为粗实线。需要注意的是，由于两外表面相切，在相切部位没有相贯线。

2）图 5-31c 为两个正交圆孔的相贯线的作图。由于是两内表面的交线，故不可见，画虚线。

3）图 5-31d 为圆柱外表面和圆孔内表面的相贯线的作图，该线画粗实线。

4）检查并整理图线。

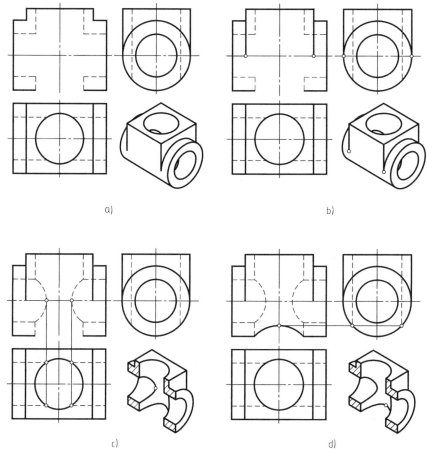

a)　　　　　　　　　　　　　　　　b)

c)　　　　　　　　　　　　　　　　d)

图 5-31　补全正面投影

a）已知　b）~d）作图过程

【例 5-25】　如图 5-32a 所示，求两圆柱偏交相贯线的投影。

分析：两圆柱的轴线偏交，从图 5-32a 中可以看出，相贯线是一条前后不对称，但左右对称封闭的空间曲线，直立圆柱轴线垂直于 H 面，且整个圆柱表面都参与相交，相贯线的 H 面投影积聚在圆周上；半圆柱的轴线垂直于 W 面，相贯线的 W 面投影积聚在半圆柱面的侧面投影上。

作图步骤：

1）求相贯线的正面投影。

① 求相贯线上特殊位置点的投影。由图 5-32b 的水平投影可以看出，特殊点的投影分别为 1、2、3、4、5、6 和 1″、2″、3″、4″、5″、6″，从而可求出 1′、2′、3′、4′、5′、6′。1′、2′是相贯线的最左、最右点，3′是相贯线的最低点，5′、6′是最高点。

② 在相邻两特殊点之间求适当数量一般点的投影，如图 5-32a 中分别取点 Ⅶ、Ⅷ。先在 H 面投影（或 W 面投影）上确定 7、8（或 7″、8″），求得 7″、8″（或 7、8），再求得 7′、8′，如图 5-32c 所示。

③ 判别相贯线正面投影的可见性。1′、7′、3′、8′、2′用粗实线光滑连接成曲线，1′、5′、4′、6′、2′用虚线光滑连接成曲线，如图 5-32d 所示。

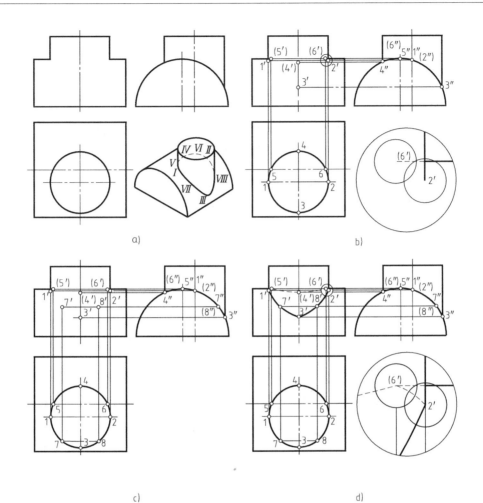

图 5-32　两圆柱偏交相贯线的投影
a）已知　b）~d）作图过程

2）检查投影，整理图线。直立圆柱正面投影的轮廓线应加深至 1'、2'处，重影部分可见，画粗实线；半圆柱正面投影的轮廓线应画到点 5'、6'处，重影部分不可见，画虚线，详见局部放大图，如图 5-32d 所示。

5.3.2　利用辅助平面求相贯线的投影

辅助平面法即利用辅助平面求相贯立体表面共有点的方法。用辅助平面法求相贯线采用的是三面共点的原理，即为了求相贯线上的点，可在适当位置选择一个合适的辅助平面，使其分别与两相交立体表面相交，这两组截交线的交点就是辅助平面与两相交立体表面的三面共有点，也是相贯线上的点。按此方法作一系列辅助平面，可求出相贯线上若干点，依次光滑连接各点的同面投影，即可得相贯线的投影。

辅助平面的选择原则是使所选择的辅助平面应在两曲面立体的共有区域，同时与相交两立体表面的截线的投影为简单易画的几何图形（圆或直线），一般取投影面的平行面为辅助平面。前面所讲的利用表面积聚性求相贯线的题目均可用辅助平面法求解。

【例 5-26】　如图 5-33a 所示，求圆柱与圆锥正交相贯线的投影。

分析：圆柱与圆锥轴线正交，形体前后对称，相贯线是一条前后对称封闭的空间曲线，圆柱的轴线垂直于侧面，且整个圆柱表面均参与相交，故相贯线的侧面投影与圆柱表面的侧面投影重影，只需求出相贯线的正面和水平投影。

作图步骤：

1）求相贯线的特殊点的投影，如图 5-33b 所示，辅助面 Q_W 是通过圆锥顶点的正平面，与圆锥的交线是圆锥正面转向轮廓素线，与圆柱的交线是圆柱正面转向轮廓素线，1'、2' 是圆锥和圆柱的正面转向轮廓素线投影的交点，也是相贯线的最高、最低点，2' 也是最左点，求得点 1、2；过圆柱轴线 3'、4' 作水平辅助面 P_{1V}，与圆锥的交线为水平圆，与圆柱的交线为圆柱水平投影的轮廓素线，两交线的交点为 3、4，是相贯线的最前、最后点，求出 3″、4″。

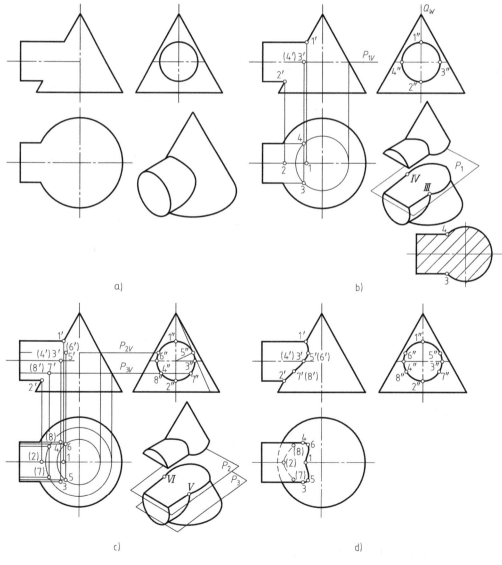

图 5-33　利用辅助平面求圆柱和圆锥正交相贯线的投影

a）已知　b）~d）作图过程

2）求相贯线的一般位置点，如点 V、VI、VII、VIII 的投影。先在 W 面投影上确定 5″、6″（选 5″、6″为圆锥素线与圆的切点，由此求出的 5′、6′、5、6，为相贯线水平和正面投影的最右点），过 5″、6″作水平辅助面 P_{2V}，与圆锥的交线为水平圆，与圆柱的交线为两条平行直线，两交线的交点为 5、6，求出 5′、6′，同理求出点 7′、8′和 7、8 的投影，如图 5-33c 所示。

3）判断各点的投影可见性，用规定的图线依次光滑连接相贯线上各点的同名投影。分别判别相贯线上点的正面投影和水平投影的可见性。因相交的圆柱和圆锥轴线正交，且圆柱轴线垂直于 W 面，故相贯线的前、后半部分在正面投影重影。在水平面的投影，对圆锥而言，因其轴线垂直于水平面且锥顶向上，故相贯线的 H 投影全可见；而对圆柱而言，则只有上半个表面在 H 面投影可见，即只有上半部分相贯线在 H 面的投影可见。所以共同可见部分 III、V、I、VI、IV 的相贯线投影 3、5、1、6、4 可见，画粗实线，其余部分 3、7、2、8、4 不可见，画虚线。

4）整理投影轮廓素线和其他被遮挡部分的投影，融为一体的轮廓线的投影不再画出，如圆锥的左侧轮廓素线 V 面投影 1′2′之间不画线。圆锥底面在 H 面的投影被圆柱遮挡部分画虚线。圆柱在 H 面的投影轮廓素线用粗实线画到点 3、4。检查投影，擦除多余的图线，加深保留图线，完成全图，如图 5-33d 所示。。

注意：相贯线上可见点用粗实线依次光滑连接，不可见点用虚线依次光滑连接；凡参加相贯的轮廓线，可见的投影轮廓素线总是与相贯线投影的可见与不可见部分的分界点相连，不可见的投影轮廓素线总是与相贯线投影的不可见部分的一个点相连。

【**例 5-27**】　如图 5-34a 所示，已知圆锥台和半球相贯，试画全三面投影图。

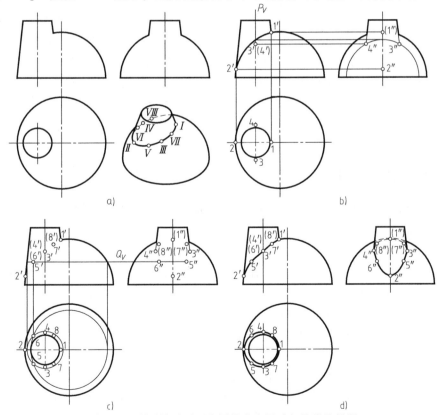

图 5-34　利用辅助平面求圆锥台和圆球相贯线的投影
a）已知　b）~d）作图过程

　　分析：圆锥台与半球相贯，它们的表面在三个投影面上都没有积聚性，因此只能用辅助平面法来求相贯线。由图 5-34a 给定的 H 面投影可知相交的圆锥台与半球前后对称，圆锥台和半球的 V 面转向轮廓素线相交于点 I、II，故 $1'$、$2'$ 已知。根据投影规律和点线从属性可求得 1、2 和 $1''$、$2''$。圆锥台的 W 面转向轮廓素线上的点 III、IV 则须利用辅助平面来求其三面投影。

　　作图步骤：

　　1）求相贯线上特殊位置点的投影。

　　① 由分析直接找到圆锥台和半球的 V 面转向轮廓素线交点 I、II 的 V 面投影 $1'$、$2'$，根据投影规律和点线从属性可求得 1、2 和 $1''$、$2''$。交点 I、II 也是相贯线上最高、最低、最左、最右点。

　　② 过圆锥台的轴线作辅助平面，如侧平面 P_V，该平面与圆锥台表面的交线为等腰梯形，在 W 面投影反映实形，即圆锥台的侧面转向轮廓素线；辅助平面 P_V 与半球表面的交线为半圆，在 W 面的投影反映实形，如图 5-34b 所示，两截交线的交点即 III、IV 两点的 W 面投影 $3''$、$4''$。最后求得 3、4 和 $3'$、$4'$。

　　2）求相贯线上一般位置点的投影。在两特殊点之间求出适当数量的中间点。图 5-34c 选用水平辅助平面 Q_V，与圆锥台和半球的交线均为圆，两圆在 H 面投影反映实形，其交点为 5、6，由 5、6 可求得 $5'$、$6'$ 及 $5''$、$6''$。按同样的方法求点 VII、VIII 的投影（图中只保留了点 V、VI 的作图线）。

　　3）判别各点的投影可见性，光滑连接各点的同面投影。由分析可知相交立体前后对称，相贯线也前后对称，而且在 V 面上的投影前后重影，相贯线在 H 面投影都可见。在 W 面上的投影，圆锥台和半球表面共同的可见部分是圆锥台的左半个表面，因此，只有这半个表面上的相贯线是可见的，即 $3''5''2''6''4''$ 可见，画粗实线，$3''7''1''8''4''$ 画成虚线。

　　4）整理立体在各投影图中的轮廓线。半球的 W 面投影轮廓素线与圆锥台不相交，所以，半球的 W 面投影轮廓素线是完整的，但被圆锥台的投影遮挡了一部分，即圆锥台的 W 面投影的转向轮廓素线之间的部分不可见，画成虚线；圆锥台 W 面投影轮廓素线可见，分别画至 $3''$、$4''$，如图 5-34d 所示。

5.3.3　相贯线的特殊形式

　　两回转体相交，其相贯线一般为封闭的空间曲线，但在一些特殊情况下，其相贯线会是平面曲线或直线。

　　1. 相贯线为圆

　　同轴回转体就是两个以上具有共同轴线的回转体，其相贯线是垂直于轴线的圆。相贯线在与轴线垂直的那个投影面上的投影反映实形圆，在与轴线平行的投影面上的投影是过两立体投影轮廓素线交点的一段直线（即圆的直径）。图 5-35 所示分别为圆柱与圆柱、圆柱与圆锥，以及圆柱与球同轴回转体，相贯线为圆。

　　2. 相贯线为椭圆

　　两个外切于同一球面的回转体的相贯线是平面曲线。图 5-36a 所示为两个等径圆柱正交相贯，并外切于同一球面，其相贯线是两个相同的椭圆。在两轴线所平行的投影面上，相贯线的投影为两相交直线，即两圆柱转向轮廓素线交点的连线，水平投影与直立圆柱的水平投影重影。图 5-36c 表示两个外切于同一球面的圆柱与圆锥正交，其相贯线是两个相同的椭

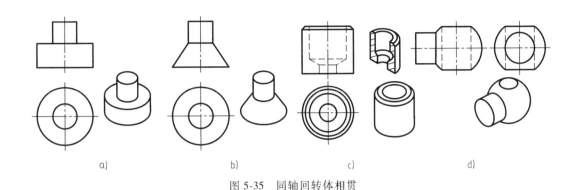

图 5-35　同轴回转体相贯

圆。在两轴线所平行的投影面上相贯线的投影为两相交直线，即圆柱、圆锥转向轮廓素线交点的连线，水平投影为两相交的椭圆。图 5-36b 和图 5-36d 表示圆柱与圆柱、圆柱与圆锥斜交的情况，它们分别外切于同一球面，其相贯线仍是椭圆，不过大小不等，其正面投影仍为两回转体轮廓线交点的连线。

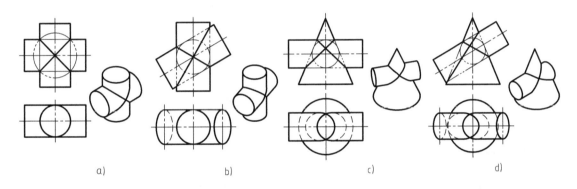

图 5-36　两回转体外切于同一个球面的相贯

3. 相贯线为直线

轴线平行且共底的两圆柱相交，其相贯线为不封闭的两平行线，如图 5-37a 所示。共锥顶且共底的两圆锥相交，其相贯线为不封闭的两相交直线，如图 5-37b 所示。

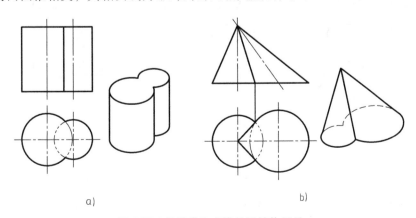

图 5-37　相贯线为直线的回转体相贯

a）轴线平行且共底的两圆柱相交　b）共锥顶且共底的两圆锥相交

5.3.4　相贯线投影的近似画法

当两正交相贯的圆柱直径不等时，其相贯线的投影可用圆弧近似代替。

画法一：三点定一圆弧，如图 5-38a 所示。

画法二：以大圆柱半径为半径、两圆柱的投影轮廓线的交点（1′或 2′）为圆心向外侧画弧，与小圆柱轴线的投影交于一点（远离大圆柱的那个交点），以该交点为圆心、大圆柱半径为半径画圆弧，用该圆弧近似地代替相贯线的投影，如图 5-38b 所示。

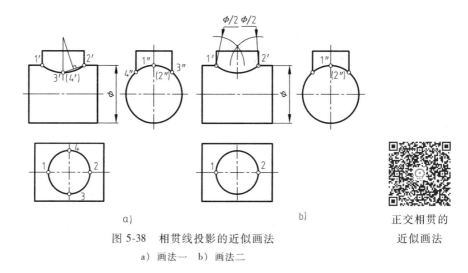

图 5-38　相贯线投影的近似画法

a）画法一　b）画法二

正交相贯的
近似画法

5.3.5　综合举例

【例 5-28】　求三个圆柱相交的相贯线的正面投影，如图 5-39a 所示。

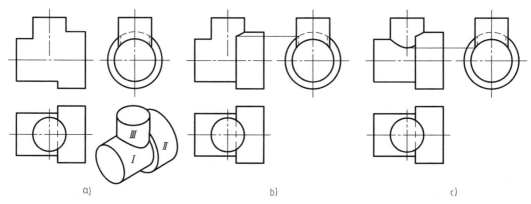

图 5-39　三个圆柱相交的相贯线作图过程

分析：该立体由直径不同的三个圆柱组成，水平圆柱 I 、II 同轴相贯，相贯线 H、V 面投影为直线，W 面投影积聚为圆弧；直立圆柱 III 分别与水平圆柱 I 和 II 正交相贯，相贯线各为一段空间曲线，两段曲线的 V 面投影向水平圆柱轴线方向弯曲，其 H 面投影与直立圆柱 III 的 H 面投影重影；W 面投影分别与水平圆柱 I 、II 的 W 面的投影重影。综上所述，三个圆柱之间的相贯线由两段空间曲线和直线组成，该相贯线前后对称。

作图步骤：

1）求圆柱 Ⅰ、Ⅱ 的同轴相贯线，求圆柱 Ⅲ 与 Ⅱ 的相贯线。图 5-39b 所示为特殊点的画法，一般点作图过程略。

2）求圆柱 Ⅰ、Ⅲ 的相贯线。图 5-39c 所示为特殊点的画法，采用近似画法用圆弧代替相贯线的投影。

3）整理轮廓线和相贯线。

【例 5-29】　求截切套筒的侧面投影，如图 5-40a 所示。

分析：该套筒的上半部位的前面截切一 U 形槽，侧面投影的交线由空间曲线和直线组成；后面截切一方形槽，侧面投影的交线是直线；套筒的下半部位截切一长方形槽，并左右贯通，侧面投影的交线是直线。

以上分析了套筒截切后各部分交线的形状，其作图方法、可见性等问题请读者参考图 5-40b~d 自行分析。

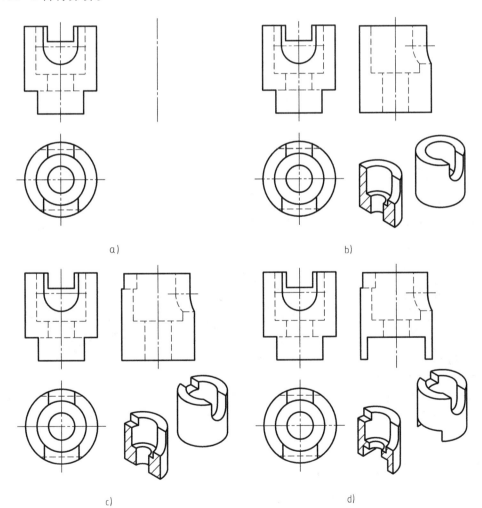

图 5-40　截切套筒侧面投影的作图过程

第6章　组　合　体

6.1　概述

由两个或两个以上的基本立体按一定方式组合而成的复杂物体称为组合体。组合体可以看作是机械零件的一种几何模型，研究组合体的画图、看图以及尺寸标注等问题，是机器零件的画图和读图、设计和制造的重要基础，是向机器零件过渡的一个重要环节。

一般将组合体的三面投影称为视图，正面投影称为主视图，水平投影称为俯视图，侧面投影称为左视图。

6.1.1　组合体的组合形式

组合体按其组合方式通常分为叠加、切割与挖孔两种形式，见表6-1。

表 6-1　组合体的组合形式

基 本 形 体	组 合 形 式	
	叠加	切割与挖孔
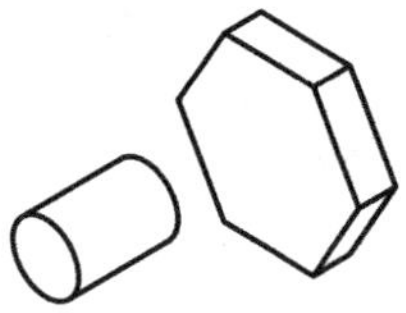		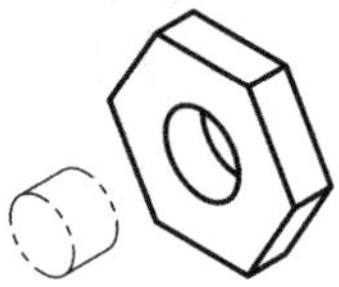
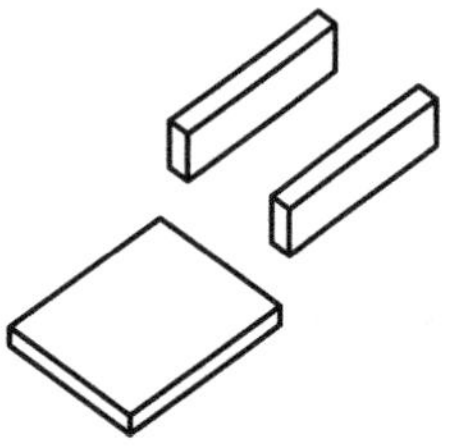	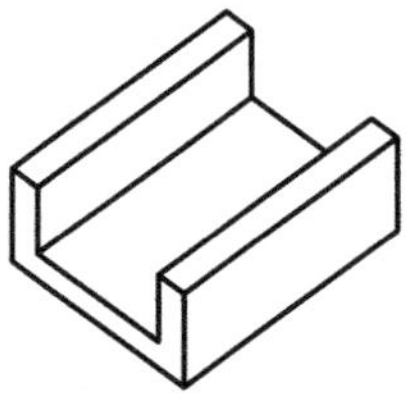	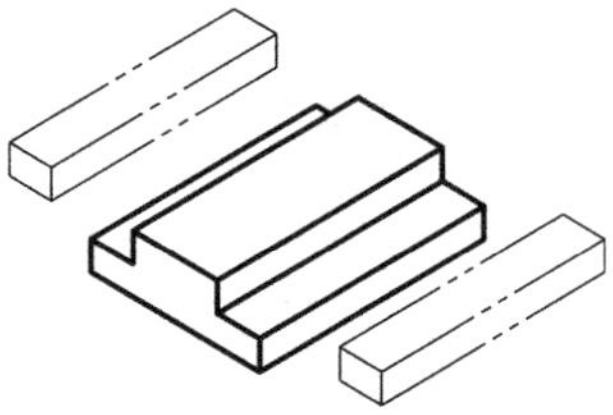

应该指出，叠加和切割与穿孔并没有严格的界限，以叠加为主的组合体中，也存在切割与穿孔。这种既有叠加又有切割与穿孔构成的组合体很常见，采用什么方式分析应当根据组合体的具体情况而定，一般要以便于作图和容易理解为原则。

6.1.2　组合体相邻表面之间的关系

基本体经过一定的方式进行组合，形成组合体时，其相邻表面之间存在一定的过渡关系。过渡关系通常分为表面平齐和不平齐、表面相切、表面相交等三种。

1. 表面平齐和表面不平齐

如图6-1所示，相邻两个基本体在某一方向的表面平齐时，它们之间共面，共面的表面在投影图上没有分界线，如图 6-1a 所示；当相邻两个基本体在某一方向的表面不平齐时，在投影图上两表面之间有分界线，如图 6-1b 所示。两基本体在某方向一侧表面平齐，另一侧表面不平齐，如图 6-2 所示的投影图中，平齐的表面没有分界线，不平齐的表面分界线不可见，画虚线。

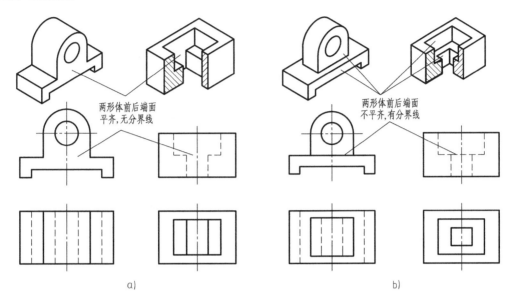

a)　　　　　　　　　　　　　　　　　　b)

图 6-1　表面平齐和表面不平齐

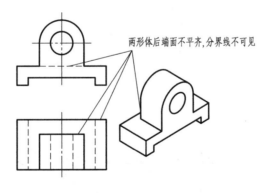

图 6-2　前端面平齐，后端面不平齐

2. 表面相切

当两形体相邻表面相切时，由于相切处两个表面光滑过渡，无明显的分界线，因此相切处不画线，相关面的积聚性投影应画到切点处，如图 6-3 所示。

特殊情况下，两圆柱面相切，若它们的公切面垂直于投影面，在所垂直的投影面上要画出两圆柱面的分界线，即相切的素线，其他投影面不画切面的投影，如图 6-4 所示。

3. 表面相交

当两形体相邻表面相交时，会产生截交线和相贯线，在投影中要画出相应交线的投影，如图 6-5 所示平面与圆柱面交线的投影要画出。

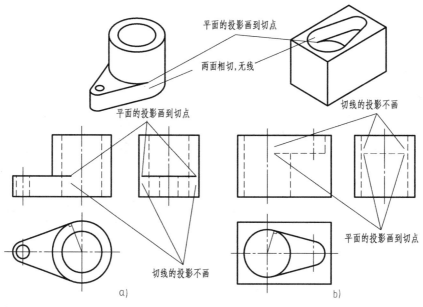

图 6-3　两表面相切

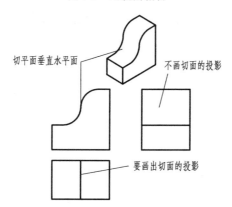

图 6-4　两表面相切的特殊情况

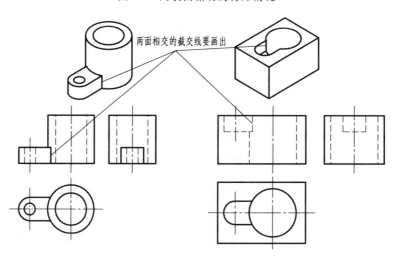

图 6-5　两表面相交

6.2　组合体视图的画图方法

画组合体视图的基本方法有两种：形体分析法和面形分析法。

1. 形体分析法

组合体可以看成由若干简单的基本体组成。根据组合体的形状，通常假想将其分解成若干基本体，弄清各基本体的形状和它们之间的相对位置及组合方式，分别画出每一基本体的视图，这种方法称为形体分析法。以叠加为主的组合体一般采用形体分析法。

运用形体分析法时应注意两点：一是要把复杂形体合理分为若干个简单的基本体，即把问题简单化；二是要分析基本体之间的表面过渡关系，正确绘出其视图。形体分析法是组合体画图、读图和尺寸标注的主要方法。

2. 面形分析法

有些复杂形体是由棱柱、棱锥等平面立体经过若干次挖切形成的。这类形体的特点是视图上的一个封闭线框，一般情况下代表一个面的投影。不同线框之间的关系反映了物体表面的变化情况。根据各个面的投影以及各线框之间的关系进行投影分析的方法称为面形分析法，也称为线面分析法。以挖切为主的组合体一般采用面形分析法。

6.2.1　用形体分析法画组合体的视图

形体分析法是画组合体视图的基本方法，下面以图 6-6 所示的轴承座为例，说明画组合体三视图的基本方法和步骤。

1. 形体分析

如图 6-6a 所示，画图前，先对轴承座进行形体分析。轴承座由底板、支承板、肋板、圆筒和凸台五部分组成，底板在下，和支承板、肋板叠加在一起；支承板、肋板起支承圆筒的作用，圆筒与支承板的两个侧面相切，与肋板相交；凸台在圆筒之上，圆筒和凸台正交相贯，如图 6-6b 所示。

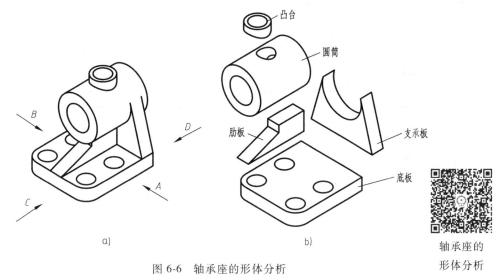

图 6-6　轴承座的形体分析

2. 选择主视图投影方向

主视图是三视图中的主要视图。选择主视图时必须考虑组合体的安放位置和主视图的投射方向。

组合体的安放位置一般选择组合体安放平稳的位置，或者是其工作、加工时的安放位置。如图 6-6a 所示，轴承座的底板位于下方且水平放置。

主视图的投射方向一般选择最能反映组合体的形状特征或位置特征的方向，同时还应考虑其他视图中虚线最少，并适当考虑图纸幅面的合理使用。在图 6-6a 中 A 向和 C 向都能较好反映轴承座各形体的形状特征或位置特征（图 6-7a、c），但从图纸幅面的利用上，以 X 坐标大于 Y 坐标为好（即长度大于宽度），所以 A 向作为主视图方向较好，如图 6-7a 所示。图 6-7b、d 所示的视图中虚线较多，主视图方向的选取不及图 6-7a 合理。

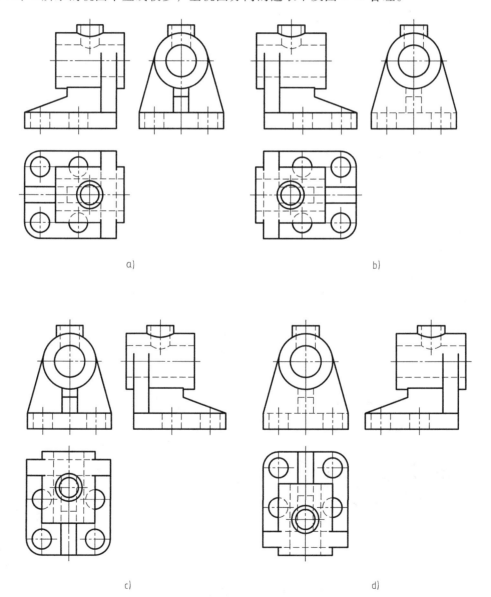

a)　　　　　　　　　　　　　　　　　　　b)

c)　　　　　　　　　　　　　　　　　　　d)

图 6-7　轴承座主视图的选择

3. 确定比例和图幅

主视图确定后，根据组合体大小和复杂程度确定绘图比例和图幅大小，一般应采用标准比例和标准图幅。

4. 布置视图、画底稿线

根据视图最大轮廓尺寸及视图之间的空当，确定每个视图的位置。视图要布置合理，排列匀称。画组合体三视图时，要逐个画出每个基本体的三个视图，从反映其形状特征的视图画起，三个视图按照长对正、宽相等和高平齐的投影规律对应画出。

具体画法和步骤如下：

1）布置视图，画出三个视图的作图基准线，如中心线、对称线以及主要基本体的定位线，如图 6-8a 所示。

2）从反映底板实形的俯视图画起，画底板的三视图，如图 6-8b 所示。底稿线要尽量细而轻，以便修改。

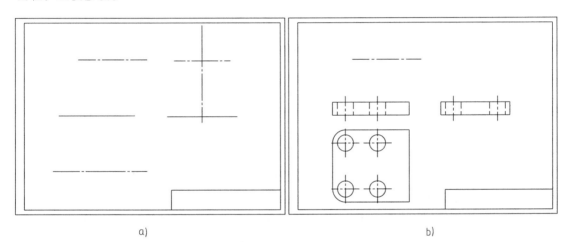

a)   b)

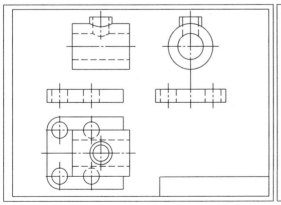
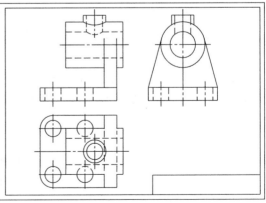

c)   d)

图 6-8　轴承座画图的步骤

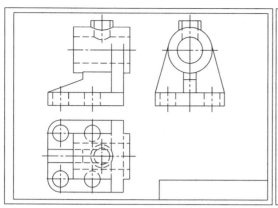
e)

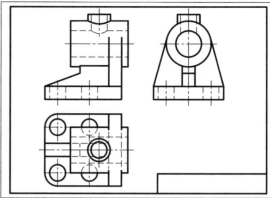
f)

图 6-8 轴承座画图的步骤（续）

3）从反映圆筒实形的左视图画起，画圆筒三视图。凸台要从俯视图画起，注意在主视图中圆筒和凸台的相贯线的画法，如图 6-8c 所示。

4）从左视图起画支承板的三视图底稿，注意在三个视图中支承板和圆筒切点的位置，如图 6-8d 所示。

5）从左视图起画肋板的三视图底稿，注意在主视图中肋板和圆筒交线的位置，以及俯视图中肋板与支承板接触部分的表达，如图 6-8e 所示。

6）底稿完成后，应仔细检查，检查时要分析每个形体的三视图是否完整、位置是否对应、表面过渡关系是否正确等，最后，擦去多余的图线，确认无误后加深，加深时先圆和圆弧后直线，加深直线的顺序为先上后下、先左后右。完成后的图形如图 6-8f 所示。

6.2.2 用面形分析法（按切割顺序）画组合体的视图

对于截切体来说，在截切过程中形成的面和交线较多，形体不完整。解决这类问题时，一般先要画出立体原形的视图，然后按截切的顺序依次画出对应的三面投影。对于每次截切的截交线画法，应先画出截平面有积聚性的投影，再画其余的投影。下面以图 6-9 所示的截切体为例，说明其作图步骤。

1）形体分析。图 6-9a 所示组合体的形状比较复杂，但是它的原形为一四棱柱，经过如图 6-9b 所示的截切得到图 6-9a 所示的截切体。每截切一次，截切体便会产生新的交线，画图时在形体分析的基础上，以线面分析为主，画出交线及其投影。

2）选择主视图方向。以 A 向作为主视图的方向。

3）确定比例和图幅。图 6-10 的作图步骤未画图框。

4）布置视图，画底稿线。布置视图，画出中心线、对称线和四棱柱被截切前的三视图，如图 6-10a 所示；按截切顺序画出四棱柱截切形体 I、形体 II、形体 III、形体 IV 后的视图，如图 6-10b～e 所示。注意每一次截切后的投影要在三个视图上同步进行线面分析，正确画出新产生的交线投影。

5）检查、加深，完成三视图，如图 6-10f 所示。

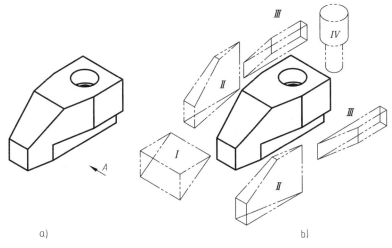

图 6-9 截切体的立体图和形体分析

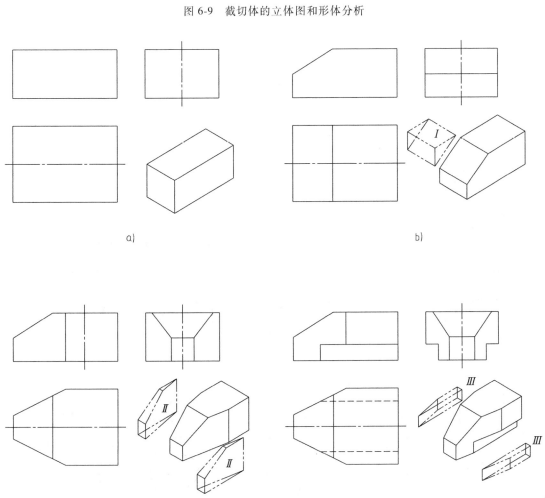

图 6-10 截切体的画图步骤

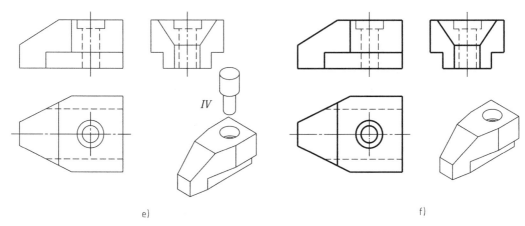

e)　　　　　　　　　　　　　　　　　　　　　　f)

图 6-10　截切体的画图步骤（续）

6.3　组合体的尺寸注法

　　组合体的视图只能表示其形状，而各形体的真实大小及其相互位置要通过标注尺寸才能确定。

6.3.1　基本体及常见形体的尺寸注法

　　1. 基本体的尺寸注法
　　常见基本体的尺寸注法（定形尺寸）如图 6-11 所示。需要注意，正六棱柱底面尺寸有

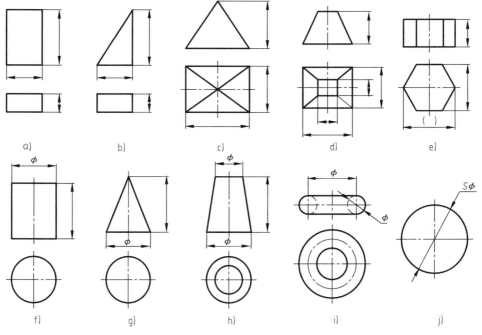

a)　　　　　b)　　　　　c)　　　　　d)　　　　　e)

f)　　　　　g)　　　　　h)　　　　　i)　　　　　j)

图 6-11　常见基本体的尺寸注法

两种标注形式，一种是注出正六边形的对边距离，另一种是注出正六边形的对角距离，但只需注出两者之一。若需要将两个尺寸都注上，则应将其中一个尺寸作为参考尺寸，加上括号，如图 6-11e 所示。

2. 截切体的尺寸注法

在标注截切体的尺寸时，除了注出基本体的定形尺寸，还应注出确定截平面位置的定位尺寸。当截平面与基本体的相对位置确定后，截交线随之就确定了，因此截交线上不需要注尺寸，图 6-12 中画上"×"号的尺寸都是不应该标注的。

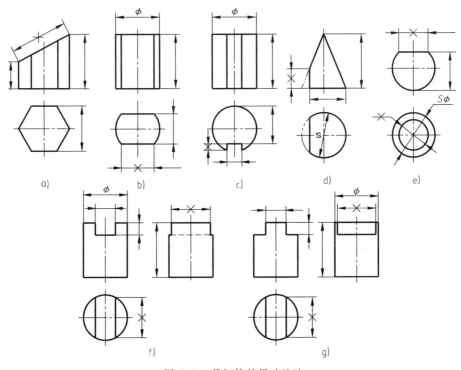

图 6-12　截切体的尺寸注法

3. 相贯体的尺寸注法

在标注相贯体的尺寸时，除了注出基本体的定形尺寸，还应注出确定彼此间相对位置的定位尺寸，只要两基本体的大小和相对位置确定后，相贯线自然形成了，所以相贯线的尺寸不标注。图 6-13 为具有相贯线组合体的尺寸注法图例，其中图 6-13a 的注法正确，图 6-13b 的注法错误（打"×"处）。

6.3.2　组合体的尺寸注法和尺寸基准

1. 组合体尺寸注法内容

在标注组合体的尺寸时，需要注出三个方面的尺寸：

1）组合体的形状尺寸（定形尺寸）。

2）组合体中确定各形体之间相对位置的尺寸（定位尺寸）。

3）确定组合体外形大小的总长、总宽、总高的尺寸（总体尺寸）。

如图 6-14a 所示的组合体由底板和套筒两个基本形体组成，底板的定形尺寸为 35

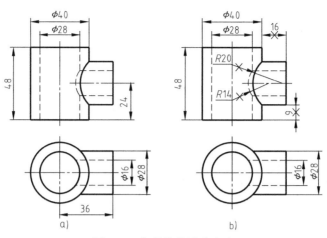

图 6-13　相贯体的尺寸注法

a）正确　b）错误

（长）、22（宽）、5（高）、R5（圆角半径），套筒的定形尺寸为直径 φ10、φ14 和高 21；俯视图中的 10 和 9 是套筒相对于底板长度和宽度方向的定位尺寸；35、22 也是组合体的总长和总宽尺寸，套筒高度尺寸 21 也是组合体的总高尺寸。

组合体的一端或两端为回转面时，为明确回转面的确切位置，标注回转面轴线的定位尺寸，而不注出总体尺寸，否则，就会出现重复尺寸，如图 6-14b 中不注高度方向的总体尺寸，这个方向的总体尺寸是 16+R6。

标注组合体尺寸时，一般按"先定形尺寸，后定位尺寸，最后总体尺寸"的顺序标注。

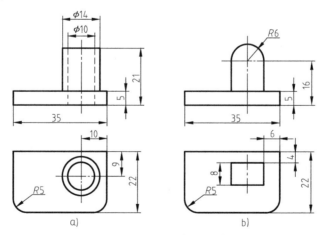

图 6-14　组合体的尺寸标注

2. 尺寸基准

尺寸基准是度量尺寸的起点，也是组合体中各基本体定位的基准。由于组合体具有长、宽、高三个方向，每个方向有一个为主要基准，基准的确定应体现组合体的结构特点。对于有对称面的组合体，一般选取其对称平面作为该方向的主要基准；对于非对称面的组合体，一般选取较大的平面（底面或端面）为该方向的主要基准；对于整体上具有回转轴线的组合体，一般选取回转体的轴线作为两个方向的基准。关于基准更详尽的内容见第 11 章。

如图 6-15 所示的组合体，在长度方向（X）具有对称平面，选取对称平面作为该方向上的主要基准；在宽度方向（Y）选取立板的后面作为该方向上的主要基准；在高度方向（Z）选取底面作为该方向上的主要基准。需要说明的是，以对称面作为基准标注尺寸时，尺寸必须注在对称平面的两侧，而不可以只注一侧，即以对称面为基准对称标注，如图中的 42、62 和 92 等。

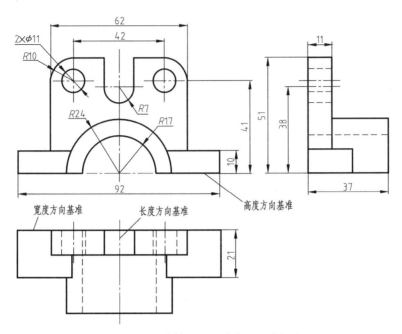

图 6-15　组合体的基准确定和尺寸标注

6.3.3　标注组合体尺寸的基本要求

标注组合体尺寸应做到：

正确：标注尺寸的数值应正确无误，注法符合国家标准规定。

齐全：标注的尺寸必须把组合体中各个基本形体的大小及相对位置确定下来，无遗漏、无重复尺寸，即每个尺寸只标注一次。

合理：尺寸布置要适当，并尽量注在明显的地方，便于标注和看图。

清晰：标注的尺寸符合设计和制造要求，为加工、测量和检验提供方便；为了保证尺寸标注的清晰，应注意以下几点：

1) 同一形体定形尺寸和定位尺寸要尽量集中标注，有些结构尺寸应尽量注在视图外面，如图 6-16a 所示的俯视图中小孔的定形及定位尺寸改为图 6-16b 的标注较为清晰。相邻视图有关尺寸最好注在两视图之间，便于看图，如图 6-15 中的 10、41、38 和 92 等。

2) 尺寸尽量标注在反映该形体形状特征和位置特征较为明显的视图上，如图 6-16b 所示 V 形槽的尺寸，应注在主视图上较为合理。圆弧半径尺寸应标注在反映该圆弧实形的投影图上，如图 6-15 中的 R7、R17、R24。

3) 同心圆柱、圆锥的直径尺寸一般注在非圆视图上，直径相同的圆柱或孔，要注写数量，如图 6-17 所示。

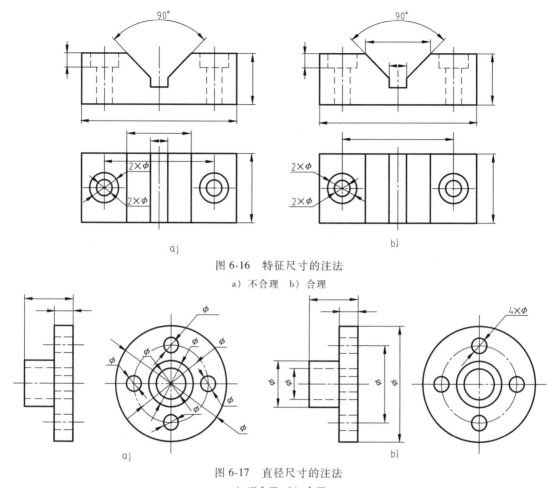

图 6-16　特征尺寸的注法

a）不合理　b）合理

图 6-17　直径尺寸的注法

a）不合理　b）合理

4）尺寸布置要尽量避免尺寸线与尺寸界线交叉，如同方向平行并列尺寸，小尺寸在里，大尺寸在外，间隔均匀，依次向外分布；同一方向串联尺寸，箭头应首尾相连，排在同一直线上；阶梯孔内外表面轴向尺寸分别标注在投影图的两侧，为了便于测量，一般应注大孔深度，如图 6-18b 所示。

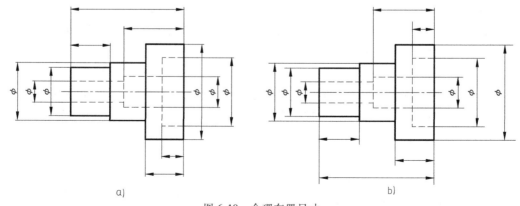

图 6-18　合理布置尺寸

a）不合理　b）合理

5）避免标注封闭的尺寸链，如图 6-19a 中，轴的长度方向尺寸 a、b、c、d 四个尺寸首尾相连，形成封闭的尺寸链，这种标注形式是错误的。正确的方法是图 6-19b 中的标注形式，把其中长度尺寸不重要的一段作为开口环。

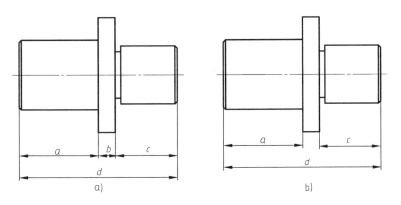

图 6-19 避免标注封闭的尺寸链

a）不合理　b）合理

6.3.4 组合体尺寸标注的方法和步骤

标注组合体的尺寸时，应先进行形体分析，选择主要尺寸基准，依次注出定形尺寸、定位尺寸及总体尺寸，最后进行核对、调整，使所标注的尺寸正确、完整、清晰。

1. 用形体分析法标注尺寸

对组合体进行形体分析，将其分解成几个简单的形体，对每个形体标注其定形和定位尺寸。下面以图 6-6 所示轴承座为例，说明用形体分析的方法标注尺寸的步骤。

（1）形体分析　如图 6-6 所示，轴承座由底板、支承板、肋板、圆筒和凸台五部分基本体组成。

（2）确定尺寸基准　分别选择支承板右端平面、轴承座的前后对称面、底板底面为长度、宽度和高度三个方向的主要尺寸基准，如图 6-20a 所示。

（3）标注各形体定形和定位尺寸　如图 6-20b～e 所示，在图 6-20c 的凸台立体图中，高度方向的定位尺寸为 18，基准为套筒的轴线；套筒高度方向定位尺寸为 34，基准为底板的底面。在组合体中，这种情况需要标注总高尺寸 52，为避免出现封闭尺寸链，不注尺寸 18。特别需要注意的是，套筒长度方向的定位尺寸 4，它是确定这个方向套筒位置的，不能遗漏，如图 6-20f 所示。

在图 6-20d 中，支承板立体图中的两个尺寸 44 和 $\phi28$ 已在底板和套筒中标注，属于重复尺寸，尺寸 26 由套筒和底板位置确定，不再标注。

在图 6-20e 中，肋板中的尺寸 33，从底板、支承板和肋板之间的关系自然可知，不必标注；$\phi28$ 与套筒重复，也不用标注。

（4）标注总体尺寸　总长尺寸直接从轴承座量取 48+4，不需标注；总宽尺寸 44 和底板宽度尺寸重合，不需再标注；总高尺寸 52 需要标注。

图 6-20f 所示是轴承座完整尺寸标注情况。

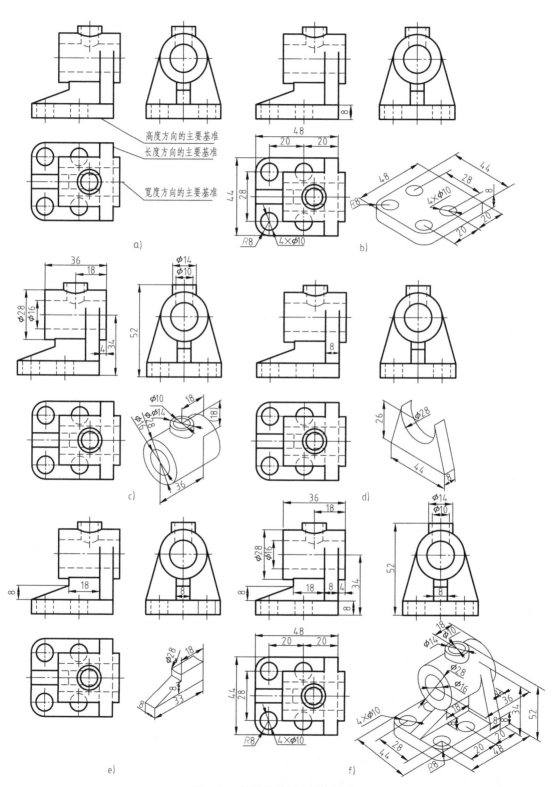

图 6-20　按形体分析法标注尺寸

2. 按切割顺序标注尺寸

切割体一般按切割的顺序标注尺寸。下面以图 6-9 所示的切割体为例，说明其尺寸标注的方法和步骤，如图 6-21 所示。

1）标注四棱柱的尺寸，如图 6-21a 所示。

2）标注正垂面切去四棱柱左上角后的缺口尺寸，如图 6-21b 所示。

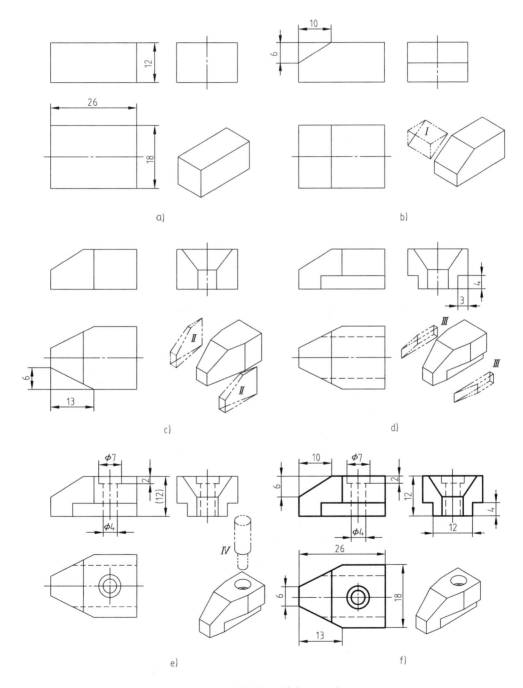

图 6-21　按切割顺序标注尺寸

3）标注铅垂面切去四棱柱左前方、左后方后的缺口尺寸，如图 6-21c 所示。

4）标注被正平面与水平面截切而成槽的尺寸，如图 6-21d 所示。

5）标注挖切孔的尺寸，如图 6-21e 所示。

6）调整尺寸位置，完成尺寸标注，如图 6-21f 所示。

6.4　组合体的读图

6.4.1　读图的基本知识

画图，是运用投影原理将物体画成视图来表达物体形状的过程；读图，是根据已给的视图，经过投影分析，想象物体形状的过程。组合体的读图方法与画图方法一样，一般采用形体分析法，对于组合体中局部较为难懂的投影部分可采用面形分析法。无论采用哪种方法读图，都应该首先了解视图上的线与线框的含义。

1. 分析视图上的线和线框的空间含义

（1）视图上的线

1）表示组合体中交线的积聚投影，如图 6-22 中的主视图中交线的投影。

2）表示组合体中圆的转向轮廓素线的投影，如图 6-23 所示。

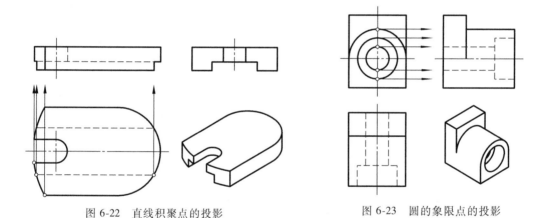

图 6-22　直线积聚点的投影　　　　图 6-23　圆的象限点的投影

（2）视图上的图线　表示组合体的轮廓素线一般是粗实线，有时是虚线。不管是粗实线还是虚线，视图上每条图线的含义如下：

1）表示具有积聚性的平面或回转面的投影，如图 6-24a 中的 1′表示圆柱顶面投影。

2）表示回转体的转向轮廓素线的投影，如图 6-24a 中的 2′表示圆柱的轮廓素线。

3）表示两表面交线的投影，如图 6-24a 主视图中的 3′表示正平面与圆柱面交线的投影。

（3）视图上一个封闭的线框

1）表示物体上的平面或回转面的投影，如图 6-24b 中的线框 a′表示圆柱面 A 的投影；线框 b 表示底板的上表面 B 的投影。

2）表示光滑过渡表面的投影，或圆柱面和与其相切的平面构成的组合面的投影，如图 6-24c 中线框 c′表示表面 C 的投影。

3）表示孔的投影，如图 6-24c 所示的 d、e、f、g 分别表示圆孔和方孔的投影。

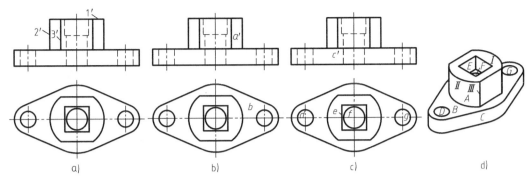

图 6-24 视图上图线与线框的含义

（4）视图上相邻的两个封闭线框 一般情况下表示物体上位置不同的面，如图 6-24b 和 c 中的 *A* 和 *C* 的投影。

（5）视图上一个大封闭线框内所包含的各个小线框 一般情况下表示物体上的凸、凹关系或通孔，如图 6-24c 中的线框 *e* 与 *f* 表示方孔和圆孔高度不同。

2. 分析视图与视图之间关联的信息

组合体的每一个视图都是空间的三维形体沿某个方向投射得到的平面图形，而每个视图只能反映两个方向的信息，即在投影的过程中，与投射方向平行的那个方向上的信息丢失了。例如主视图只有 *X* 和 *Z* 坐标，没有 *Y* 坐标的信息；俯视图只有 *X* 和 *Y* 坐标，没有 *Z* 坐标的信息；左视图只有 *Y* 和 *Z* 坐标，没有 *X* 坐标的信息。如图 6-25 所示的几个主视图相同，而组合体形状完全不同。图 6-26a、b、c 所示主、左视图完全一样，联系不同的俯视图，所示物体分别是长方体经过不同的切割得到的；而图 6-26d、e 所示主、俯视图一样，但是由于左视图不同，组合体形状便不同。

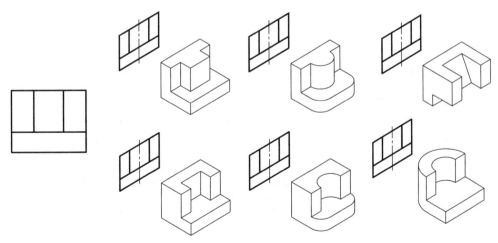

图 6-25 一个视图无法确定物体的形状

一个视图在某个方向上丢失的信息，一定可以在另外的视图上得到线索，根据已知的视图，在头脑中还原投影时所失掉的信息，想象出组合体三维形状的过程就是读图的过程。因此，在读图时要从反映形状位置特征的视图入手，几个视图联系起来进行分析，才可能得到物体的真实形状。

3. 分析视图特征要点

（1）抓住形状特征视图想形状　　最能反映物体形状特征的视图称为形状特征视图。在图 6-26a、b、c 所示的视图中，俯视图是该物体的形状特征视图；在图 6-26d、e 所示的视图中，左视图是该物体的形状特征视图。因此读图时应善于抓住物体的形状特征视图，想象出物体的形状。

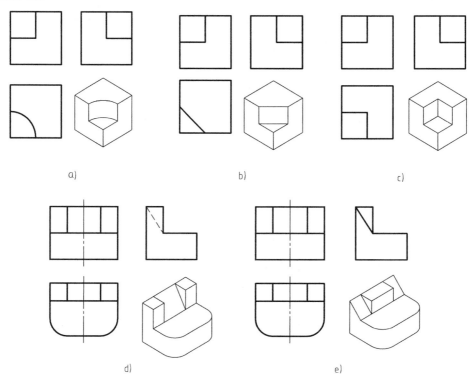

图 6-26　两个视图无法确定物体的形状

（2）抓住位置特征视图想位置

1）反映各形体之间相对位置最为明显的视图称为位置特征视图。在图 6-27 中，如果看

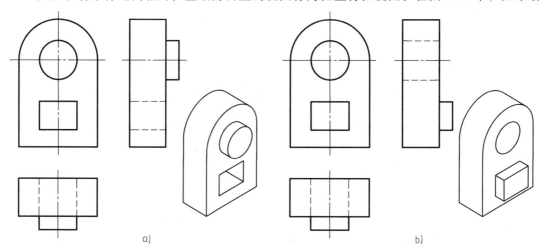

图 6-27　位置特征的左视图

主视图，只能搞清楚各基本形体的上、下及左、右位置，结合俯视图，可进一步看出两个基本形体必然是一个凸一个凹，至于哪个凸出、哪个凹入，无法判别。只有再结合左视图，才可确定各形体凹、凸的前后位置关系。图 6-27a 中，圆柱形体凸出，方孔凹入；图 6-27b 中，方柱形体凸出，圆孔凹入。可见左视图是该物体的位置特征视图。读图时，只有抓住物体的位置特征视图，才可想象出形体之间的相对位置。

2）分析投影图中的虚、实线，可以帮助判断各形体之间的相对位置。若某个视图上有表示通孔的圆，则在其他视图上一定有用虚线表示的转向轮廓线的投影，根据虚线的位置，可以判断有孔的板是哪一块板及板的厚度。如图 6-28a、b 所示，由圆孔的轮廓线投影可知形体 II 在中间的位置并有通孔，由主视图虚、实线的投影可知图 6-28a 形体 I 比形体 III 高；图 6-28b 所示形体 III 比形体 I 高；如图 6-28c、d 所示，由圆孔的轮廓线投影可知形体 III 在最后并有通孔，由主视图虚、实线的投影可知图 6-28c 形体 II 比形体 I 高，图 6-28d 形体 I 比形体 II 高；如图 6-28e 所示，在最前的形体 I 有通孔，但是形体 II 和形体 III 从主视图中不能判断高低。

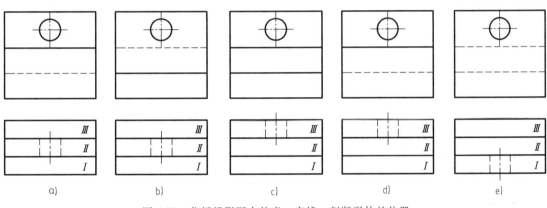

图 6-28　分析投影图中的虚、实线，判断形体的位置

4. 分析视图中的尺寸

读图时有时分析尺寸对图形理解也很重要，如图 6-29 所示，尺寸 10×10 和 φ18 分别表示方孔和圆孔。

6.4.2　读图的基本方法

1. 形体分析法

用形体分析法读图的一般步骤：

（1）特征分析、分解形体　从物体的形状特征视图和位置特征视图入手，将物体分解成几个组成部分。

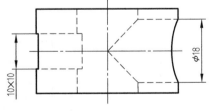

图 6-29　尺寸确定形状

（2）投影分析、想象形状　从体现各基本形体特征的视图出发，依据三等关系，在其他视图中找出对应投影，经过分析，想象出每部分的形状。

（3）综合分析、确定整体　想象出各部分的形状之后，再根据三视图想出各形体间的相对位置、组合形式和表面连接关系等，综合想出物体的完整形状。

【例 6-1】　根据图 6-30 所示的三视图，用形体分析法读图。

读图步骤：

（1）画线框、分形体　先从主视图看起，并将三个视图联系起来，根据投影关系找出表达各基本体形状特征和相对位置比较明显的视图。从图 6-30a 中可看出，主视图是形状和位置特征视图，将其分成 1′、2′、3′、4′四个封闭的线框。

（2）对投影、想形体　根据主视图中所划分的线框，分别找出各自对应的另外两个投影，从而根据三面投影构思出每个线框所对应的基本体的空间形状及位置，如图 6-30b 所示的形体 Ⅰ、图 6-30c 所示的形体 Ⅱ、Ⅳ 和图 6-30d 所示的形体 Ⅲ。

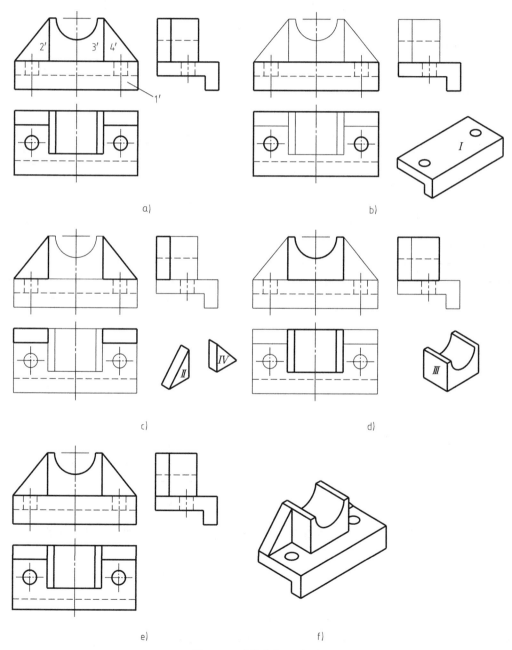

图 6-30　形体分析法读图

（3）合起来想整体 各部分的形状和形体表面间的相对位置关系确定后，综合起来想象出组合体的整体形状，如图 6-30f 所示。

一般情况下，以叠加为主的组合体用形体分析法读图就能较顺利地读懂组合体视图，但是对于局部投影复杂的组合体，还需逐一分析线、面来认识。

2. 面形分析法

面形分析法就是运用投影规律，分析组合体上线、面的空间位置，再通过对这些线、面的投影分析想象出其形状，进而综合想出物体的整体形状。这种方法常用于切割体的读图。

【例 6-2】 根据图 6-31 所示的三视图，用面形分析法读图。

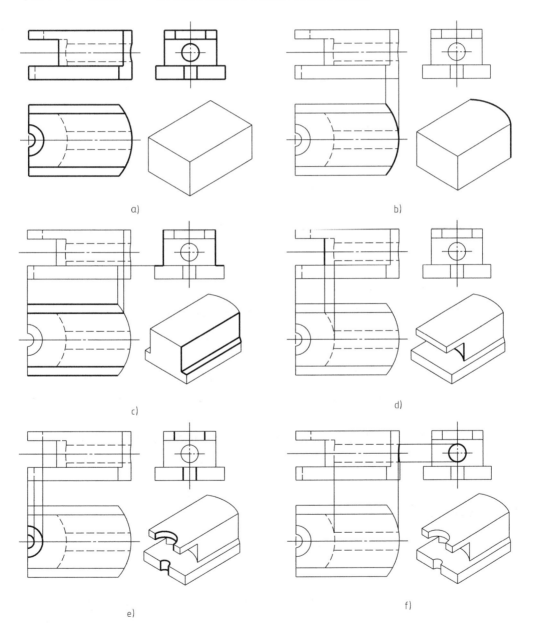

图 6-31 面形分析法读图

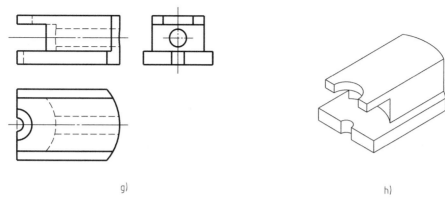

g)　　　　　　　　　　　　　　　　　　　h)

图 6-31　面形分析法读图（续）

分析：对组合体的三视图进行分析，确定该组合体被切割之前的形状，由图 6-31a 可知，三个视图的外轮廓基本是长方形，那么原始形体为一四棱柱。

（1）投影分析想形状　对于特殊位置平面，从投影具有积聚性的视图入手，利用三等关系，在其他视图中找出对应的投影，想象出截平面的几何形状。而对于一般位置平面，可进行点、线的投影分析。例如，对于图 6-31b，从俯视图积聚为圆弧的投影入手，在主视图中找出对应的封闭线框，它是将四棱柱的右端切成了圆柱面。

同样，如图 6-31c 所示，在四棱柱前后对称切去长方体；如图 6-31d、e、f 所示，在四棱柱左端的中间、上面、下面各部位，在铅垂方向各切去圆柱形槽；如图 6-31f 所示，铅垂方向挖去一孔。

（2）抓住特征分析面　当物体被特殊位置平面切割时，视图上较明显地反映切口的形状特征，以此为依据，确定被切平面的空间形状。

如图 6-31c 所示，左视图前、后的缺口是用正平面和水平面切出的。

如图 6-31f 所示，用轴线为侧垂线的圆柱，挖切后得到圆孔，注意此圆孔和左端圆柱槽及右端圆柱面的相贯线的画法。

（3）综合起来想整体　搞清楚各面的空间位置及几何形状之后，还应通过三视图对面与面之间的相对位置及其他细节做进一步的分析，进而综合想象出物体的完整形状，如图 6-31h 所示。

通过以上的分析可知，读图时以形体分析法为主，分析物体的大致形状与结构，面形分析法为辅，用来分析视图中难以读懂的线或线框，两者结合运用就能较顺利地读懂组合体的三视图。

6.4.3　组合体读图的综合举例

在读图练习中，常常要求由已知的两视图补画第三视图，或补画视图中所缺的图线，这是检验和提高读图能力的方法之一，也是培养和提高空间想象及空间思维能力的有效途径。

1. 补画视图

补画视图实质是读图与画图的综合训练，一般可分两步进行：首先根据已给出的两视图，利用形体分析法及线面分析法想象出物体的形状，然后在看懂已知两视图的基础上补画第三视图。作图时，可根据投影规律，逐个作出每个基本体的第三投影。注意先补画主要部分，后补画细节部分，每部分先画外形，再画细节，从而完成整个物体的第三视图。

【例 6-3】　补画图 6-32a 所示组合体的左视图。

根据给出的主、俯视图，可以看出该物体由五部分组成：Ⅰ 为半圆头的 U 形板，底面截切凹槽，左端截切 U 形槽；Ⅱ 为圆筒；圆筒前方有倒 U 形台Ⅲ，后方有方形槽Ⅳ；Ⅴ 为

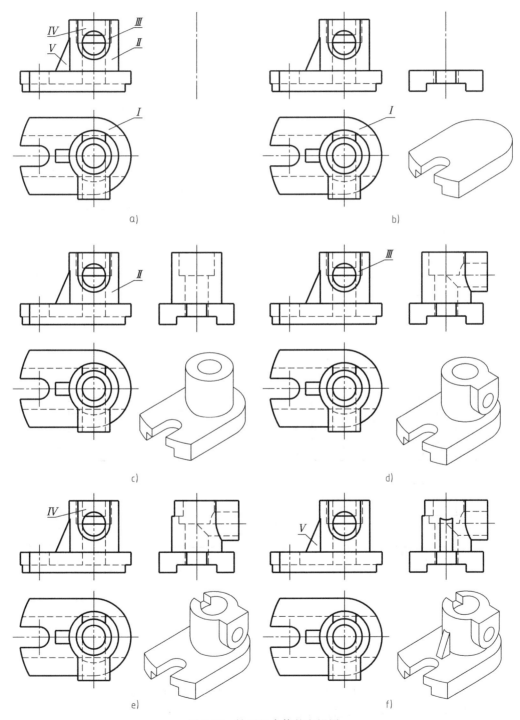

图 6-32　补画组合体的左视图

肋板。其中,形体Ⅱ叠加在形体Ⅰ之上,并与形体Ⅰ右端的圆柱面同轴线;形体Ⅲ与形体Ⅱ、形体Ⅳ与形体Ⅱ分别相贯;形体Ⅴ叠加在形体Ⅰ之上,在形体Ⅱ左侧并且与之相交。分别按形体Ⅰ、Ⅱ、Ⅲ、Ⅳ、Ⅴ的顺序,利用三等关系补画左视图,作图过程如图6-32b~f所示。

2. 补画漏线

补画漏线时,视图虽然缺线,但表达的物体通常是确定的,因此,补画漏线通常也分两步进行:首先,根据视图中的已知图线,利用上述的读图方法想象出物体的形状,找出漏线的视图;然后,在读懂视图的基础上,依据投影规律,从视图中的特征明显处入手,在其余两视图中,分别找出对应投影,缺一处补一处。注意表达相邻两形体之间交线的投影。

【例6-4】 补画图6-33所示视图中的漏线。

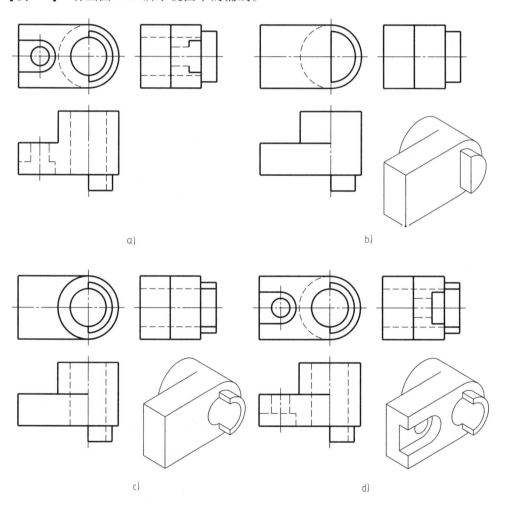

图6-33 补画视图中的漏线

根据视图中给出的图线,可以看出该组合体是由圆柱、四棱柱和半圆柱构成的,圆柱和四棱柱前后表面相切,四棱柱和半圆柱叠加,从圆柱到半圆柱挖一通孔,四棱柱带有横置的U形槽和小圆孔。俯视图和左视图均有漏线。

　　从主视图出发，圆柱和四棱柱相切，补出俯视图中所缺的图线，画至切点，如图 6-33b 所示。

　　检查由通孔产生的图线，补出左视图所缺的图线，如图 6-33c 所示。

　　检查由 U 形槽和小孔产生的图线，补出俯、左视图所缺的图线，如图 6-33d 所示。

　　补画漏线之后，应进行全面的检查。即根据三视图重新构想物体的形状，查漏补缺，去掉多余的图线，确认无误后，加深图线。

第2篇　图样基本画法

第7章　图样画法

在生产实践中，机件的结构形状是多种多样的。当机件的结构形状比较复杂时，仅用三视图表达是不够的，应该根据机件的结构形状特点，采用适当的表达方法，在完整清晰地表达机件的前提下，力求制图简便。为此，国家标准《技术制图》《机械制图》中的"图样画法"规定了视图、剖视图、断面图、局部放大图、简化画法等各种画法。本章着重介绍其中一些常用的图样画法。

7.1　视图

视图是机件在多投影面体系中用正投影法向投影面投射所绘制出的图形，它主要用来表达机件的外部结构形状。在视图中，一般只画出机件的可见部分，必要时用虚线画出其不可见部分。

根据机件的结构形状特点，国家标准《机械制图　图样画法　视图》（GB/T 4458.1—2002）中将视图分为基本视图、向视图、局部视图和斜视图四种，下面分别加以介绍。

7.1.1　基本视图

当机件的外部结构形状比较复杂时，为了将其上、下、左、右、前、后各方向的结构形状表示清楚，国家标准规定在原来三个投影面的基础上，对应增加三个投影面，组成六面体，如图 7-1 所示，六面体的六个面称为基本投影面，将机件放在六面体当中，分别向六个基本投影面投射所得到的六个视图称为基本视图。

由前向后投射所得的基本视图称为主视图；由上向下投射所得的基本视图称为俯视图；由左向右投射所得的基本视图称为左视图；由右向左投射所得的基本视图称为右视图；由下向上投射所得的基本视图称为仰视图；由后向前投射所得的基本视图称为后视图。

六个投影面的展开方法如图 7-2 所示，正面不动，其余各投影面按图 7-2 箭头所示方向进行旋转，使其与正面共面。投影面展开之后，六个基本视图应遵循以下投影规律：

主视图、俯视图、仰视图、后视图等长。

主视图、左视图、右视图、后视图等高。

俯视图、仰视图、左视图、右视图等宽。

六个基本视图的配置如图 7-3 所示，此时它们按投影关系放置，不需要标注各基本视图的名称。

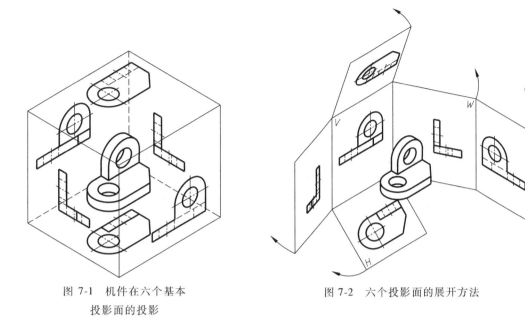

图 7-1 机件在六个基本
投影面的投影

图 7-2 六个投影面的展开方法

图 7-3 六个基本视图按投影关系配置

但是在实际应用时并不是所有的机件都需要画六个基本视图，应根据机件的形状和结构特点选择适当的基本视图，力求表达简明、制图简便，避免不必要的重复表达。

7.1.2 向视图

向视图是可以自由配置的基本视图。

在实际绘图时，有时为了合理利用图纸，不能按投影关系配置六个基本视图时，可按向视图自由配置，如图 7-4 所示。

向视图的标注方法如下：

1）在向视图上方用大写拉丁字母（如 A、B、C 等）标出向视图的名称，并在相应的视图附近用箭头指明投射方向，并标注相同的字母。字母书写的方向应与正常的读图方向一

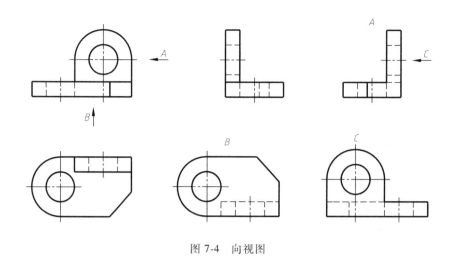

图 7-4　向视图

致（即与标题栏文字方向一致）。

2）表示投射方向的箭头尽可能配置在主视图上，表示后视图的投射方向时，应将箭头配置在左视图或右视图上。

7.1.3　局部视图

将机件的某一部分向基本投影面投射，所得到的视图称为局部视图。

1. 局部视图的适用范围

当采用了一定数量的基本视图之后，机件上仍有部分结构尚未表示清楚，而又没有必要画出完整的基本视图时，可采用局部视图。如图 7-5 所示机件，表达左、右两凸台的真实形状需画出左视图或右视图，但又不必画出完整机件的左、右视图，即可以采用局部视图表示，如图 7-6 所示局部视图 A 和局部视图 B。

2. 局部视图的画法

1）局部视图的断裂边界用波浪线或双折线表示，用大写拉丁字母及

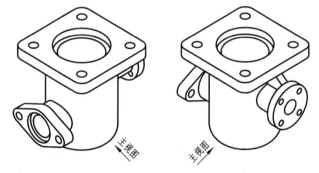

图 7-5　有左、右凸台的机件

箭头指明投射部位和方向，并在局部视图上方标注相同的大写字母，如图 7-6 所示。

2）当局部视图所表示的局部结构完整，且外轮廓封闭时，则不必画出表示断裂边界的波浪线，如图 7-6 中局部视图 B 所示。

3. 局部视图的配置和标注

1）局部视图可以按向视图的配置方法放置，此时应按向视图的标注方法进行标注，如图 7-6 所示。

2）局部视图可以按基本视图的配置方法放置，此时不加标注，如图 7-8a 所示。

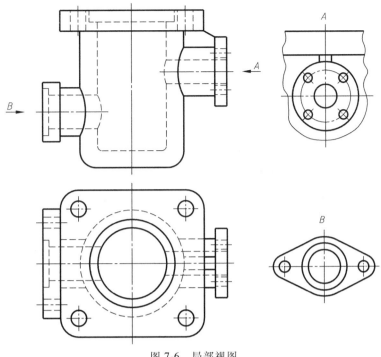

图 7-6 局部视图

7.1.4 斜视图

将机件上的倾斜部分向不平行于任何基本投影面的平面（通常是基本投影面的垂直面）投射，所得到的视图称为斜视图。

1. 斜视图的适用范围

当机件的倾斜部分在基本投影面上无法反映真实形状时，可采用斜视图。如图 7-7a 所示压紧杆上的斜板，在各个基本视图中均不能反映其真实形状，此时，选用一个平行于倾斜结构表面的正垂面作为辅助投影面，将倾斜结构向此辅助投影面投射，便得到反映该倾斜结构表面真实形状的斜视图，如图 7-7b 所示。

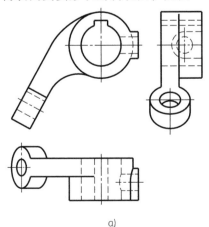

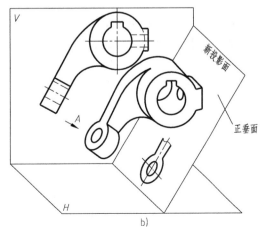

a)   b)

图 7-7 压紧杆的三视图及斜视图的形成

2. 斜视图的画法

机件压紧杆采用斜视图表达后如图 7-8 中 A 向所示。斜视图是为了表示机件上倾斜结构的真实形状，所以画出了倾斜结构的投影之后，就应用波浪线或双折线将图形断开，不再画出其他部分的投影。

但当倾斜结构表面轮廓封闭时，可以省略波浪线，如图 7-9 中 A 向斜视图所示。

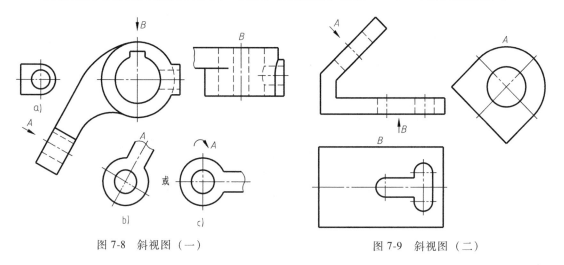

图 7-8　斜视图（一）　　　　　　　　　　　图 7-9　斜视图（二）

3. 斜视图的配置及标注

1）斜视图无论是配置在箭头所指的方向上或平移到其他位置上，均按向视图的标注形式进行标注，即在斜视图上方用大写拉丁字母注出斜视图的名称，在相应视图附近垂直于倾斜结构表面的箭头指明投射方向，并标上相同的字母，字母一律水平注写，如图 7-8b 和图 7-9 中 A 向斜视图所示。

2）为绘图简便、看图方便，在不致引起误解的情况下，允许将斜视图旋转放正画出，使图形的主要轮廓线成水平或铅垂位置。转角通常应小于 90°，如图 7-8c 所示。

斜视图旋转后要加注旋转符号，旋转符号的箭头指向表示斜视图的旋转方向，表示视图名称的大写拉丁字母要写在箭头一侧，并与看图的方向相一致。

旋转符号的画法如图 7-10 所示。

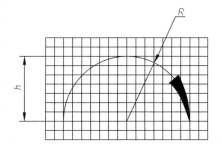

$R = h$

h＝符号与字体高度

符号笔画宽度＝$\frac{1}{10}h$ 或 $\frac{1}{14}h$

图 7-10　旋转符号的画法

7.2　剖视图

视图主要用来表示机件的外部结构形状，而当机件的内部结构形状比较复杂时，视图中会出现较多的虚线，如图 7-11 所示。有时内外结构的虚线与虚线、虚线与实线重叠在一起，既影响视图的清晰，又不利于读图和标注尺寸，为了完整清晰地表达机件的内部结构形状，国家标准《机械制图　图样画法　剖视图和断面图》（GB/T 4458.6—2002）做了相关的规定。

7.2.1 剖视图的概念和基本画法

1. 剖视图的概念

如图 7-12a 所示,假想用通过机件前后对称面的剖切面剖开机件,移去观察者和剖切平面之间的部分,将剩余部分向与剖切面平行的投影面投射,所得到的图形称为剖视图。剖切面和机件内外表面的交线围成的封闭图形,称为剖面区域,即图 7-12b 主视图中画 45°细实线(剖面线)的区域。

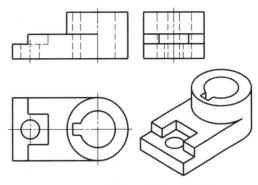

图 7-11 机件的立体图和三视图

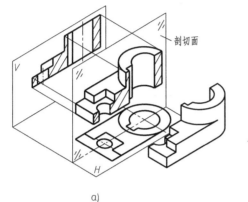

a)

图 7-12 剖视图的形成

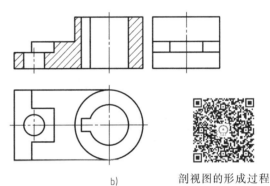

b)

剖视图的形成过程

2. 剖视图的基本画法

以图 7-13a 所示机件为例,介绍剖视图的画图步骤。

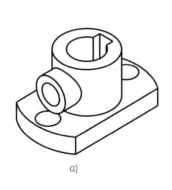

a)

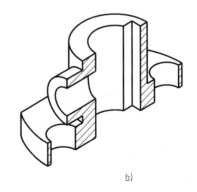

b)

图 7-13 支架

(1) 选择剖切位置 因机件前后对称,且内部结构的轴线都在前后对称面上,所以剖切面是通过机件前后对称面的正平面。因剖切面平行于剖视图所在的投影面,主视图画成剖视图。

(2) 绘制机件主、俯视图 如图 7-14a 所示,此步骤在熟练掌握剖视图后可省略。

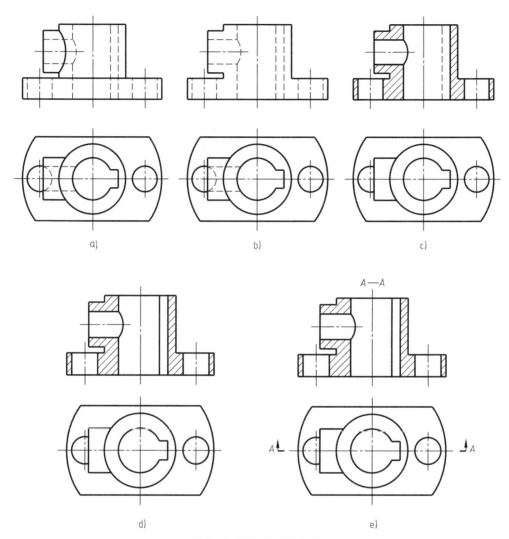

图 7-14 剖视图画图步骤

（3）去掉多余的图线 如图 7-14b 所示，由于机件位于观察者和剖切面之间的部分已被移走，需将 7-14a 主视图中的多余图线去掉。

（4）绘制剖面区域 如图 7-14c 所示，国家标准规定在剖面区域中应画出剖面符号，以便使剖视图更清楚地表示出有材料的实体和空腔部分的区别。不同材料要使用不同的剖面符号，参见表 7-1。当机件为金属材料时，其剖面符号是与主要轮廓线或剖面区域对称线成45°、间距相等的细实线。同一机件在各个剖视图中的剖面线倾斜方向和间距必须一致。当视图中的主要轮廓线与水平成 45°时，剖面线要画成与水平成 60°或 30°的平行线，倾斜方向和间距仍与其他图形的剖面线方向一致。有关详细的剖面区域表示方法可参见国家标准 GB/T 17453—2005《技术制图 图样画法 剖面区域的表示法》。

（5）画出其余部分 如图 7-14d 所示，将剖切面后边可见部分的投影由虚线变为粗实线。

（6）进行剖视图标注 如图 7-14e 所示。

表 7-1 常用剖面符号

金属材料(已有规定剖面符号者除外)		玻璃及供观察用的透明材料		砖	
非金属材料(已有规定剖面符号者除外)		液体		型砂、填沙、粉末冶金、硬质合金刀片等	
线圈绕组元件		木材	纵断面	混凝土	
转子、电枢、变压器和电抗器等的叠钢片			横断面	钢筋混凝土	

注:1. 剖面符号仅表示材料的类型,材料的代号、名称必须另行注明。
2. 叠钢片的剖面线方向与束装中叠钢片的方向一致。
3. 液面用细实线绘制。

剖视图的标注包括剖切面位置、剖视图投射方向、剖视图名称三个方面的内容。

首先介绍剖切符号的绘制。剖切符号为线宽（1~1.5）d（d 为图形中粗实线的宽度）、长为 3~6mm 的粗短线,绘制时尽可能不与图形轮廓线相交。

剖视图标注一般应在相应视图上用剖切符号表示剖切平面的起、迄和转折位置,在剖切符号两端绘制与之垂直的箭头表示剖视图投射方向,用大写拉丁字母"×"表示剖切平面的名称,在相应的剖视图上方用相同字号的相同字母标注出剖视图的名称"×—×"。

下列情况可以省略标注:

1）当单一剖切面通过机件的对称面（或基本对称平面）,且剖视图按照基本视图的规定位置配置,中间无其他图形分隔时,可省略标注。例如图 7-12b、图 7-14d 均可省略标注。

2）若剖切面未通过机件的对称面,剖视图按照基本视图的规定位置配置,中间无其他图形分隔时,可省略箭头,如图 7-17、图 7-21 俯视图所示。

3. 画剖视图的注意事项

1）画剖视图的目的是表达机件的内部结构形状,所以在选择剖切面时应使其平行于剖视图所在的投影面,以便得到反映实形的投影,剖面应尽量通过较多的内部结构（孔、槽等）的对称面或轴线等,如图 7-12b、图 7-14d 所示的剖视图。

2）剖视图是假想用剖切面剖切机件所获得的图形,因此某个视图用剖视图表达后,其他视图仍按完整的机件进行投影。如图 7-12b、图 7-14d 所示,主视图取剖视后,俯视图仍按完整机件画出。

3）剖视图上已表达清楚的结构形状,在其他视图上不必画出它的内部结构的虚线,如图 7-12b 所示,主视图（剖视图）中表达清楚的内部结构在左视图中对应的虚线均不画。

4）同一机件各个剖面区域和断面图上的剖面符号应一致,即若采用剖面线表示,则在各个剖面区域的剖面线的方向、间隔应一致。

5）机件上位于剖切面与投影面之间的可见结构应全部画出,不应漏线,而位于剖切面与观察者之间的可见外形,由于剖切后不存在,所以不应再画出,即不要多线,如图 7-15 所示。

6）位于剖切面与投影面之间的不可见结构，如果已在其他视图中表达清楚或通过尺寸标注已表达清楚，在剖视图中不再画出其对应的虚线。而对于在其他视图中难以表达清楚的部分，必要时允许在剖视图中画出虚线，如图7-16所示。

7）剖视图的标注提倡可省则省的简化标注原则。

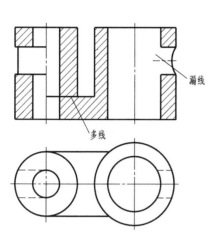

图 7-15　剖视图中易出现的错误

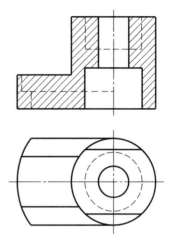

图 7-16　必要虚线允许画出

7.2.2　剖视图的种类

根据国家标准规定，按照剖开机件范围的大小，将剖视图分为全剖视图、半剖视图、局部剖视图三种。下面分别加以介绍。

1. 全剖视图

用剖切面将机件全部剖开所得到的剖视图称为全剖视图。"全部剖开"是指将机件上处于剖切面和观察者之间的部分全部拿走，如图7-17所示机件采用的剖切方法。

（1）全剖视图应用范围　全剖视图一般用于表达内部结构形状相对较复杂，外部结构形状简单且不对称的机件；或外部结构虽然复杂，但已由其他视图表达清楚的机件。7.2.1节中的剖视图均为全剖视图。

（2）全剖视图的标注方法　全剖视图的标注遵循剖视图的标注规定。

2. 半剖视图

当机件具有对称（或基本对称）平面时，向垂直于对称平面的投影面上投射所得的图形，以对称中心线为界，一半画成视图，一半画成剖视图，这种组合的图形称为半剖视图。

（1）半剖视图的适用范围　如图7-18所示机件，该机件内外结构形状都比较复杂，但其前后左右都对称。

如果主、俯视图采用全剖视图（图7-18b），虽然可以表达清楚铅垂阶梯圆孔与U形凸台内孔的结构形状，但前、后对称的U形凸台的外形、顶板的真实形状和顶板上小孔的位置都无法表达出来。

而采用如图7-19所示的剖切方法，移去剖切面和观察者之间的二分之一机件，将主、俯视图均画成半剖视图，既保留了外形，又表达清楚了内部结构。

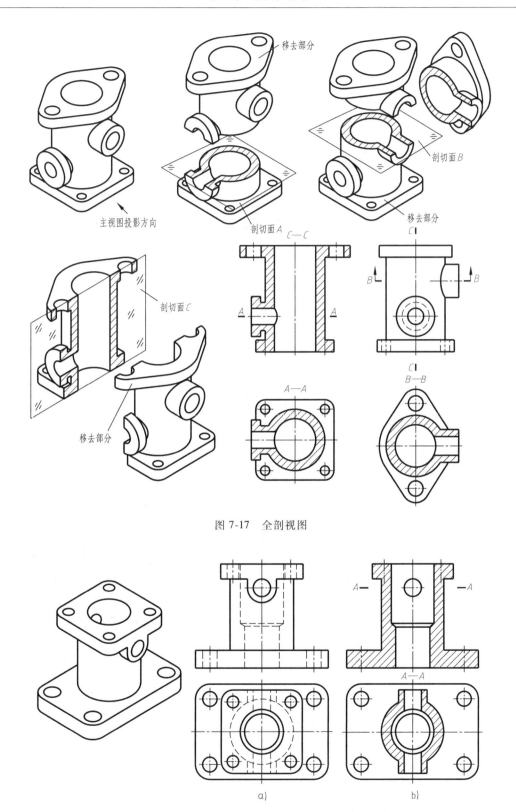

图 7-17 全剖视图

图 7-18 机件的视图及全剖视图

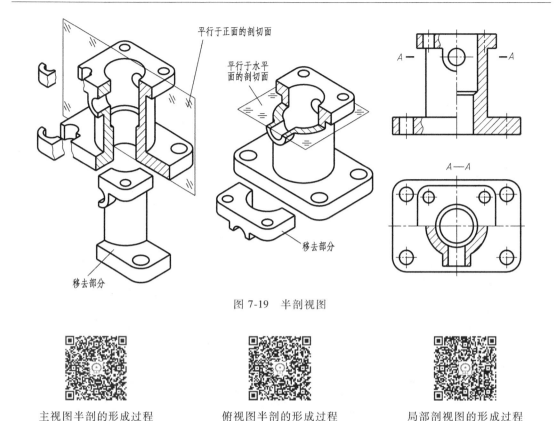

图 7-19　半剖视图

主视图半剖的形成过程　　　　俯视图半剖的形成过程　　　　局部剖视图的形成过程

　　如果机件形状接近于对称，而不对称部分已有图形表达清楚时，也可以画成半剖视图。如图 7-20 所示机件结构基本对称，只是圆柱孔右侧四棱柱槽与左边不对称，但俯视图已表达清楚，所以主视图采用了半剖视图。

　　（2）半剖视图的标注方法　半剖视图的标注方法与全剖视图的标注方法相同。如图 7-19 所示，半剖主视图的剖切面通过机件的前后对称面，且按投影关系配置，与俯视图之间又无其他图形隔开，所以省略了全部标注内容。半剖俯视图的剖切面不是机件的对称面，所以需要标注表达剖切面位置的剖切符号，但图形按投影关系配置，与主视图之间无其他图形分隔，所以省略了表示投射方向的箭头，但需要注写表示剖视图名称的字母。

　　（3）画半剖视图应注意的问题

　　1）具有对称平面的机件，只能在垂直于对称平面的投影面上取半剖；在半剖视图中视图和剖视图的分界线必须是细点画线，不能是其他类型图线。

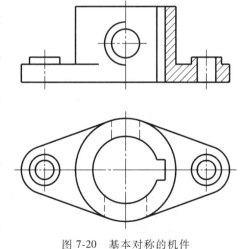

图 7-20　基本对称的机件

　　2）因机件对称，已在剖视图中表达清楚的内部结构，在表达外形的那一半视图中对应的细虚线一律不画。

3）半剖视图中，一般剖视图的习惯位置是：图形左右对称时剖右边，前后对称时剖前边，上下对称时剖上边。

（4）半剖视图的尺寸标注　在半剖视图中标注尺寸的方法、步骤与组合体尺寸标注基本相同，但要注意的是，有些结构，例如孔，由于半剖的缘故，两条转向轮廓素线只画出其中一条，标注这些结构的尺寸时，要在有轮廓线的一端画尺寸界线，尺寸线略超过对称中心线，并在有尺寸界线的一端画箭头，尺寸数值标注该结构的完整尺寸，如图 7-21 主视图中的尺寸 φ12、φ15，俯视图中的尺寸 20、28 等。注意，标注主视图中的尺寸 φ6 时，由于左半个圆和右半个圆不代表同一结构，所以只画一个尺寸箭头。

3. 局部剖视图

用剖切面局部剖开机件，所得到的剖视图称为局部剖视图。这里的"局部剖开机件"是指剖切面将机件剖开后移去的是剖切面和观察者之间的一部分，既不是一半，也不是全部，如图 7-22 所示。

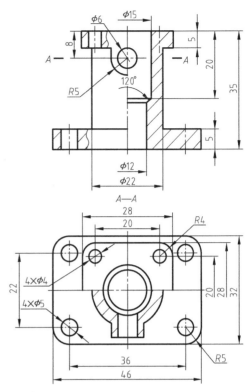

图 7-21　半剖视图的尺寸标注

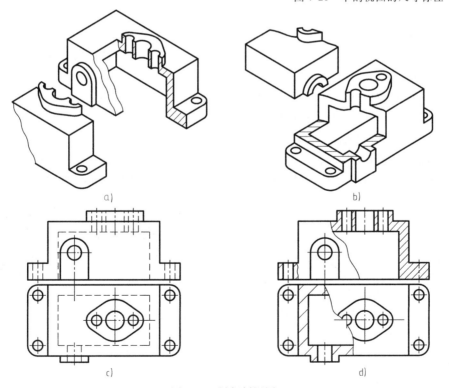

图 7-22　局部剖视图

a）、b）局部剖视图形成的模型图　c）机件的视图　d）机件的局部剖视图

（1）局部剖视图的适用范围

1）机件内、外结构形状都比较复杂，且不对称，此时，不能采用半剖，也不宜采用全剖，可采用局部剖视图来表达，如图 7-22 所示机件。

2）机件对称，采用半剖视图将机件的内外结构形状基本表达清楚，但局部的孔、槽尚未表示清楚，可用局部剖视图加以表达，如图 7-19 所示机件主视图采用了两处局部剖视分别表达顶板、底板上小孔的内部结构。

3）实心杆、轴上有小孔或凹槽时常采用局部剖视图，如图 7-23 所示机件用局部剖视图表示轴上键槽的长度和深度，其形状用局部视图按第三角投影画法（详见"7.6 第三角投影简介"）配置在该结构附近，且无需任何标注。

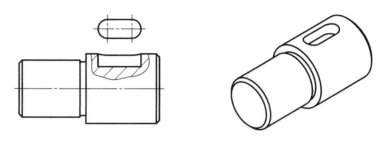

图 7-23　实心杆、轴上有小孔或凹槽时采用局部剖视图

4）机件对称，但视图的中心线与轮廓线重合，不宜画成半剖视图，应采用局部剖视图，如图 7-24 所示。

（2）局部剖视图的画法　局部剖视图的画法是以波浪线或双折线为界，一部分画成视图表达外形，另一部分画成剖视图表达内部结构。剖切平面的位置和剖切范围的大小可根据表达机件的需要而定，是一种比较灵活的表达方法。

（3）局部剖视图的标注　局部剖视图的标注应遵循剖视图的标注规则，但对于单一剖，剖切位置明显的局部剖视图，应省略标注。

（4）画局部剖视图的注意事项

1）局部剖视图中视图与剖视图的分界线一般是波浪线或双折线。但当被剖切的局部结构为回转体时，允许将该结构的轴线作为视图和剖视图的分界线，如图 7-25 所示。

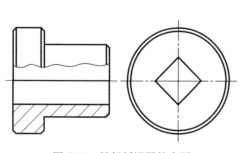

图 7-24　局部剖视图的应用

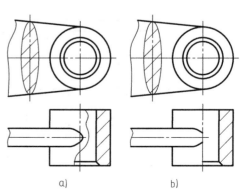

图 7-25　被剖切结构为回转体的局部剖视图

a）一般画法　b）允许画法

2）波浪线或双折线表示移走部分和保留部分断裂面的投影，因此剖切面和观察者之间的通孔、通槽内不能画波浪线（即波浪线不能穿空而过）；也不能超出投影轮廓素线的范围（因轮廓素线之外无断面）；波浪线不能与图形上的其他任何图线重合或画在轮廓线的延长线上，如图 7-26、图 7-27 所示。

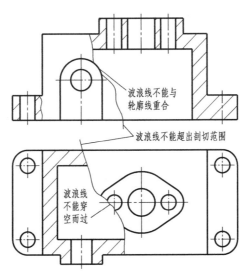

图 7-26　波浪线的正误画法（一）

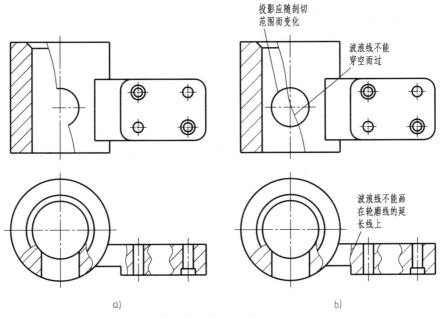

图 7-27　波浪线的正误画法（二）
a）正确　b）错误

7.2.3　剖切面的种类和剖切方法

剖切面分为单一剖切面、几个平行的剖切面、几个相交的剖切面（交线垂直于某一基本投影面）。根据机件的结构特点，采用不同种类的剖切面剖开机件，可以得到全剖视图、半剖视图和局部剖视图。

1. 单一剖切面

1）用平行于某一基本投影面的单一剖切面（投影面平行面）剖开机件，获得全剖视图、半剖视图和局部剖视图，达到表达机件内外结构形状的目的。前面介绍的全剖、半剖和局部剖视图中所用的剖切面都属于这种剖切面。这是一种常用的剖切方法。

2）用不平行于任何基本投影面但垂直于一个基本投影面的单一剖切面（正垂面、铅垂面或侧垂面）剖开机件，获得全剖视图、半剖视图和局部剖视图，达到表达机件倾斜部分的内外结构形状的目的。如图 7-28 中的 "$B—B$" 剖视图就是用一个正垂面剖切机件所产生的全剖视图；图 7-29 中的 "$A—A$" 剖视图是用一个铅垂面剖切机件所产生的局部剖视图；图 7-30 中的 "$A—A$" 剖视图是用一个正垂面剖切机件所产生的半剖视图。

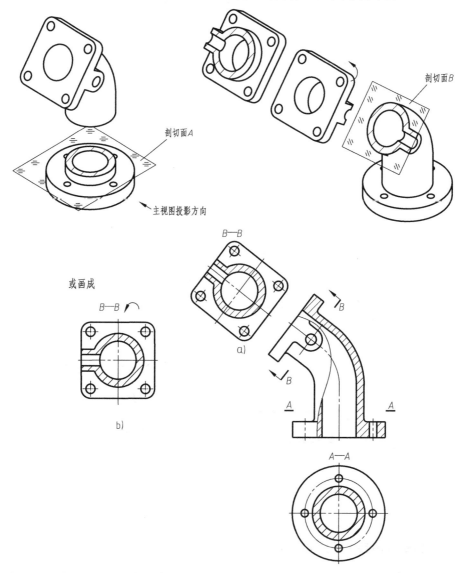

图 7-28　用投影面垂直面剖得的全剖视图

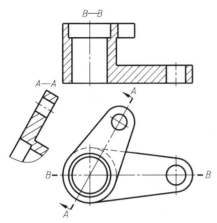

图 7-29 用投影面垂直面剖得的局部剖视图

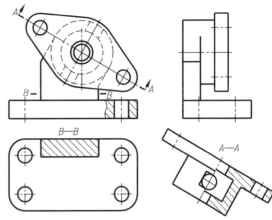

图 7-30 用投影面垂直面剖得的半剖视图

用投影面垂直面作为剖切面获得的剖视图，是将剖开的倾斜结构投射到与该倾斜结构平行的辅助投影面上获得的反映其内、外结构实形的全剖视图、半剖视图或局部剖视图。这种方法主要用来表达机件上倾斜部分的内、外结构形状。

采用投影面垂直面的单一剖切面画剖视图时，除了剖面区域要画剖面线之外，其画法和图形的配置与斜视图基本相同，表示投射方向的箭头应与表示剖切面位置的剖切符号垂直，字母不受剖视图倾斜影响，一律水平书写。剖视图最好配置在箭头所指的方向上，并与基本视图保持投影对应关系，如图 7-28a 所示。为了绘图方便或合理利用图纸，允许将剖视图平移到其他位置，如图 7-28b 所示，这时标注不变；在不致引起误解时，也可将图形在任何位置上转正画出，这时标注要加旋转符号。

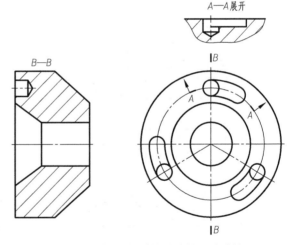

图 7-31 用单一柱面剖切得到的局部剖视图

3）用单一柱面剖开机件也可获得全剖视图、半剖视图和局部剖视图，达到表达机件内外结构形状的目的。采用单一柱面剖开机件时，剖视图一般展开绘制，如图 7-31 是用单一柱面剖切得到的局部剖视图，此时，应在剖视图名称中加注"展开"二字。

2. 几个相互平行的剖切面

相互平行的剖切面可以是相互平行的投影面平行面，也可以是相互平行的投影面垂直面。用这两种类型的剖切面剖开机件，均可以获得全剖视图、半剖视图和局部剖视图，这种剖切方法适用于机件上的孔、槽等内部结构不在同一平面内，只能用几个平行的剖切面才能同时剖到，并且在选定的投射方向上，这些内部结构的投影互不重叠的情况，如图 7-32 所示机件。

图 7-32 是用两个侧平面剖切机件得到的全剖视图；图 7-33 是用两个正平面剖切机件得

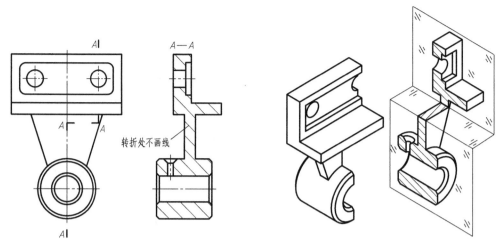

图 7-32   用相互平行的投影面平行面剖切的全剖视图

到的半剖视图；图 7-34 是用两个正平面剖切机件得到的局部剖视图。总之，所用剖切面均为投影面的平行面。

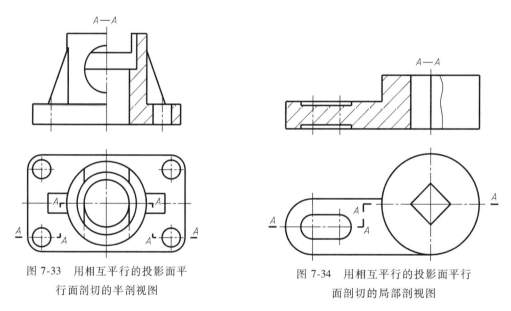

图 7-33   用相互平行的投影面平
行面剖切的半剖视图

图 7-34   用相互平行的投影面平
面剖切的局部剖视图

在表达机件时，也可以用相互平行的投影面垂直面剖切机件，如图 7-35 是用相互平行的投影面垂直面剖切得到的全剖视图。

用相互平行的剖切面剖切机件时应注意以下问题：

1）用相互平行的剖切平面剖切机件获得的剖视图必须标注，在剖切平面的起始、转折和终止处，用带字母的粗短线表示剖切平面的位置和名称，用箭头指明投射方向，在剖视图上方用相同的字母标出剖视图的名称，当转折处位置有限且不至于引起误解时，允许省略字母。若剖视图按投影关系配置，中间又无其他图形隔开，可省略箭头，如图 7-36a 所示。

2）相互平行的剖切平面不得互相重叠，彼此之间的转折面应垂直于剖切平面，剖视图中不画出转折面的投影，并且转折处不应与图上的轮廓线重合，见图 7-36b 中的注释。

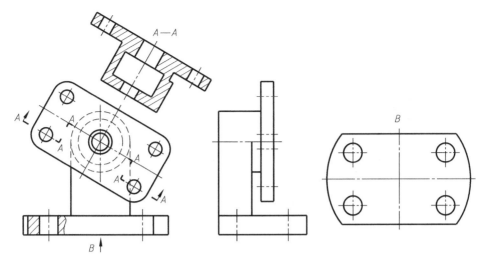

图 7-35 用相互平行的投影面垂直面剖切的全剖视图

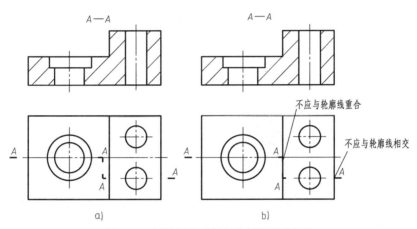

图 7-36 用平行平面剖切的剖视图的标注
a）正确标注 b）错误标注

3）剖视图内不应出现不完整要素，相同的内部结构只需剖切到一处即可。仅当两个要素具有公共对称中心线或轴线时，可以对称中心线或轴线为界各画一半，如图 7-37 所示。

3. 几个相交的剖切面

用几个相交的剖切面剖切机件，获得全剖视图、半剖视图和局部剖视图，达到表达机件上处于不同平面上的不同结构形状的内部空腔的目的。

几个相交的剖切面有：①几个相交的剖切平面，它们是投影面的平行面或投影面垂直面；②几个相交的剖切柱面，剖切柱面的轴线必须是投影面的垂直线。在这里主要介绍用相交的剖切平面剖切机件的方法。

用相交的剖切平面剖切机件时，是把倾斜的剖切

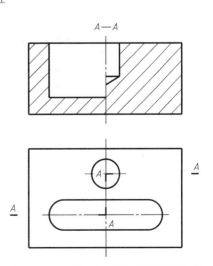

图 7-37 用平行平面剖切的剖视图特例

平面（投影面垂直面）剖到的结构及有关部分旋转到与选定的投影面平行后再进行投射，倾斜剖切平面后面的结构仍按原位置投射，如图 7-38 所示。

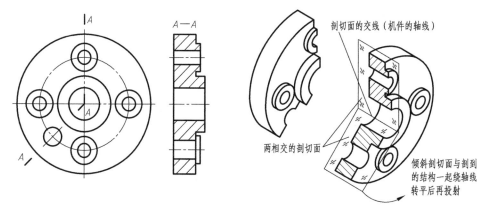

图 7-38　几个相交的剖切面剖切（一）

这种剖切方法多用于：①机件具有明显的回转轴线，同时机件上具有不同的孔、槽等结构，其中心绕机件轴线分布在圆周上，如图 7-38 所示；②具有公共回转轴的机件上倾斜部分的孔、槽等结构需要表达，如图 7-39 所示；③上述情况的组合，用多个相交的剖切平面和柱面剖开机件，获得全剖视图、半剖视图和局部剖视图，如图 7-40 所示。

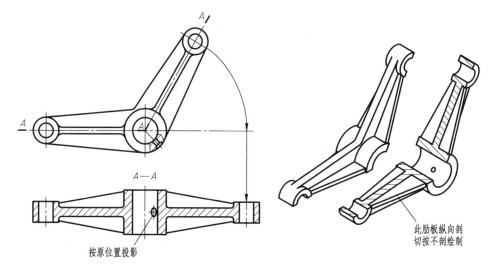

图 7-39　几个相交的剖切面剖切（二）

标注方法：在剖切平面的起始、转折和终止处，用带字母的粗短线表示剖切平面的位置和名称，用箭头指明投射方向，在剖视图上方用相同的字母标出剖视图的名称。若剖视图按投影关系配置，中间又无其他图形隔开，可省略箭头，如图 7-40 所示。

用几个相交剖切面剖切机件时要注意：

1）剖切平面后边的其他结构按原来位置投影画出（主视图取剖视），如图 7-40 所示的凸耳。

2）当剖切后产生不完整要素时应将该部分按不剖画出，如图 7-41 所示。

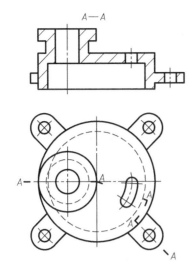

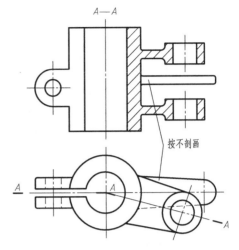

图 7-40 几个相交的剖切面剖切（三）

图 7-41 几个相交的剖切面剖切（四）

4. 用几个剖切面获得相同图形的剖视图

用几个剖切面剖开机件，若得到的剖视图为相同图形，可按图 7-42 的形式标注。

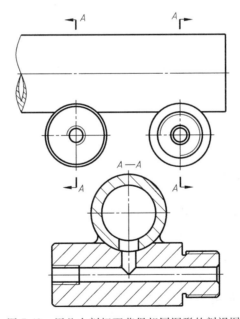

图 7-42 用几个剖切面获得相同图形的剖视图

5. 用一个公共剖切平面获得两个剖视图

用一个公共剖切平面剖开机件，按不同方向投射得到的两个剖视图，可按图 7-43 的形式标注。

6. 合成图形的剖视图

可将投射方向一致的几个对称的剖视图各取一半或四分之一合并成一个图形，此时应在剖视图附近标出相应的剖视图名称"×—×"，如图 7-44 所示，左视图是由四分之一"A—A"剖视图、二分之一"B—B"剖视图和四分之一外形视图组成的合成图形。

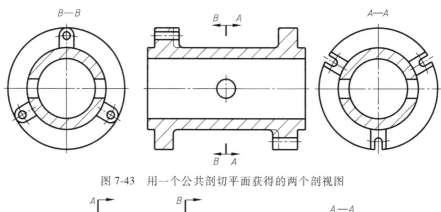

图 7-43　用一个公共剖切平面获得的两个剖视图

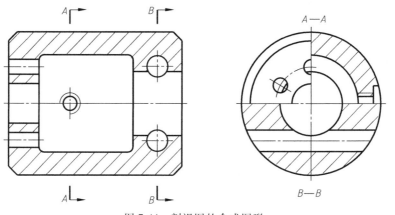

图 7-44　剖视图的合成图形

7.3　断面图

7.3.1　断面图的基本概念

假想用垂直于机件轴线或轮廓线的剖切平面将机件某处切断，只画出剖切平面与机件接触部分的图形称为断面图，如图 7-45 所示。

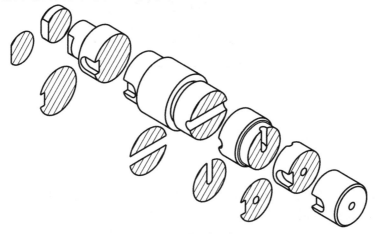

图 7-45　移出断面图

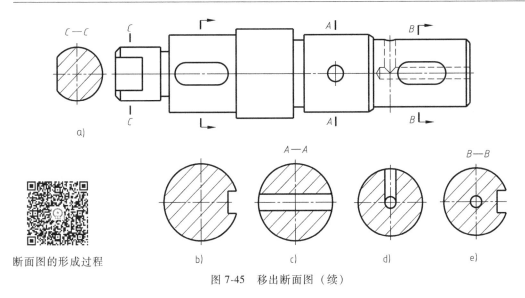

a)

A—A　　　　　　　　　　　B—B

断面图的形成过程　　b)　　　　c)　　　　d)　　　　e)

图 7-45　移出断面图（续）

断面图简称为断面，一般用来表示机件某处的断面形状，如轴、杆上孔、槽的深度或机件上肋、轮辐等结构的断面形状。

7.3.2　断面图的种类和画法

断面图根据放置位置的不同，可分为移出断面图和重合断面图两种。

1. 移出断面图

画在视图轮廓线外面的断面图称为移出断面图，如图 7-45 所示。

（1）移出断面图的画法

1）移出断面图的轮廓线用粗实线绘制，图形尽量配置在剖切符号或剖切线（指示剖切平面位置的细点画线）的延长线上，如图 7-45b、d 所示；也可将移出断面图配置在其他适当的位置，如图 7-45a、c、e 所示。

2）当剖切平面通过回转面形成的孔或凹坑的轴线时，这些结构应按剖视绘制，如图 7-45c、d 所示。

3）当剖切平面通过非圆孔导致完全分开的两个断面时，这些结构也按剖视绘制，如图 7-46 所示。

4）由两个或多个相交平面剖切得到的对称移出断面图，应画在一条剖切线的延长线上，中间用波浪线或双折线断开，一般不标注，如图 7-47 所示。

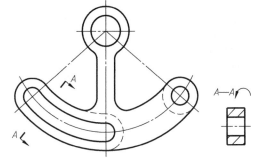

图 7-46　按剖视绘制的移出断面图

图 7-47　相交平面剖切获得的对称移出断面图

5）对称的移出断面图可画在视图的中断处，不标注，如图 7-48 所示。

（2）移出断面图的配置与标注　移出断面图的标注方法与剖视图的标注相同，即在断面图上方用大写拉丁字母标注移出断面图的名称，在相应的视图上用剖切符号或剖切线表示剖切平面的位置，用箭头表示投射方向，并标注相同的字母，如图 7-45e 所示。

下列情况可以省略全部或部分标注：

1）配置在剖切符号（或剖切线）延长线上的对称的移出断面图，可不标注，如图 7-45d 所示。

2）配置在剖切符号（或剖切线）延长线上的不对称的移出断面图可省略字母，如图 7-45b 所示。

3）没有配置在剖切符号（或剖切线）延长线上的对称移出断面图可省略箭头，如图 7-45c 所示。

4）按投影关系配置的不对称移出断面图可省略箭头，如图 7-45a 所示。

5）配置在图形中断处的对称的移出断面图不标注，如图 7-48 所示。

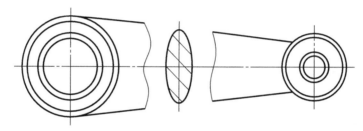

图 7-48　对称的移出断面图可画在视图中断处

2. 重合断面图

画在视图轮廓线内的断面图称为重合断面图。

（1）重合断面图的画法　重合断面图的轮廓线用细实线绘制，当视图中的轮廓线与重合断面图的轮廓线重叠时，视图中的轮廓线仍应连续画出，不可间断，如图 7-49 所示。

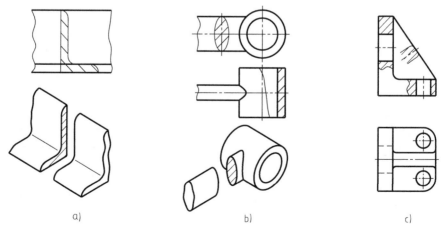

a)   b)   c)

图 7-49　重合断面图

（2）重合断面图的标注　对称或不对称的重合断面图均可省略标注。

7.4　局部放大图和简化画法

7.4.1　局部放大图

国家标准 GB/T 4458.1—2002 对局部放大图的概念、画法、标注均做了明确规定。

将图样中所表示机件的部分结构，用大于原图形的比例所绘出的图形，称为局部放大图。局部放大图主要用于表达机件在原图形中尚未表达清楚的局部结构或因图形太小不便于标注尺寸的某些细小结构，如图 7-50 所示。

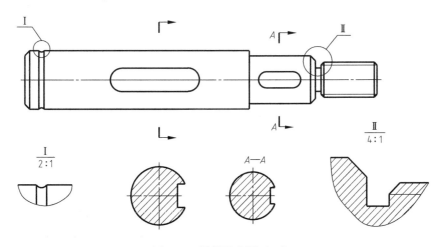

图 7-50　局部放大图（一）

局部放大图可以画成视图、剖视图、断面图，它与被放大部分放大之前的表达方式无关。

局部放大图应放置在被放大部位的附近，一般用细实线圈出被放大的部位（螺纹牙型、齿轮和链轮的齿形除外）。

当机件上被放大的部位仅一处时，在局部放大图上方只需注明所采用的放大比例，如图 7-51 所示。

当同一机件上有几处被放大部位时，必须用罗马数字依次给被放大部位标明编号，并在局部放大图上方居中处用分式形式标注，分子标注相应的罗马数字（编号），分母标注局部放大图所采用的绘图比例，如图 7-50 所示。

同一机件上不同部位局部放大图相同或对称时，只需画出一个放大图，如图 7-52 所示。

7.4.2　简化画法

为提高绘图效率和图样的清晰度，国家标准 GB/T 16675.1—2012 规定了一些简化画法。这里仅介绍机械制图中常用的简化画法，画图时尽量使用简化画法。

1）机件上具有若干相同结构（如齿、槽等），并按一定规律分布时，只需画出一个或几个完整的结构，其余用细实线连接，但在图中必须注出相同结构的总数，如图 7-53 所示。

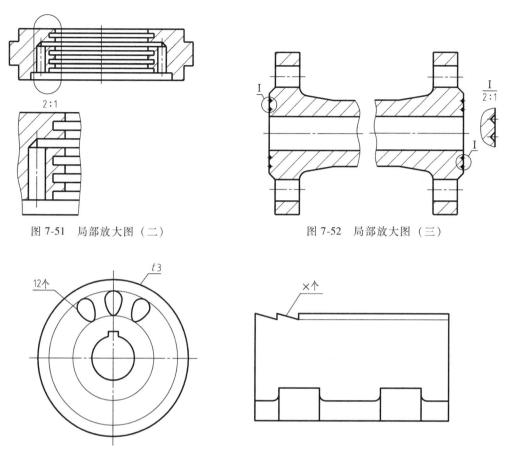

图 7-51　局部放大图（二）　　　　　　　　图 7-52　局部放大图（三）

图 7-53　重复结构的简化画法

2）机件具有若干直径相同且成规律分布的孔（圆孔、沉孔和螺孔等），可以仅画出一个或几个，其余用细点画线表示其圆心位置，但在图中应注明孔的总数，如图 7-54 所示。

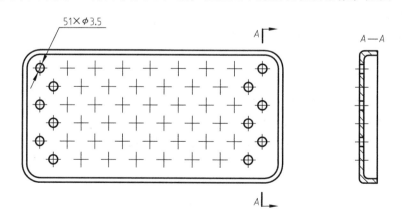

图 7-54　重复孔结构的简化画法

3）当机件上有圆柱形法兰盘和类似零件上的均布孔，可按图 7-55 所示的形式（由机件外向该法兰端面方向投射）画出。

4）有时为了节省绘图时间和图纸幅面，对称机件的视图允许只画一半或四分之一，如图 7-56 所示，此时应在对称中心线的两端画出与其垂直的两条互相平行的细实线。

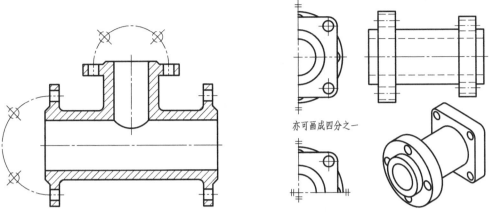

图 7-55　圆柱形法兰盘上均布孔的简化画法　　　　　　图 7-56　对称机件的简化画法

5）滚花、沟槽等结构应用粗实线在轮廓线附近画出。也可不画，但必须标注，如图 7-57 所示。

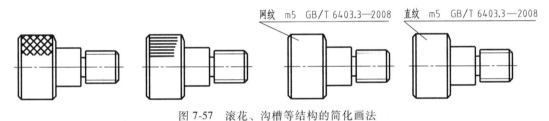

图 7-57　滚花、沟槽等结构的简化画法

6）当回转体机件上均匀分布的肋、轮辐、孔等结构不处于剖切平面上时，可将这些结构旋转到剖切面上画出，如图 7-58 所示。

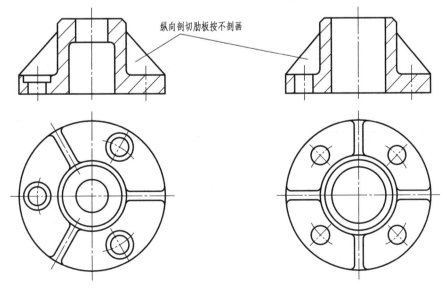

图 7-58　均匀分布的肋、孔等的简化画法

7) 对于机件的肋、轮辐、薄壁等, 如按纵向剖切, 这些结构不画剖面符号, 而用粗实线将它与其相邻部分分开, 如图 7-58、图 7-59 主视图所示; 如按横向剖切则应画剖面符号, 如图 7-59 俯视图所示。

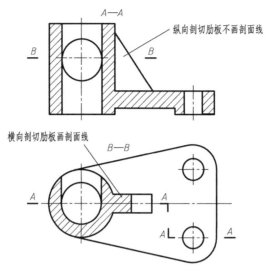

图 7-59　肋板纵向和横向剖切的简化画法

8) 轴、杆类较长的机件, 沿长度方向的形状相同或按一定规律变化时, 可以断开后缩短绘制, 但标注尺寸时要注实际尺寸, 其断裂边界可用波浪线、双折线、双点画线表示, 如图 7-60 所示。

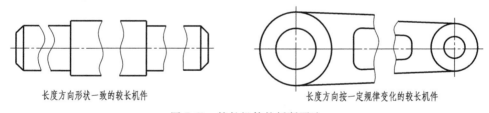

图 7-60　较长机件的折断画法

9) 对机件上斜度和锥度不大的结构, 如在一个图形中已表达清楚, 其他图形可以只按小端画出, 如图 7-61 所示。

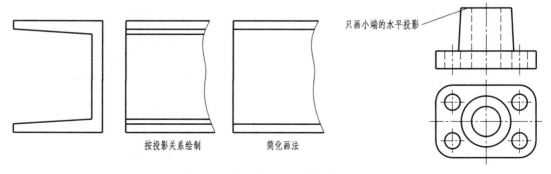

图 7-61　较小斜度和锥度的简化画法

10）与投影面倾斜角度≤30°的圆或圆弧，其真实投影椭圆可用圆或圆弧代替，如图 7-62 所示。

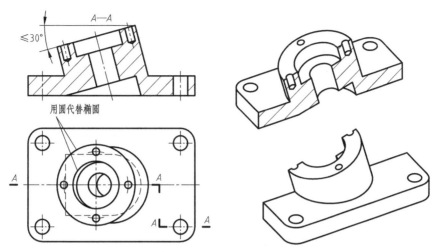

图 7-62　与投影面倾斜角度≤30°的圆或圆弧的简化画法

11）在不致引起误解时，机件上的小圆角、45°小倒角允许不画，但必须注明尺寸或在技术要求中加以说明，如图 7-63 所示。

12）较小结构投影的简化画法如图 7-64 所示。

图 7-63　小圆角、小倒角的简化画法

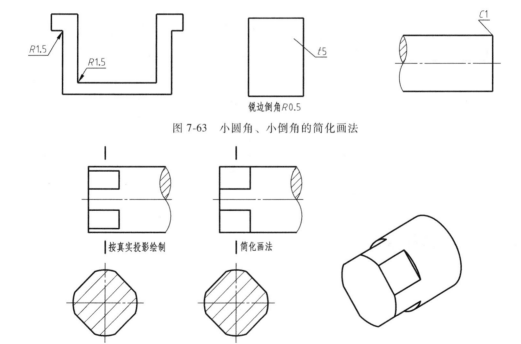

图 7-64　较小结构投影的简化画法

13）在不致引起误解时，相贯线允许简化，允许用圆弧或直线代替相贯线，如图 7-65 所示。

14）在不致引起误解时，允许省略剖面符号，但有关标注不变，如图 7-66 所示。

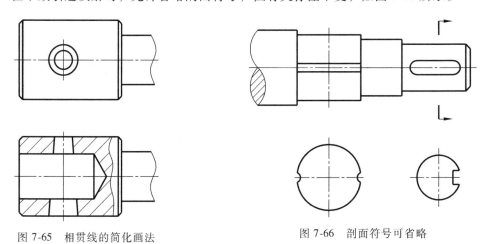

图 7-65　相贯线的简化画法   图 7-66　剖面符号可省略

15）在需要表达剖切面前面的结构时，可用细双点画线画出其投影，如图 7-67 所示。

16）回转体零件上的平面结构在图形中不能充分表达时，可用两条相交的细实线表示，如图 7-68 所示。

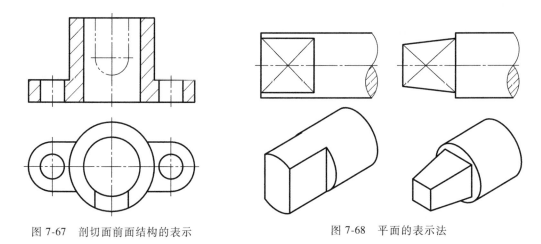

图 7-67　剖切面前面结构的表示   图 7-68　平面的表示法

7.5　表达方法综合举例

前面介绍了视图、剖视图、断面图、局部放大图、简化画法等表达方法，每种表达方法都有自己的画法、标注及应用范围、注意事项。在实际应用时，要根据机件的复杂程度及其结构特点进行具体分析，灵活、恰当地选择适当的表达方法，达到用最少的视图完整、正确、清晰地表达机件的目的。确定表达方案时，既要使所选取的每个视图、剖视图、断面图和局部放大图等有明确的表达目的，又要注意它们之间的相互联系，避免重复表达；既要简化绘图、便于读图，又要考虑尺寸标注等问题。

根据图 7-69 所示机件及其三视图，讨论机件表达方案的选择。

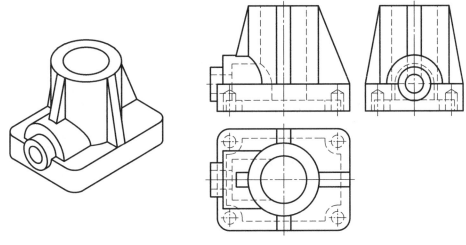

图 7-69 支架

1. 形体和结构特点分析

由图 7-69 可知，该机件的结构大体如下：最下方为长方体形底板，四个角为圆角，靠近四个角处从下往上各挖有一小不通孔，在底板下方挖切了前后、左右不贯通的箱体形方槽；在底板正上方为轴线铅垂的主体圆柱套，它与底板的组合方式为叠加；在该圆柱套前后、左右各有一肋板与圆柱套相交，前后肋板对称，左右肋板不对称，前、后及右边的肋板都直接叠加在长方体形底板上；在主体圆柱套的左下方有一轴线侧垂的半圆柱套与之内外表面相贯，该半圆柱套内形为拱形结构，半圆柱直接叠加在底板上，还与上文提到的左侧肋板相交；在该半圆柱套左侧还有一与之同轴的圆柱套。

由以上分析可知，该机件内外结构形状均比较复杂。

2. 确定表达方案，绘制图样

根据上述分析，这里给出了三种主要的表达方案，如图 7-70 所示。

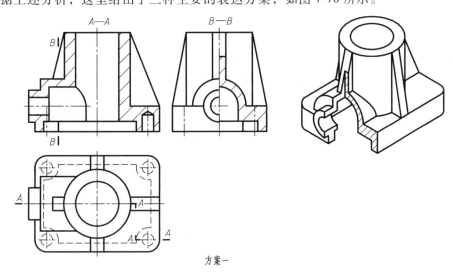

方案一

图 7-70 机件的三种主要表达方案

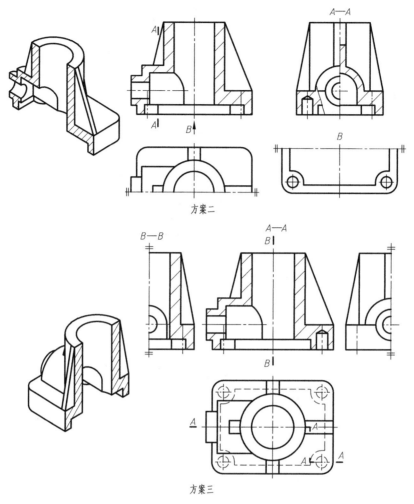

图 7-70　机件的三种主要表达方案（续）

　　方案一：采用了三个视图。主视图是用两个相互平行的正平面剖切得到的 *A—A* 全剖视图，主要表达主圆柱套与左下方侧垂圆柱套的内部结构的贯通情况，以及底板上所挖方槽和小孔的结构，同时又反映了各组成部分的相对位置；左视图画成 *B—B* 半剖视图，所选剖切平面为侧平面，过左下方侧垂圆柱套的拱形通孔，垂直于该拱形通孔的轴线，*B—B* 半剖视图中，视图部分主要表达侧垂圆柱套的外形，剖视部分主要表达拱形通孔的形状，还表达了前后肋板与其相邻基本体的组合方式和相对位置；俯视图采用了基本视图形式，但保留了底板箱体形方槽及四个小孔的虚线，主要表达底板的形状及左下方侧垂圆柱套与主圆柱套相交的情况，同时还表达了四个肋板与主圆柱套的相对位置。

　　方案二：采用了四个视图。主视图是用过前后对称面的剖切平面剖切得到的全剖视图，表达重点基本同方案一；左视图画成 *A—A* 半剖视图，表达重点同方案一，并在视图部分用了一处局部剖视表达底板上小孔的结构；俯视图采用了基本视图形式，由于图形前后对称，采用了简化画法，绘制了一半图形，表达重点基本同方案一，但省略了虚线；*B* 向局部视图主要表达底板上方槽的形状和四个小孔的分布情况。

方案三：采用了四个视图。主、俯视图同方案一；为了表达出左下方侧垂圆柱套中拱形通孔的形状，选用了一个单一剖切平面的全剖右视图，并采用了简化画法；左视图为基本视图，表达左下方侧垂圆柱套的外形，也采用了简化画法。

以上三种方案还可以进行多种组合，构成新的表达方案，例如用方案一的主、左视图与方案二的俯视图和 B 向局部视图组合，或用方案二的主、左视图与方案一的俯视图组合，或用方案二的主、俯视图及 B 向局部视图与方案三的左视图和 B—B 全剖视图组合，但其与上述三种方案本质是一样的。

综合考虑，方案二较之其他两种方案更好一些。

7.6　第三角投影简介

上述介绍的各种图样画法均采用第一角投影，即将机件放在观察者和投影面之间向投影面正投射所得到的图形。有些国家如美国、加拿大、日本等采用第三角投影，为了便于国际间的技术交流，了解第三角投影，对工程技术人员是非常必要的。

1. 第三角投影的形成

三个互相垂直的投影面 H、V、W 将空间分为八部分，称为八个分角，如图 7-71a 所示。第三角投影是将机件置于第三分角内，如图 7-71b 所示，假设投影面是透明的，按"观察

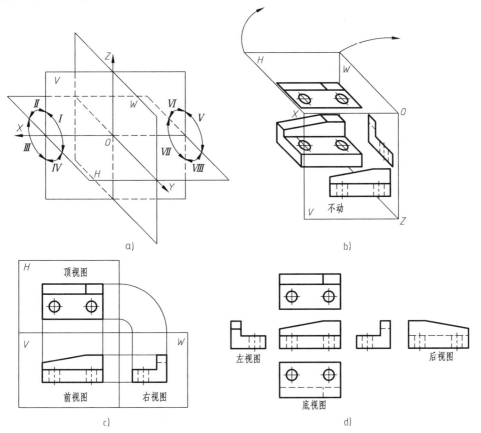

图 7-71　第三角投影

a) 八个分角　b) 机件在第三角中的位置及投影　c) 投影面展开后三个视图的配置　d) 第三角中六个基本视图的配置

者—投影面—机件"的关系进行正投影，所得的图形称为第三角投影图，如图 7-71c 所示。

2. 两种投影的对比

第三角投影是以"观察者—投影面—机件"的顺序进行正投影；第一角投影是以"观察者—机件—投影面"的顺序进行正投影。它们的区别在于观察者、投影面、机件三者的相对位置不同和视图的配置不同。但它们的投影规律是相同的，都是采用正投影法，按基本视图位置配置，各视图之间仍然保持"长对正、高平齐、宽相等"的投影规律。

3. 第三角投影的画法

将投影面按如图 7-71b 所示箭头方向展开，即保持 V 面不动，H 面绕 OX 轴向上翻转 90°，W 面绕 OZ 轴向右翻转 90°，使 H、W 面与 V 面重合。在 V 面得到的视图称为前视图，H 面得到的视图称为顶视图，W 面得到的视图称为右视图。三个视图的配置及对应关系如图 7-71c 所示。仿照第一角投影，在第三角投影中也增加三个分别与 H、V、W 面平行的投影面，按第三角投影法进行投影，又得到三个基本视图，则此六个基本视图的配置及名称如图 7-71d 所示。

为区别第一角和第三角画法，国家标准规定在图样的标题栏内用规定的第三角画法的投影识别符号表示，此符号一般放置在标题栏中代号区下方。图 7-72 所示为第一角和第三角投影符号的画法。

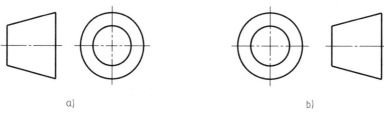

a) b)

图 7-72 投影符号

a）第一角投影符号　b）第三角投影符号

第8章 轴 测 图

工程上常用的图样是多面正投影图，优点是作图简单、度量性好、实形性好，但缺乏立体感。因此，为便于读懂正投影图，常借助一种富有立体感的轴测图（轴测投影），弥补多面正投影图的不足，并提供形体分析及空间想象的思路及方法。

如图 8-1b 所示，轴测图能同时反映物体长、宽、高三个方向的尺度，富有立体感，但不能确切地表示机件的大小，且作图较复杂，故在工程上只作为辅助图样使用，常被用于产品广告、产品样品、产品设备维修指南及教材中，以进一步表明物体的形状等。

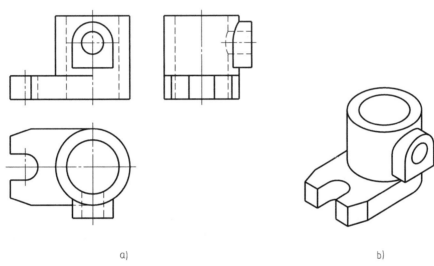

a)

b)

图 8-1 正投影图和轴测图

a）正投影图　　b）轴测图

8.1 轴测图的基本知识

1. 轴测图的形成

图 8-2 所示为将物体连同确定其空间位置的直角坐标系沿不平行于任一坐标面的方向，用平行投影法向单一投影面（称为轴测投影面）进行投射所得到的图形，称为轴测图。

在图 8-2 中，投影面 P 称为轴测投影面，投射线方向 S 称为轴测投影方向。要使画出的轴测图具有立体感，必须避免三根坐标轴中任何一根的投影积聚为一点，因此所选择的投射方向不应与任一坐标面平行。

2. 轴测图的轴间角和轴向伸缩系数

（1）轴间角　如图 8-2 所示，空间直角坐标轴 O_1X_1、O_1Y_1、O_1Z_1 的轴测投影 OX、OY、OZ 称为轴测轴，轴测轴之间的夹角 $\angle XOY$、$\angle YOZ$、$\angle ZOX$ 称为轴间角。

（2）轴向伸缩系数　轴测轴上的单位长度与相应空间直角坐标轴上的单位长度的比值

称为轴向伸缩系数。若 OX、OY、OZ 轴的
轴向伸缩系数分别用 p、q、r 表示，从
图 8-2 可以看出：$p = OA/O_1A_1$，$q = OB/$
O_1B_1，$r = OC/O_1C_1$。

如果知道了轴间角和轴向伸缩系数，
就可根据立体或立体的正投影图来绘制轴
测图。在画轴测图时，只能沿轴测轴方向，
并按相应的轴向伸缩系数直接量取有关线
段的尺寸，"轴测"二字即由此而来。

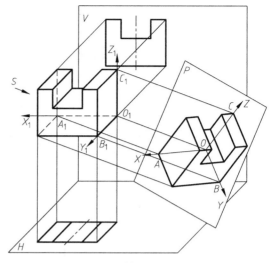

图 8-2　轴测图的形成

3. 轴测图的投影特性

轴测图是用平行投影法得到的一种投
影图，它具有以下平行投影的特性：

1）直线的轴测投影一般仍为直线，特
殊情况下积聚为点。

2）若点在直线上，则点的轴测投影仍在直线的轴测投影上，且点分该线段的比值
不变。

3）空间平行的线段，其轴测投影仍平行，且长度比不变。

由以上平行投影的投影特性可知，当点在坐标轴上时，该点的轴测投影一定在该坐标轴
的轴测投影上；当线段平行于坐标轴时，该线段的轴测投影一定平行于该坐标轴的轴测投
影，且该线段的轴测投影与其实长的比值等于相应的轴向伸缩系数。

4. 轴测图的分类

根据投射方向对轴测投影面夹角的不同，轴测图可分为正轴测图（投射方向垂直于轴
测投影面）和斜轴测图（投射方向倾斜于轴测投影面）两大类。再根据轴向伸缩系数的不
同，这两类轴测图又各自分为下列三种：

1）$p = q = r$，称为正（或斜）等轴测图，简称正（或斜）等测。

2）$p = q \neq r$，称为正（或斜）二轴测图，简称正（或斜）二测。

3）$p \neq q \neq r$，称为正（或斜）三轴测图，简称正（或斜）三测。

本章介绍正等轴测图和斜二轴测图的画法。

8.2　正等轴测图

8.2.1　正等轴测图的轴间角和轴向伸缩系数

1. 轴间角

正 等 轴 测 图 的 轴 间 角 均 为 120°，即 $\angle XOY =$
$\angle YOZ = \angle ZOX = 120°$。正等轴测图中坐标轴的位置如
图 8-3 所示，一般使 OZ 轴处于铅直位置，OX、OY 分
别与水平线成 30°。

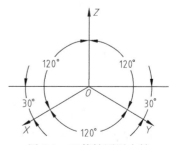

图 8-3　正等轴测图中轴
测轴的位置及轴间角

2. 轴向伸缩系数

正等轴测图中 OX、OY、OZ 三条轴的轴向伸缩系数相等，根据计算，$p = q = r = 0.82$。为了作图简便，通常采用轴向伸缩系数为 1 来作图。这样画出的正等轴测图，三个轴向（实际上任一方向）的尺寸都放大到 $1/0.82 \approx 1.22$ 倍。

8.2.2 平面立体的正等轴测图的画法

绘制平面立体轴测图的基本方法是沿坐标轴测量，按坐标画出各顶点的轴测图，该方法简称坐标法。对不完整的形体，可先按完整形体画出，然后用切割的方法画出其不完整部分，此法称为切割法。对另一些平面立体则用形体分析法，先将其分成若干基本形体，然后再逐个将形体组合在一起，此法称为组合法。下面分别举例说明。

1. 坐标法

【例 8-1】 已知截切棱锥的正面投影和水平投影（图 8-4），用坐标定点法画出正等轴测图。

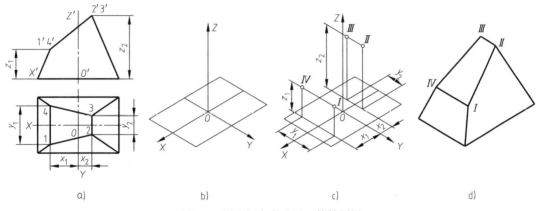

a)　　　　　　　　b)　　　　　　　　c)　　　　　　　　d)

图 8-4　用坐标定点法画正等轴测图

作图步骤如下：

1）如图 8-4a 所示，选定坐标原点和坐标轴。

2）如图 8-4b 所示，画出轴测轴，沿 X、Y 轴取相应坐标值画底面。

3）如图 8-4c 所示，按图 8-4a 中，x_1、x_2、y_1、y_2、z_1、z_2 分别沿 X、Y、Z 轴量取相应数值，得到 Ⅰ、Ⅱ、Ⅲ、Ⅳ 各点。

4）如图 8-4d 所示，连接各点，即完成截切棱锥的正等轴测图，轴测图上的虚线一般省略不画。

2. 切割法

【例 8-2】 已知图 8-5 所示平面立体的三面投影图，画出它的正等轴测图。

该物体可以看作是由一个完整的长方体经过逐步切割形成的，作其正等轴测图时可以采用切割法。

作图步骤如下：

1）如图 8-5a 所示，选定坐标原点和坐标轴，原点取在物体的右后下角。

2）如图 8-5b 所示，作轴测轴 OX、OY、OZ，沿轴向量取 63、42、40，作出长方体的正

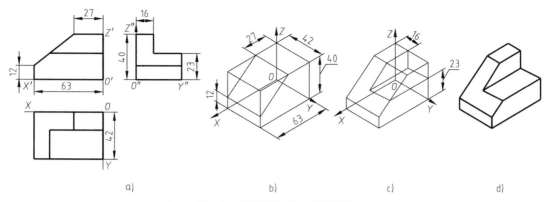

图 8-5　用切割法画正等轴测图

等轴测图，量取尺寸 27、12，然后连线切去左上角得斜面。

3）如图 8-5c 所示，沿轴向量取尺寸 16，平行 *XOZ* 面由上往下切，沿轴向量取尺寸 23，平行 *XOY* 面由前往后切。

4）如图 8-5d 所示，擦去作图线及被遮挡的线，加深可见轮廓线，完成全图。

3. 组合法

【例 8-3】　已知图 8-6 所示平面立体的三面投影图，画出它的正等轴测图。

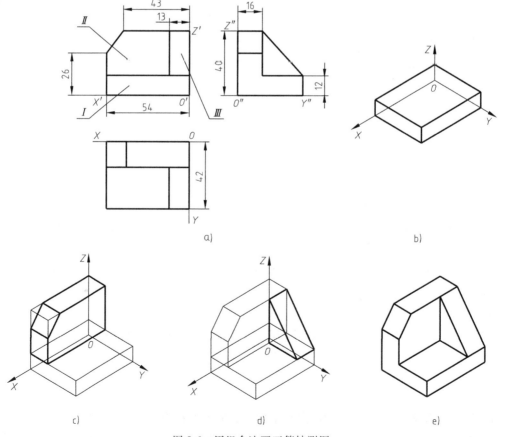

图 8-6　用组合法画正等轴测图

作图步骤如下：

1）如图 8-6a 所示，选定坐标原点和坐标轴，并将组合体分解成基本形体 Ⅰ、Ⅱ、Ⅲ。

2）如图 8-6b 所示，作轴测轴 OX、OY、OZ，沿轴向量取 54、42、12，画出基本形体 Ⅰ。

3）如图 8-6c 所示，基本形体 Ⅱ 与基本形体 Ⅰ 左、右及后面共面，沿轴向量取 54、16、28，画出长方体，再量取尺寸 26、43，画出基本形体 Ⅱ。

4）如图 8-6d 所示，基本形体 Ⅲ 与基本形体 Ⅰ、基本形体 Ⅱ 右面共面，沿轴向量取 13，画出基本形体 Ⅲ。

5）如图 8-6e 所示，擦去作图线及被遮挡的线，加深可见轮廓线，完成全图。

8.2.3　回转体的正等轴测图的画法

图 8-7 所示为一圆柱的两面投影图和正等轴测图。由图可知，该圆柱的底圆在 XOY 坐标面上，顶圆在平行于 XOY 坐标面的平面上，这两个圆的正等轴测图为椭圆，可以用四心近似法求作圆的正等轴测图——椭圆。如图 8-8 所示，将圆柱的底圆看成是一正方形（四边分别平行于 OX、OY 轴）的内切圆，先作出正方形的正等轴测图——菱形，再利用菱形完成近似椭圆的作图。

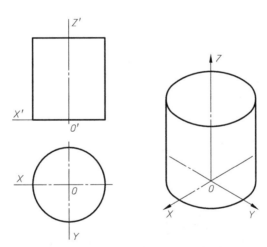

图 8-7　圆柱的两面投影图和正等轴测图

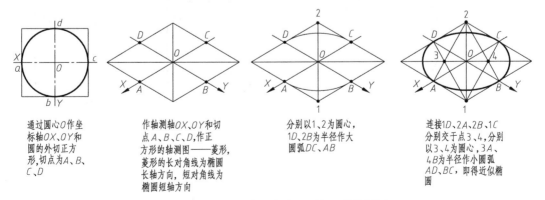

通过圆心O作坐标轴OX、OY和圆的外切正方形，切点为A、B、C、D

作轴测轴OX、OY和切点A、B、C、D，作正方形的轴测图——菱形，菱形的长对角线为椭圆长轴方向，短对角线为椭圆短轴方向

分别以1、2为圆心，1D、2B为半径作大圆弧DC、AB

连接1D、2A、2B、1C分别交于点3、4，分别以3A、4B为圆心，3A、4B为半径作小圆弧AD、BC，即得近似椭圆

图 8-8　用四心近似法求水平圆的正等轴测图

　　同理，在坐标面 *XOZ* 和 *YOZ* 上的圆的正等轴测图——近似椭圆的画法也可参照图 8-8 的作图步骤。图 8-9 为平行于各坐标面的圆的正等轴测图。

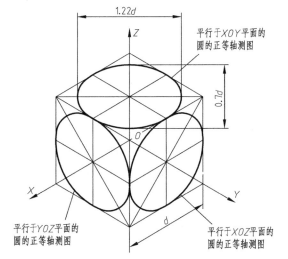

　　由图 8-9 可知：

　　1）在轴向伸缩系数相同的情况下，各椭圆的形状大小相同、画法一样，只是长短轴方向不同。

　　2）平行于 *XOY* 坐标面的圆的正等轴测图，其长轴垂直于 *OZ* 轴，短轴平行于 *OZ* 轴。

　　3）平行于 *XOZ* 坐标面的圆的正等轴测图，其长轴垂直于 *OY* 轴，短轴平行于 *OY* 轴。

　　4）平行于 *YOZ* 坐标面的圆的正等轴测图，其长轴垂直于 *OX* 轴，短轴平行于 *OX* 轴。

图 8-9　平行于坐标面的圆的正等轴测图的画法

　　5）在轴向伸缩系数 $=1$ 的情况下，各椭圆的长轴 $\approx 1.22d$，短轴 $\approx 0.7d$（d 为圆的直径）。

　　常见的回转体有圆柱、圆锥、球等。在画它们的正等轴测图时，首先用四心近似椭圆法画出回转体中平行于坐标面的圆的正等轴测图，然后再画出整个回转体的正等轴测图。

【例 8-4】　求作直立圆柱的正等轴测图。

　　如图 8-10 所示，作图时，可分别作出顶圆和底圆的正等轴测图，然后再作两椭圆的公

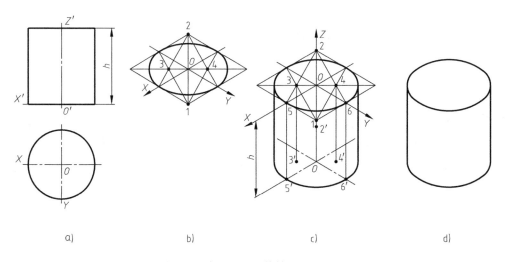

a)　　　　　　　　　b)　　　　　　　　　c)　　　　　　　　　d)

图 8-10　直立圆柱正等轴测图的画法

a）正投影图　b）画顶面椭圆　c）画底面椭圆及公切线　d）完成全图

切线即可。为了减少不必要的作图线，在完成顶圆的正等轴测图后，再将顶面椭圆的短、长轴上的圆心 2、3、4 和切点 5、6 向下移动高度 h 的距离，以便作出底面椭圆的可见部分，从而完成直立圆柱的正等轴测图。

【例 8-5】 求作直立圆锥台的正等轴测图。

作图步骤如图 8-11 所示。

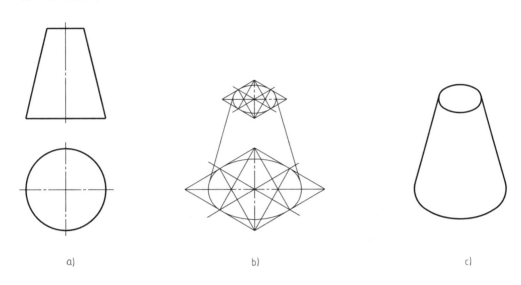

a)　　　　　　　　　b)　　　　　　　　　c)

图 8-11 圆锥台正等轴测图的画法

a）正投影图　b）画上、下底椭圆及两椭圆的公切线　c）完成全图

【例 8-6】 求作圆球的正等轴测图。

作图步骤如图 8-12 所示。

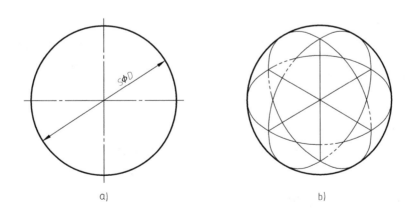

a)　　　　　　　　　b)

图 8-12 圆球正等轴测图的画法

a）正投影图　b）画三个方向椭圆及其包络线

【例 8-7】 画出带切口圆柱体的正等轴测图。

作图步骤如图 8-13 所示。

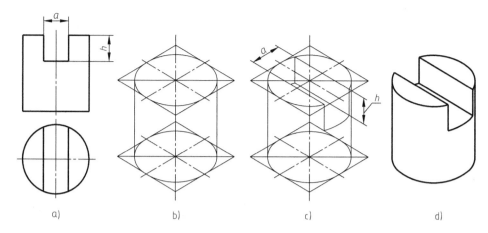

图 8-13　带切口圆柱体正等轴测图的画法

a）正投影图　b）画出完整圆柱体的正等轴测图　c）按尺寸 a、h 画出截交线（矩形和圆弧）

的正等轴测图（平行四边形和椭圆弧）　d）完成全图

8.2.4　组合体的正等轴测图的画法

1. 圆角正等轴测图的近似画法

【例 8-8】　画出带圆角长方体（图 8-14a）的正等轴测图。

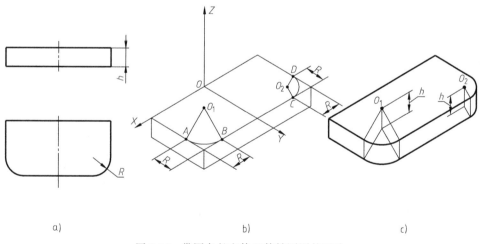

图 8-14　带圆角长方体正等轴测图的画法

作图步骤如下：

1）如图 8-14b 所示，画轴测图的坐标轴和长方体的正等轴测图，顶面的圆弧可按如下方法绘制：由尺寸 R 确定切点 A、B、C、D，再过 A、B、C、D 四点作相应边的垂线，其交点为 O_1、O_2。最后以 O_1、O_2 为圆心，O_1A、O_2C 为半径，作圆弧 AB、CD。

2）如图 8-14c 所示，把圆心 O_1、O_2，切点 A、B、C、D 按尺寸 h 向下平移，画出底面圆弧的正等轴测图。

2. 组合体的正等轴测图的画法

画组合体的正等轴测图前，应先对其进行形体分析，根据其组合形式，综合运用坐标法、切割法和组合法来完成作图。

【例 8-9】　画出图 8-15a 所示组合体的正等轴测图。

分析： 该组合体由带圆角的长方体底板、空心圆柱体、支承板和肋板四部分组成，由于该组合体左右对称，为作图方便，将坐标原点设在底板顶、后面中点处。

作图步骤如下：

1）如图 8-15b 所示，画长方体底板及小圆孔，并定出空心圆柱前后端面的中心位置 O_1、O_2。

2）如图 8-15c 所示，画空心圆柱。

3）如图 8-15d 所示，画支承板及交线，切点 A 的投影用坐标法定出。

4）如图 8-15e 所示，画肋板。

5）如图 8-15f 所示，擦去作图线，加深可见轮廓，完成全图。

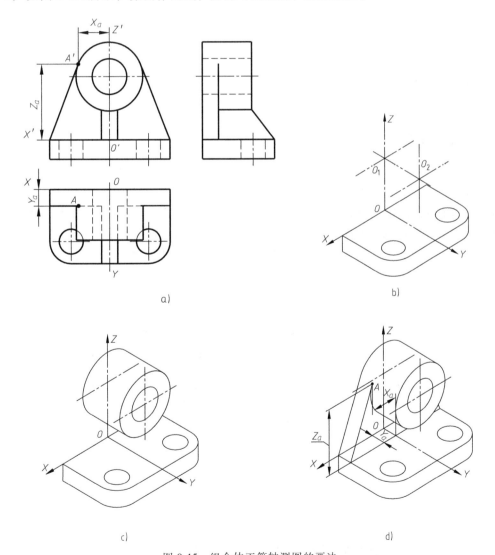

图 8-15　组合体正等轴测图的画法

a）三视图　b）画长方体底板，定中心 O_1、O_2　c）画空心圆柱　d）画支承板

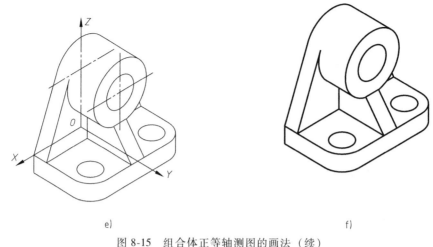

图 8-15　组合体正等轴测图的画法（续）

e）画肋板　f）完成全图

8.3　斜二轴测图

8.3.1　斜二轴测图的轴间角和轴向伸缩系数

斜二轴测图是将物体的一个主要面放成平行于轴测投影面，投射线与轴测投影面倾斜进行投影得到的图形。一般使物体直角坐标系中的 XOZ 坐标面平行于轴测投影面。如图 8-16 所示，斜二轴测图的轴间角 $\angle XOZ = 90°$，$\angle Y = \angle YOZ = 135°$、$OX$ 轴水平放置，OY 轴与水平成 $45°$。X、Z 轴的轴向伸缩系数相等，即 $p = r = 1$；Y 轴的轴向伸缩系数 $q = 0.5$。画斜二轴测图时，凡平行于 X 轴和 Z 轴的线段按 $1:1$ 量取，平行于 Y 轴的线段按 $1:2$ 量取。

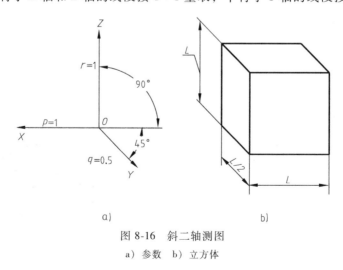

图 8-16　斜二轴测图

a）参数　b）立方体

8.3.2　平行于各坐标面的圆的斜二轴测图的画法

由 8.3.1 节可知斜二轴测图能反映 XOZ 坐标面及其平行面的实形，故在 XOZ 坐标面或

平行于 XOZ 坐标面的圆的斜二轴测图仍为大小相等的圆；平行于 XOY 和 YOZ 坐标面的圆的斜二轴测图都是椭圆，它们形状相同，作图方法一样，只是椭圆长、短轴方向不同。

【例 8-10】　画出图 8-17 所示的平行于 XOY 坐标面的圆的斜二轴测图。

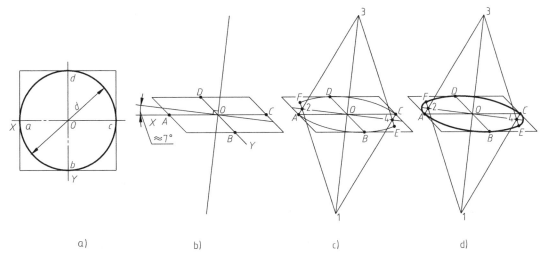

图 8-17　平行于 XOY 坐标面的圆的斜二轴测图的画法

作图步骤如下：

1）如图 8-17a 所示，在正投影图中选定坐标原点和坐标轴。

2）如图 8-17b 所示，画斜二轴测图的坐标轴，在 OX、OY 轴上分别作出 A、B、C、D 四点，使 $OA=OC=d/2$，$OB=OD=d/4$，并作平行四边形。过点 O 作与 OX 轴成 7°的直线，该直线即长轴位置，过 O 作长轴的垂线即短轴位置。

3）如图 8-17c 所示，在短轴上取 $O_1=O_3=d$，连接 $3A$、$1C$ 交长轴于 2、4 两点。分别以 1、3 为圆心，$1C$、$3A$ 为半径作圆弧 CF、AE，连接 12、34 并延长，分别交两圆弧于点 F、E。

4）如图 8-17d 所示，以 2、4 为圆心，$2A$、$4C$ 为半径作小圆弧 AF、CE，即完成椭圆的作图。

图 8-18 所示为平行于坐标面的圆的斜二轴测图。

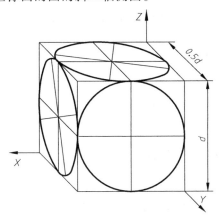

图 8-18　平行于坐标面的圆的斜二轴测图

8.3.3 组合体斜二轴测图的画法

由于坐标面 XOZ 平行于轴测投影面，所以凡平行于 XOZ 坐标面图形的轴测图均能反映实形。当物体某个面具有较多的圆或圆弧时，常将该面置于与坐标面 XOZ 平行的位置，然后采用斜二轴测图较为方便。

【例 8-11】 画出图 8-19a 所示组合体的斜二轴测图。

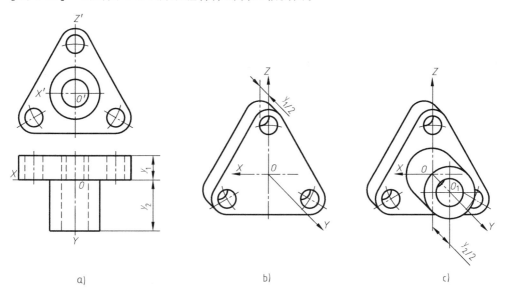

图 8-19　组合体斜二轴测图的画法
a）正投影图　b）画三棱柱　c）画空心圆柱后完成全图

作图步骤如下：

1）如图 8-19a 所示，在正投影图中选定坐标原点和坐标轴。

2）如图 8-19b 所示，画斜二轴测图的坐标轴，绘制带圆角的三棱柱的斜二轴测图。其前面的形状与主视图完全相同，沿 OY 轴方向向后移动 $y_1/2$ 的距离便可画出后面的可见部分轮廓。

3）如图 8-19c 所示，绘制前面空心圆柱的斜二轴测图。由坐标原点 O 沿 OY 轴方向前移 $y_2/2$ 的距离便可定出圆心 O_1 的位置，即可完成组合体的斜二轴测图。

8.4 轴测图的剖切画法

在轴测图上，为了表达物体的内部结构，可假想用剖切平面切去物体的一部分，这种经剖切后画出的轴测图称为轴测剖视图。

8.4.1 轴测图剖切画法的一些规定

1. 剖切方法

一般采用两个互相垂直的轴测坐标面（或其平行面）来进行剖切，才能较完整地同时反映物体的内外结构，如图 8-20a 所示；尽量避免用一个剖切平面剖切，如图 8-20b 所示；

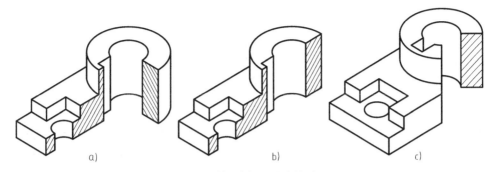

图 8-20　轴测剖视图的剖切方法

a）好　b）尽量少用　c）不好

或选择不正确的剖切位置剖切，如
图 8-20c 所示。

2. 剖面线的画法

在轴测剖视图中，应在剖切平面
切出的断面上画出剖面线。平行于坐
标面的断面上的剖面线方向如图 8-21
所示。

8.4.2　轴测剖视图的画法

轴测剖视图的画法一般有两种：

1）先画出完整物体的轴测图，
再画剖面区域，如图 8-22 所示。

2）先画出剖面的轴测图，再补
全其可见的轮廓线，这样可减少不必
要的作图线，如图 8-23 所示。

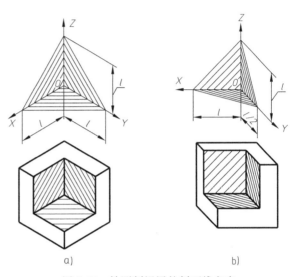

图 8-21　轴测剖视图的剖面线方向

a）正等测剖面线方向　b）斜二测剖面线方向

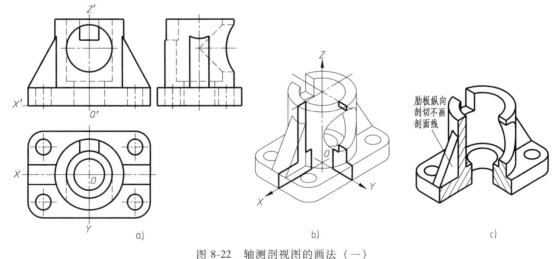

图 8-22　轴测剖视图的画法（一）

a）视图　b）画出完整的轴测图　c）画出剖面区域

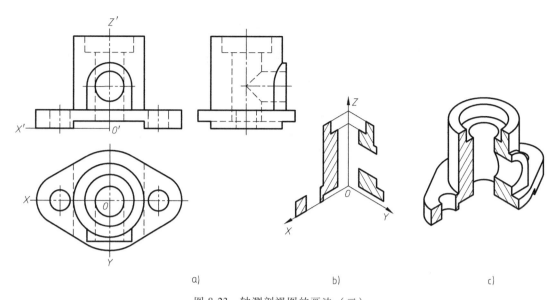

a)   b)   c)

图 8-23　轴测剖视图的画法（二）

a）视图　b）画出剖面区域　c）补全可见轮廓线

第3篇　图样特殊表示法

第9章　标准件和常用件

在各类机器和设备中，广泛、大量地应用着螺栓、螺钉、螺母、垫圈、键、销、滚动轴承等零件。由于需求量大，这些零件的结构、尺寸、画法和标记等方面均已标准化，因此称其为标准件，国家均制定有统一的标准。

另有一类零件如齿轮、弹簧等，在机器设备中虽然应用也非常广泛，但只对它们的部分参数标准化和系列化，故称为常用件。

本章主要介绍常见的标准件与常用件的结构、规定画法、代号及标记方法，以及有关国家标准或《机械设计手册》的查阅方法。

9.1　螺纹及螺纹紧固件表示法

9.1.1　螺纹的形成、结构和要素

1. 螺纹的形成

在圆柱或圆锥表面上，沿着螺旋线所形成的具有规定牙型的连续凸起称为螺纹。在圆柱或圆锥外表面上形成的螺纹称为外螺纹，在圆柱或圆锥内表面上形成的螺纹称为内螺纹。

加工螺纹的方法很多，在车床上车削加工内、外螺纹是常见的一种加工方法，如图 9-1 所示，将工件装夹在与车床主轴相连的卡盘上，使之随主轴做等速旋转，同时使车刀沿轴线方向做等速移动，当刀尖切入工件达一定深度时，就会在工件的表面上车制出螺纹。直径较小的内、外螺纹是用手工工具丝锥、板牙进行攻螺纹和套扣完成的，加工过程如图 9-2 所示。

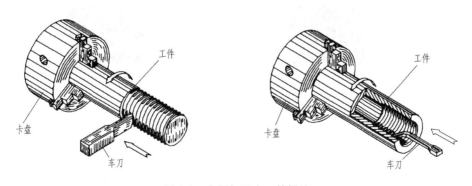

图 9-1　车削加工内、外螺纹

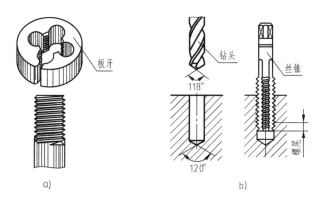

图 9-2　直径较小螺纹的加工方法
a）套扣　b）攻螺纹

2. 螺纹的结构

（1）螺纹牙顶和牙底　螺纹表面可分为凸起和沟槽两部分，凸起部分的顶端称为牙顶，沟槽部分的底部称为牙底，如图 9-3 所示。

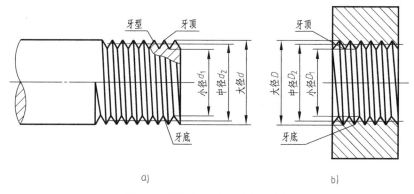

图 9-3　螺纹的牙顶、牙底和直径
a）外螺纹　b）内螺纹

（2）螺纹末端　为了便于装配和防止螺纹端部损坏，常在螺纹的起始处加工成圆锥台形的倒角或球面形的倒圆等，如图 9-4 所示。

图 9-4　螺纹的倒角、倒圆
a）倒角　b）倒圆

当车削螺纹的刀具快要到达螺纹终止处时，要逐渐离开工件，因而螺纹终止处的牙型将逐渐变浅，形成不完整的螺纹牙型，这一段螺纹称为螺尾，如图 9-5a 所示。只有加工到要求深度的螺纹才具有完整的牙型，才是有效螺纹。

为了避免产生螺尾，可先在螺纹终止处加工出退刀槽，再车削螺纹，如图 9-5b、c 所示。

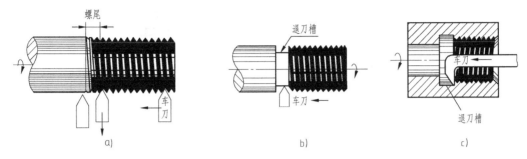

图 9-5 螺尾、退刀槽的加工示意图
a）螺尾 b）外螺纹退刀槽 c）内螺纹退刀槽

3. 螺纹要素

螺纹的基本要素主要包括牙型、直径、螺距、线数和旋向。下面以常见的圆柱螺纹为例进行介绍。

（1）牙型 在通过螺纹轴线的断面上，螺纹的轮廓形状称为螺纹的牙型。常见的螺纹牙型有：三角形、梯形、锯齿形和矩形等。不同种类的螺纹牙型有不同的用途，并有相应的螺纹种类代号，见表 9-1。

（2）直径 螺纹的直径分为大径、小径和中径，如图 9-3 所示。外螺纹的直径用小写字母表示，内螺纹的直径用大写字母表示。代表螺纹尺寸的直径称为公称直径，一般指螺纹大径的基本尺寸。

1）大径 d、D：指与外螺纹牙顶或内螺纹牙底相重合的假想圆柱面的直径。

2）小径 d_1、D_1：指与外螺纹牙底或内螺纹牙顶相重合的假想圆柱面的直径。

3）中径 d_2、D_2：指一个假想圆柱面的直径，该圆柱面的母线通过螺纹牙型上沟槽和凸起宽度相等的地方，这一假想圆柱面的直径称为中径。

（3）线数 n 形成螺纹时的螺旋线的条数称为螺纹线数（或头数）。螺纹的线数有单线和多线之分：沿一条螺旋线形成的螺纹称为单线螺纹；沿两条或两条以上的等距螺旋线形成的螺纹称为双线或多线螺纹。螺纹的线数用 n 表示，如图 9-6 所示。

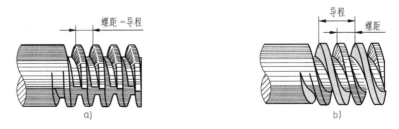

图 9-6 螺纹的线数和导程
a）单线螺纹 b）双线螺纹

（4）螺距 P 和导程 P_h 螺纹相邻两牙在中径线上对应两点之间的轴向距离，称为螺距，用 P 表示。同一螺旋线上的相邻两牙在中径线上对应两点之间的轴向距离，称为导程，

用 P_h 表示。单线螺纹的导程等于螺距，如图 9-6a 所示；多线螺纹的导程是螺距的倍数。图 9-6b 所示为双线螺纹，导程等于螺距的 2 倍，即 $P_h = 2P$。

（5）旋向　螺纹分左旋、右旋两种，如图 9-7 所示。顺时针旋转时旋合的螺纹称为右旋螺纹；逆时针旋转时旋合的螺纹称为左旋螺纹。判别螺纹的旋向，可以直观判断，将外螺纹轴线铅垂放置，螺纹自左向右上升（即右高）为右旋，反之为左旋。工程上常用右旋螺纹。

图 9-7　螺纹的旋向
a）左旋螺纹　b）右旋螺纹

牙型、直径和螺距都符合国家标准的螺纹称为标准螺纹；牙型不符合标准的螺纹称为非标准螺纹；牙型符合标准，直径或螺距都不符合标准的螺纹称为特殊螺纹。

只有上述各要素完全相同的内、外螺纹才能相互旋合。

9.1.2　螺纹的规定画法

为了便于绘图，国家标准 GB/T 4459.1—1995 对螺纹的画法做了规定，其主要内容如下：

1. 外螺纹的规定画法

1）在平行于螺纹轴线的视图或剖视图中，其牙顶（大径线）用粗实线表示，牙底（小径线）用细实线表示，并将细实线画入螺杆的倒角或倒圆内，螺纹的小径通常画成大径的 0.85 倍；有效螺纹的终止界线（简称螺纹终止线）用粗实线表示，如图 9-8 所示。

2）在垂直于螺纹轴线（即投影为圆）的视图中，大径圆画成粗实线圆，表示小径的细实线圆画约 3/4 圈（空出约 1/4 圈的位置不做规定），倒角圆省略不画，如图 9-8a 所示。外螺纹用剖视表达时，螺纹终止线只画牙高的一小段，剖面线必须画到粗实线，如图 9-8b 所示。

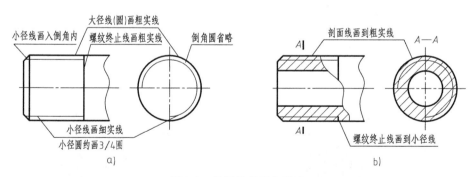

图 9-8　外螺纹的规定画法
a）外螺纹的视图画法　b）外螺纹的剖视画法

2. 内螺纹的规定画法

1）在平行于螺纹轴线的剖视图中，其牙底（大径线）用细实线表示；牙顶（小径线）用粗实线表示，剖面线应画到粗实线为止，螺纹终止线也用粗实线表示；对不穿通螺孔，一般应将钻孔深度和螺孔深度分别画出，且钻孔深度比螺孔深度约深 0.5D（D 为螺纹的大径），其钻头顶角画成 120°锥角，如图 9-9a 所示。对于不剖视图，上述线均画成虚线，如图 9-9b 所示。

2）在垂直于螺纹轴线（即投影为圆）的视图中，大径圆画成约 3/4 圈细实线圆（空出约 1/4 圈的位置不做规定），小径画成粗实线圆，倒角圆省略不画，如图 9-9a 所示。

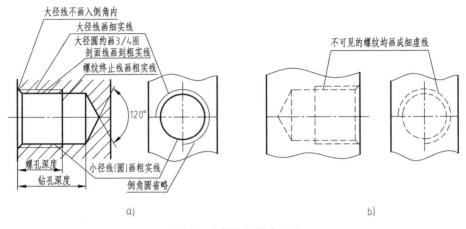

图 9-9　内螺纹的规定画法

a）内螺纹的剖视画法　b）不可见内螺纹的画法

3. 内、外螺纹连接的规定画法

1）一般用剖视图表示内、外螺纹的连接，其旋合部分按外螺纹画出，其余部分按各自的规定画法绘制。

2）画图时，表示内、外螺纹大、小径的粗实线和细实线应分别对齐，且剖面线画到粗实线，如图 9-10 所示。

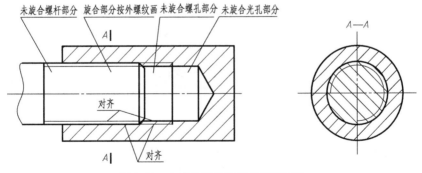

图 9-10　内、外螺纹连接的规定画法

4. 外螺纹螺尾的画法

螺尾部分一般不必画出，如需要表示时，该部分用与轴线成 30°的细实线画出，如图 9-11 所示；螺纹长度是指不包括螺尾在内的有效螺纹的长度，即螺纹长度计算到螺纹终止线。

5. 非标准螺纹牙型表示法

牙型符合国家标准的螺纹一般不需要表示，当需要表示牙型时，可采用图 9-12 的形式。

6. 螺纹孔相交的画法

螺纹孔相交时，只画钻孔的相贯线，用粗实线表示，如图 9-13 所示。

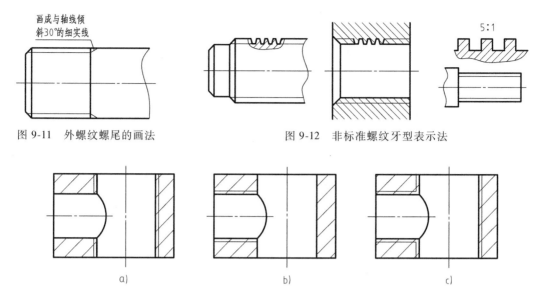

画成与轴线倾
斜30°的细实线

图 9-11　外螺纹螺尾的画法　　　　　　图 9-12　非标准螺纹牙型表示法

5:1

a)　　　　　　　　　　b)　　　　　　　　　　c)

图 9-13　螺纹孔相交的画法
a）螺孔>光孔　b）螺孔<光孔　c）螺孔与螺孔相贯

9.1.3　螺纹的种类、标记及其标注

1. 螺纹的种类

螺纹按用途通常可分为连接螺纹和传动螺纹两类，见表 9-1。

表 9-1　常用标准螺纹牙型、特征代号及用途

螺纹分类	螺纹种类	特征代号	外形图	用　　途
连接螺纹	粗牙普通螺纹	M	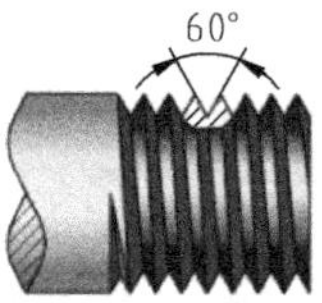	是最常用的连接螺纹。螺纹大径相同时，细牙螺纹的螺距较粗牙螺纹小，切深较浅。一般连接用粗牙普通螺纹，薄壁零件和细小的精密零件连接用细牙普通螺纹
	细牙普通螺纹			
	55°非密封管螺纹	G	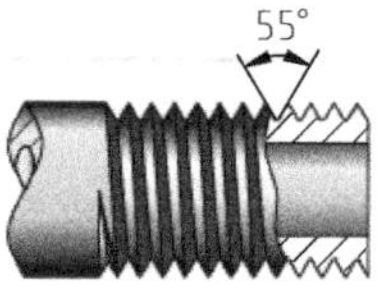	常用于电线管等不需密封的管路连接
	55°密封管螺纹	R_p（圆柱内螺纹）R_c（圆锥内螺纹）R_1（与圆柱内螺纹相合的圆锥外螺纹）R_2（与圆锥内螺纹相合的圆锥外螺纹）	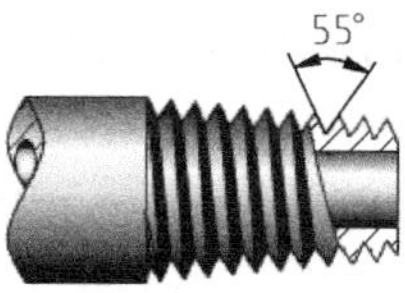	用于水管、油管、暖气、煤气等管道的连接

（续）

螺纹分类	螺纹种类	特征代号	外形图	用　　途
传动螺纹	梯形螺纹	Tr	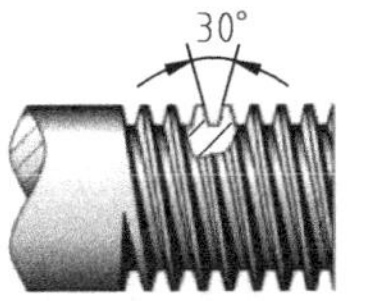	作传动用，用于各种机床上丝杠的传动，可用于传递双向动力
	锯齿形螺纹	B	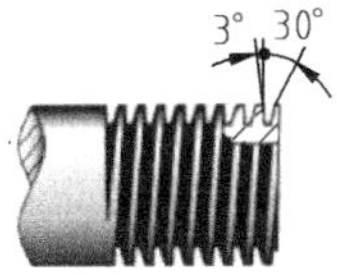	只能传递单向动力，如螺旋压力机的传动丝杠

常见的连接螺纹有三种：粗牙普通螺纹、细牙普通螺纹和管螺纹，其中管螺纹有 55°螺纹密封管螺纹、55°非螺纹密封管螺纹、60°螺纹密封管螺纹和米制锥螺纹等。

传动螺纹是用来传递动力和运动的，常用的有梯形螺纹、锯齿形螺纹等。

此外，还有专门用途螺纹，简称专用螺纹，如自攻螺钉用螺纹、木螺钉用螺纹和气瓶专用螺纹等。

2. 螺纹的标记格式和标注

（1）普通螺纹的标记和标注　完整的普通螺纹标记由螺纹特征代号、尺寸代号、公差带代号及其他有必要做进一步说明的个别信息组成。

普通螺纹标记格式为：

| 螺纹特征代号 | 尺寸代号 |-| 公差带代号 |-| 旋合长度代号 |-| 旋向 |

1）螺纹特征代号：普通螺纹的螺纹特征代号为 M。

2）尺寸代号：

① 单线普通螺纹的尺寸代号为"公称直径×螺距"，公称直径为螺纹大径，公称直径和螺距的单位是 mm。

对于粗牙普通螺纹，每个公称直径对应唯一螺距，故不标螺距；而细牙普通螺纹的每个公称直径有几个不同螺距供选择，故必须注出螺距。

例如：公称直径为 8mm，螺距为 1mm 的单线细牙螺纹：M8×1

公称直径为 8mm，螺距为 1.25mm 的单线细牙螺纹：M8×1.25

② 多线普通螺纹的尺寸代号为"公称直径×Ph 导程 P 螺距"，如果要进一步表明螺纹线数，可在后面增加括号说明（使用英文说明，例如双线为 two starts，三线为 three starts）。

例如：公称直径为 16mm，螺距为 1.5mm，导程为 3mm 的双线螺纹：M16×Ph3P1.5（two starts）

3）公差带代号：螺纹公差带代号包括中径公差带代号和顶径公差带代号（顶径指外螺纹的大径或内螺纹的小径），它表示螺纹的加工精度，由表示基本偏差的字母和表示公差等级的数字组成，大写字母表示内螺纹的基本偏差，小写字母表示外螺纹的基本偏差。

若中径公差带代号和顶径公差带代号不相同，则应分别标注，中径公差带代号在前，顶径公差带代号在后；若中径和顶径公差带代号相同，只标注一个。

例如：中径公差带为 5g、顶径公差带为 6g 的细牙外螺纹：M10×1-5g6g

中径和顶径公差带均为 6H 的粗牙内螺纹：M10-6H

4）旋合长度代号：旋合长度是指两个相互旋合的螺纹，沿螺纹轴线方向旋合部分的长度。螺纹的旋合长度分短型、中等、长型三组，分别用代号 S、N、L 表示。若为中等旋合长度时，N 省略不标注；管螺纹不注旋合长度代号；特殊需要时，也可注出旋合长度的具体数值。

5）旋向代号：对于左旋螺纹，应该在旋合长度代号之后标注"LH"，旋合长度代号和旋向代号之间用"-"分开，右旋螺纹不标注旋向代号。

6）普通螺纹标记在图样上要标注在螺纹大径的尺寸线或尺寸线的延长线上，见表 9-2 中的图例。

表 9-2　普通螺纹的标记及其在图样中的标注

螺纹种类	标注的内容和形式	标注示例	说　明
粗牙普通螺纹	M20- 5g 6g 顶径公差带代号 中径公差带代号 螺纹大径	M20-5g6g　20 M20-5g6g　6×φ16.4　20	1）螺纹的标记应注在大径尺寸线上 2）粗牙螺纹不标注螺距 3）右旋省略标注旋向 4）中等旋合长度 N 省略 5）螺纹长度为 20mm 6）外螺纹退刀槽的其他标注方法参见第 13 章
细牙普通螺纹	M20×2-6H-S-LH 旋向（左旋） 旋合长度（短） 中径和顶径的公差带代号 螺距	M20×2-6H-S-LH　16　25 M20×2-6H-S-LH　8×φ20.5　16	1）细牙螺纹标注螺距 2 2）中径和顶径公差带代号相同，只标注一个 6H 3）左旋要标注 LH 4）螺纹长度为 16mm，钻孔深度为 25mm 5）内螺纹退刀槽的其他标注方法参见第 13 章

普通螺纹的直径与螺距标准组合系列见表 9-3。

表 9-3　普通螺纹的直径与螺距标准组合系列（摘自 GB/T 193—2003）　　　（单位：mm）

公称直径 D、d			螺距 P									
第 1 系列	第 2 系列	第 3 系列	粗牙	细牙								
				3	2	1.5	1.25	1	0.75	0.5	0.35	0.25	0.2
10			1.5				1.25	1	0.75				
		11	1.5			1.5		1	0.75				
12			1.75				1.25	1					

（续）

公称直径 D、d			螺距 P										
第 1 系列	第 2 系列	第 3 系列	粗牙	细牙									
				3	2	1.5	1.25	1	0.75	0.5	0.35	0.25	0.2
	14		2			1.5		1					
		15				1.5		1					
16			2			1.5		1					
		17				1.5		1					
	18		2.5		2	1.5		1					
20			2.5		2	1.5		1					
	22		2.5		2	1.5		1					
24			3		2	1.5		1					
		25			2	1.5		1					

普通螺纹的基本尺寸见表 9-4。

表 9-4　普通螺纹的基本尺寸（摘自 GB/T 196—2003）　　　　（单位：mm）

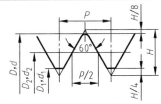

公称直径 D、d	螺距 P	中径 D_2 或 d_2	小径 D_1 或 d_1	公称直径 D、d	螺距 P	中径 D_2 或 d_2	小径 D_1 或 d_1
3	0.5	2.675	2.459	16	2	14.701	13.835
	0.35	2.773	2.621		1.5	15.026	14.376
4	0.7	3.545	3.242		1	15.350	14.917
	0.5	3.675	3.459	20	2.5	18.376	17.294
6	1	5.350	4.917		2	18.701	17.835
	0.75	5.513	5.188		1.5	19.026	18.376
8	1.25	7.188	6.647		1	19.350	18.917
	1	7.350	6.917	24	3	22.051	20.752
	0.75	7.513	7.188		2	22.701	21.835
10	1.5	9.026	8.376		1.5	23.026	22.376
	1.25	9.188	8.647		1	23.350	22.917
	1	9.350	8.917	28	2	26.701	25.835
	0.75	9.513	9.188		1.5	27.026	26.376
12	1.75	10.863	10.106		1	27.350	26.917
	1.5	11.026	10.376	30	3.5	27.727	26.211
	1.25	11.188	10.647		3	28.051	26.752
	1	11.350	10.917		2	28.701	27.835
14	2	12.701	11.835		1.5	29.026	28.376
	1.5	13.026	12.376		1	29.350	28.917
	1.25	13.188	12.647	32	2	30.701	29.835
	1	13.350	12.917		1.5	31.026	30.376

（2）梯形螺纹、锯齿形螺纹的标记和标注　单线螺纹标记格式为：

| 螺纹特征代号 | 公称直径 | ×螺距 | 旋向 | —公差带代号 | —旋合长度代号 |

多线螺纹标记格式为：

| 螺纹特征代号 | 公称直径 | ×导程（P螺距） | 旋向 | —公差带代号 | —旋合长度代号 |

1）螺纹特征代号：梯形螺纹的螺纹特征代号为 Tr，锯齿形螺纹的特征代号为 B。

2）梯形螺纹的公称直径指外螺纹的大径 d。为保证传动的灵活性，梯形螺纹连接中必须使内外螺纹配合后留有一定的径向保证间隙，因此内、外螺纹的中径相同，但大径和小径不同。

3）多线梯形螺纹的螺距标注形式是"导程（P螺距）"。

4）梯形螺纹旋合长度分为中等旋合和长旋合两组，其相应的旋合代号分别用 N 和 L 表示，中等旋合时不注旋合长度代号。

5）梯形螺纹标记在图样上与普通螺纹相同，均标注在螺纹大径的尺寸线或尺寸线的延长线上。

梯形螺纹、锯齿形螺纹的标注示例见表 9-5。

表 9-5　梯形螺纹、锯齿形螺纹的标注示例

螺纹种类	标注的内容和格式	标注示例	标注说明
单线梯形螺纹	Tr30×6 LH-8e-L 旋合长度（加长型） 中径公差带代号 旋合（左旋） 导程＝螺距 螺纹大径	Tr30×6LH-8e-L	1）单线梯形螺纹只注螺距，多线梯形螺纹要注导程和螺距 2）梯形螺纹只标注中径公差带代号 3）梯形螺纹旋合长度分中等旋合长度组（N）和长旋合长度组（L），中等旋合长度组省略不标注 4）右旋省略标注旋向，左旋要标旋向 LH
多线梯形螺纹	Tr30×12（P6）-7H 螺距 导程	Tr30×12(P6)-7H	
锯齿形螺纹	B40×7-7H 中径的公差带代号 螺距 螺纹大径	B40×7-7H	

梯形螺纹的基本尺寸见表 9-6。

表 9-6　梯形螺纹的基本尺寸（摘自 GB/T 5796.3—2022）　　　　（单位：mm）

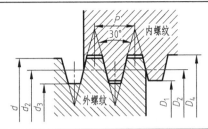

公称直径 d 第1系列	公称直径 d 第2系列	螺距 P	中径 $D_2=d_2$	大径 D_4	小径 d_3	小径 D_1	公称直径 d 第1系列	公称直径 d 第2系列	螺距 P	中径 $D_2=d_2$	大径 D_4	小径 d_3	小径 D_1
8		1.5	7.250	8.300	6.200	6.500	16		2	15.000	16.500	13.500	14.000
	9	1.5	8.250	9.300	7.200	7.500			4	14.000	16.500	11.500	12.000
	9	2	8.000	9.500	6.500	7.000		18	2	17.000	18.500	15.500	16.000
10		1.5	9.250	10.300	8.200	8.500		18	4	16.000	18.500	13.500	14.000
10		2	9.000	10.500	7.500	8.000	20		2	19.000	20.500	17.500	18.000
	11	2	10.000	11.500	8.500	9.000	20		4	18.000	20.500	15.500	16.000
	11	3	9.500	11.500	7.500	8.000		22	3	20.500	22.500	18.500	19.000
12		2	11.000	12.500	9.500	10.000		22	5	19.500	22.500	16.500	17.000
12		3	10.500	12.500	8.500	9.000		22	8	18.000	23.000	13.000	14.000
	14	2	13.000	14.500	11.500	12.000	24		3	22.500	24.500	20.500	21.000
	14	3	12.500	14.500	10.500	11.000	24		5	21.500	24.500	18.500	19.000
							24		8	20.000	25.000	15.000	16.000

（3）管螺纹的标记和标注　管螺纹的标记格式为：

| 螺纹特征代号 | 尺寸代号 | 公差等级代号 | - | 旋向 |

1）圆柱管螺纹的特征代号为 G。

2）尺寸代号不是管螺纹的大径，画图时所需螺纹直径大小需根据尺寸代号查阅有关标准，见表 9-7。

3）螺纹的公差等级代号，对于外螺纹分 A、B 两级标记；对于内螺纹，不标记公差等级代号。

4）当螺纹为左旋时，应该在外螺纹的公差等级代号或内螺纹的尺寸代号之后加注 "LH"。

5）管螺纹的标记在图样上采用由螺纹大径斜向引出标注法。

表 9-7　管螺纹的标注示例

螺纹种类	标注的内容和方式	标注示例	说　明
非密封管螺纹	G3/4 A 外螺纹公差等级分为 A 级（精密级）和 B 级（粗糙级）两种，需要标注 G1/2-LH 内螺纹公差等级只有一种，不标注	G3/4 A　　　　G1/2-LH	1）管螺纹标记应注在螺纹大径引出的指引线上 2）特征代号右边的数字为尺寸代号，与管的内径相近，单位为 in

55°非密封管螺纹的基本尺寸见表 9-8。

表 9-8　55°非密封管螺纹的基本尺寸（摘自 GB/T 7307—2001）　　（单位：mm）

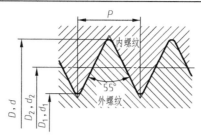

尺寸代号	每 25.4mm 内的牙数	螺距 P	基本直径	
			大径 D、d	小径 D_1、d_1
1/8	28	0.907	9.728	8.566
1/4	19	1.337	13.157	11.445
3/8	19	1.337	16.662	14.950
1/2	14	1.814	20.955	18.631
5/8	14	1.814	22.911	20.587
3/4	14	1.814	26.441	24.117
7/8	14	1.814	30.201	27.877
1	11	2.309	33.249	30.291
$1\frac{1}{8}$	11	2.309	37.897	34.939
$1\frac{1}{4}$	11	2.309	41.910	38.952
$1\frac{1}{2}$	11	2.309	47.803	44.845

（4）特殊螺纹和非标准螺纹的标注

1）牙型符合标准，直径或螺距不符合标准的螺纹，应在特征代号前加注"特"字，并注出大径和螺距，如图 9-14 所示。

2）绘制非标准螺纹，应画出螺纹的牙型，并注出所需要的尺寸及有关要求，如图 9-15 所示。

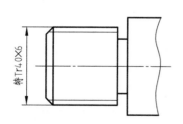

图 9-14　特殊螺纹的尺寸标注

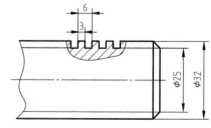

图 9-15　非标准螺纹的尺寸标注

（5）螺纹副的标注和标记　内、外螺纹旋合到一起后称为螺纹副，需要时，在装配图中可标出螺纹副的标记。螺纹副标记是将相互连接的内、外螺纹的标记组合成一个标记。

例如：内螺纹的标记为：M14×1.5-6H；

外螺纹的标记为：M14×1.5-6g；

螺纹副的标记为：M14×1.5-6H/6g。

螺纹副的标记在装配图上标注时，可直接注在指向大径的尺寸线上或其引出线上，如图 9-16 所示。

9.1.4 常用的螺纹紧固件及其标记

螺纹紧固件是指通过螺纹旋合起到紧固、连接作用的零部件。

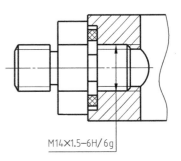

M14×1.5-6H/6g

图 9-16 螺纹副的标注

螺纹紧固件的种类很多，常用的有螺栓、螺柱、螺钉、螺母和垫圈等，均为标准件。在设计机器时，不需要单独画出它们的零件图，而是根据设计要求按相应的国家标准进行选取，只需在装配图中画出，并且要标明所用标准件的标记。常用螺纹紧固件如图 9-17 所示。

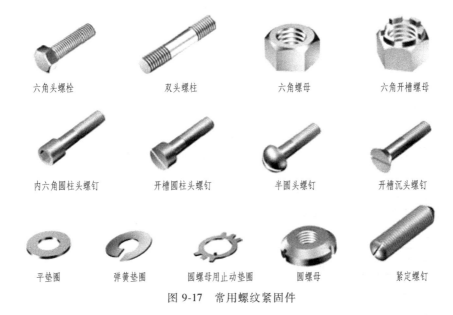

六角头螺栓　　双头螺柱　　六角螺母　　六角开槽螺母

内六角圆柱头螺钉　开槽圆柱头螺钉　半圆头螺钉　开槽沉头螺钉

平垫圈　　弹簧垫圈　　圆螺母用止动垫圈　圆螺母　　紧定螺钉

图 9-17 常用螺纹紧固件

按照 GB/T 1237—2000 规定，紧固件标记方法有完整标记和简化标记两种方法，完整的标记格式为：

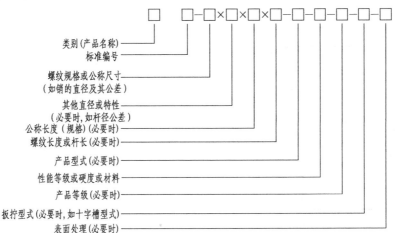

类别(产品名称)
标准编号
螺纹规格或公称尺寸
(如销的直径及其公差)
其他直径或特性
(必要时,如杆径公差)
公称长度 (规格)(必要时)
螺纹长度或杆长(必要时)
产品型式(必要时)
性能等级或硬度或材料
产品等级(必要时)
扳拧型式(必要时,如十字槽型式)
表面处理(必要时)

在一般情况下，紧固件采用简化标记，简化原则如下：

1）类别（名称）、标准年代号及其前面的"-"，允许全部或部分省略，省略年代号的标准应以现行标准为准。

2）标记中的"-"允许全部或部分省略；标记中"其他直径或特性"前面的"×"允许省略。但省略后不应导致对标记的误解，一般以空格代替。

3）当产品标准中只规定一种产品型式、性能等级或硬度或材料、产品等级、扳拧型式及表面处理时，允许全部或部分省略。

4）当产品标准中规定两种及其以上的产品型式、性能等级或硬度或材料、产品等级、扳拧型式及表面处理时，应规定可以省略其中的一种，并在产品标准的标记示例中给出省略后的简化标记。

简化后的紧固件的标记格式为：| 名称 | 标准编号 | 规格尺寸 |

如：螺纹规格 d = M12、公称长度 l = 80mm、性能等级为 10.9 级、表面氧化、产品等级为 A 级的六角头螺栓可标记为：

完整标记：螺栓　GB/T 5782—2016-M12×80-10.9-A-O

简化标记：螺栓　GB/T 5782　M12×80

常用螺纹紧固件的简图及标记见表 9-9。

表 9-9　常用螺纹紧固件标记示例

种类	结构型式和规格尺寸	标记示例	说明
六角头螺栓	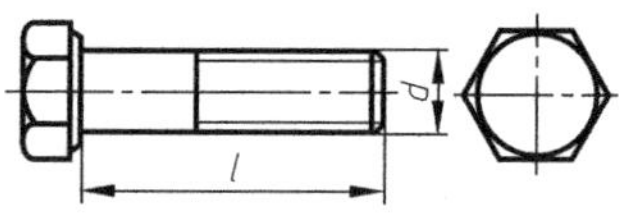	螺栓　GB/T 5782—2016　M12×50	螺纹规格为 M12, l = 50mm（当螺纹杆上是全螺纹时,应选取标准编号为 GB/T 5783）
双头螺柱	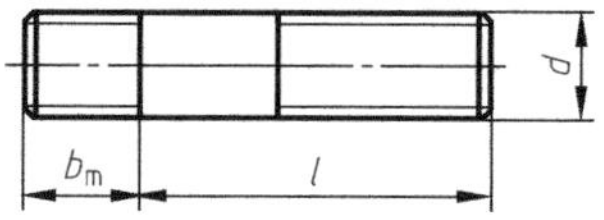	螺柱　GB/T 899—1988　M12×50	双头螺柱双头规格均为 M12, l = 50mm
开槽圆柱头螺钉	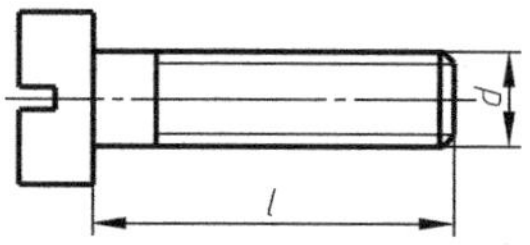	螺钉　GB/T 65—2016　M10×50	螺纹规格为 M10, l = 50mm（ l 值在 40mm 以内为全螺纹）
开槽盘头螺钉	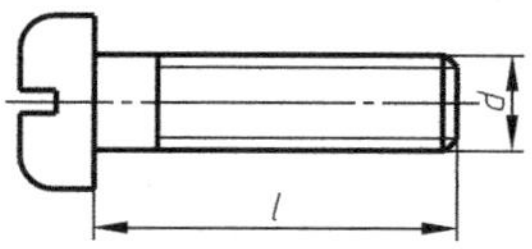	螺钉　GB/T 67—2016　M10×50	螺纹规格为 M10, l = 50mm（ l 值在 40mm 以内为全螺纹）
开槽沉头螺钉	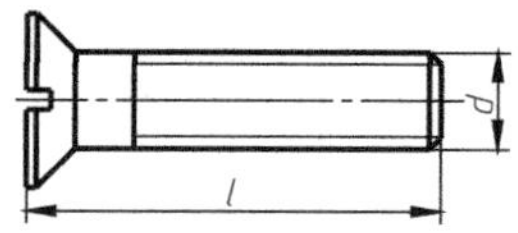	螺钉　GB/T 68—2016　M10×45	螺纹规格为 M10, l = 45mm（ l 值在 45mm 以内为全螺纹）
开槽锥端紧定螺钉		螺钉　GB/T 71—2018　M10×40	螺纹规格为 M10, l = 40mm

（续）

种类	结构型式和规格尺寸	标记示例	说明
1 型六角螺母		螺母　GB/T 6170—2015　M12	螺纹规格为 M12 的 1 型六角螺母
平垫圈		垫圈　GB/T 97.1—2002　12-140HV	与螺纹规格 M12 配用的平垫圈,性能等级为 140HV
标准型弹簧垫圈		垫圈　GB/T 93—1987　12	与螺纹规格 M12 配用的弹簧垫圈

9.1.5　螺纹紧固件的装配画法

螺纹紧固件有三种连接形式：螺栓连接、螺柱连接、螺钉连接。画螺纹紧固件的连接装配图时应遵守以下规定：

1）两零件的接触表面只画一条线；凡不接触的相邻表面，不论其间隙大小均需画成两条线（小间隙可适当夸大画出，一般不小于 0.7mm）。

2）在剖视图中，相邻两零件的剖面线方向要相反，或方向一致而间隔不等；同一零件各视图中剖面线的方向和间隔必须一致。

3）当剖切平面通过螺纹紧固件的轴线时，对于螺栓、螺柱、螺钉、螺母及垫圈等按不剖处理，即仍画其外形。

4）画连接图时可采用简化画法：螺纹紧固件上的工艺结构如倒角、退刀槽、缩颈等均可省略不画；不穿通的螺纹孔可不画出钻孔深度，仅按有效螺纹部分的深度画出，如图 9-22b 所示；螺栓、螺母头部的双曲线可简化不画。

1. 螺栓连接

螺栓连接由螺栓、螺母和垫圈组成，用在两个被连接零件比较薄，并能钻成通孔的场合。连接时用螺栓穿过两个零件的光孔，加上垫圈，用螺母紧固，如图 9-18 所示。

画图时，通孔的直径比螺栓的公称直径略大，约为 1.1d（d 为螺纹大径），设计时可根据螺纹的公称直径查表确定。

图 9-18 中，假设上板厚度为 12mm，下板厚度为 18mm，选用螺母 GB/T 6170　M10，垫圈 GB/T 97.1

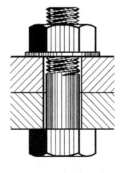

图 9-18　螺栓连接

螺栓连接仿真

10-140HV，螺栓 GB/T 5782　M10×l。

　　根据各螺纹紧固件的标记型式以及螺纹的公称直径 d，查有关的标准件表，确定各部分尺寸，按尺寸画装配图。

　　由表 9-11~表 9-18 查得：螺母厚度 $m_{max}=8.4$mm，$s=16$mm，垫圈外圈直径 $d_2=20$mm，厚度 $h=2$mm，螺栓头部 $s=16$mm，$k=6.4$mm。

　　螺栓长度先初步按下式估算：

$l_计=$ 上板厚+下板厚+垫圈厚(h)+螺母厚(m)+a(螺栓伸出螺母的长度，约为 $0.3d$)。

$l_计=(12+18+2+8.4+3)$mm$=43.4$mm。

　　根据估算数值查表 9-11，确定标准长度值，一般使 $l \geq l_计$。选定螺栓的标准长度为 45mm，螺栓的标记为：螺栓　GB/T 5782　M10×45。可以用以下两种不同方法画出装配图。

　　（1）比例画法　在绘图时，为了节省查表时间，提高绘图速度，图中各螺纹紧固件的尺寸，一般不按标准规定的实际尺寸作图，常采用比例画法，即除螺栓的长度要通过初算后查表取标准长度外，其余各部分尺寸都按螺纹公称直径 d 进行比例折算，此方法是一种近似的画法。图 9-19b 为螺母和六角头螺栓头部截交线的近似比例画法，图中各紧固件均用与 d 的比例关系确定尺寸，比例关系如图 9-20b 所示。

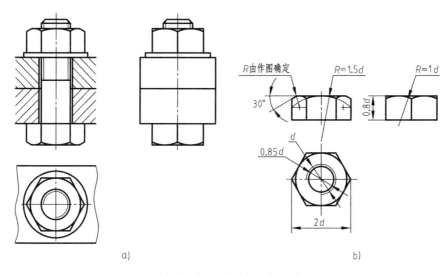

a)   b)

图 9-19　螺栓连接的比例画法

a）装配后　b）螺母头部截交线的近似比例画法

　　（2）简化画法　采用简化画法时，螺纹紧固件的工艺结构如倒角、退刀槽等均可不画；螺栓和螺母六角头部的倒角、截交线均不画，其余尺寸均按比例画法绘制，如图 9-20 所示。

　　2. 双头螺柱连接

　　双头螺柱连接由双头螺柱、螺母和垫圈组成，连接时，一端直接拧入被连接零件的螺孔中，另一端用螺母拧紧，如图 9-21 所示。双头螺柱连接常用于一个被连接件较薄钻成通孔，另一个较厚不宜钻成通孔，或由于结构上的限制不适合用螺栓连接的场合。

　　图 9-22 是螺柱连接装配图的简化画法，画螺柱连接装配图应注意以下几点：

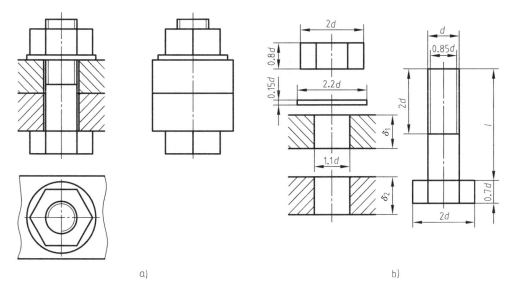

图 9-20　螺栓连接的简化画法
a）装配后　b）各标准件的比例取值

1）双头螺柱的标准长度也要根据螺纹公称直径 d 通过计算后查表确定，螺柱标准长度是除去旋入端之外的长度。计算长度 $l_{计}$ = 上板厚+垫圈厚+螺母厚+a（螺柱伸出螺母的长度，约为 $0.3d$）。计算出长度后，查表 9-12 中的标准长度系列确定标准长 l，一般 $l \geqslant l_{计}$。

2）双头螺柱旋入被连接件的深度 b_m 的值与被连接件的材料有关，见图 9-22c 中的表格。

3）螺柱旋入端的螺纹终止线一定要与两被连接件接触面平齐。

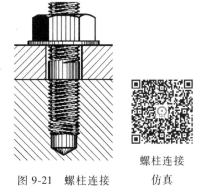

图 9-21　螺柱连接

螺柱连接
仿真

4）为确保旋入端全部旋入，被连接件上的螺纹孔的螺纹深度应大于旋入端螺纹深度 b_m，在画图时，螺孔的螺纹深度可按 b_m + $0.5d$，钻孔深度可按 b_m+d，如图 9-22a 所示。在画装配图时，允许简化，即将钻孔深度按螺孔深度绘出，如图 9-22b 所示。

5）螺母的各部分尺寸与螺纹公称直径的比例关系和螺栓连接图 9-20b 相同。弹簧垫圈开口倾斜 60°，斜口的方向应与螺栓旋向相反（若螺栓旋向为右旋，垫圈上斜口的方向相当于左旋），其各部分尺寸与螺纹公称直径的比例关系如图 9-22c 所示。

3. 螺钉连接

螺钉连接不需要螺母，只将螺钉直接拧入被连接件中，依靠螺钉头部压紧被连接件，图 9-23 是螺钉连接的示意图。螺钉连接用于受力较小、不经常拆卸的场合。图 9-24 是开槽圆柱头螺钉及开槽沉头螺钉连接装配图及其头部的简化画法。画螺钉连接装配图应注意以下几点：

1）螺钉的长度也要通过初步计算后，查螺钉的标准长度系列表确定。$l_{计}$ = 上板厚+旋入深度 b_m，旋入长度的确定同螺柱，标准长度 $l \geqslant l_{计}$。

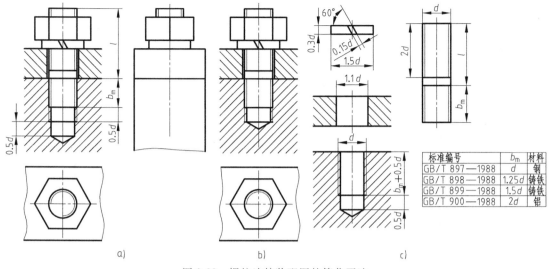

图 9-22　螺柱连接装配图的简化画法

a）螺柱连接装配图简化后　b）可省略钻孔深度　c）各标准件比例取值

2）螺钉的螺纹终止线要高于两被连接件的接触面。

3）螺钉头部开槽尺寸较小时，在装配图中可用 2 倍粗实线宽的粗线表示其投影，在投影为圆的视图上，这些槽应画成向右倾斜 45°，如图 9-24a、b 所示。

常用的螺栓、螺钉的头部及螺母在装配图中也可采用表 9-10 中所列的简化画法。

图 9-23　螺钉连接

螺钉连接
仿真

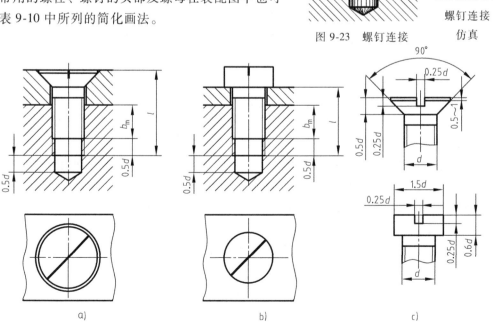

图 9-24　螺钉连接的简化画法

a）沉头螺钉　b）圆柱头螺钉　c）螺钉头部的比例画法

表 9-10　装配图中螺纹紧固件的简化画法

名称	简化画法	名称	简化画法
六角头螺栓		方头螺栓	
圆柱头内六角螺钉		沉头开槽螺钉	
半沉头开槽螺钉		圆柱头开槽螺钉	
盘头开槽螺钉		沉头十字槽螺钉	
半沉头十字槽螺钉		盘头十字槽螺钉	
六角螺母		方头螺母	
无头内六角螺钉		无头开槽螺钉	

螺纹紧固件的各部分尺寸可从表 9-11～表 9-17 中查取。

表 9-11　六角头螺栓（GB/T 5782—2016）、六角头螺栓-全螺纹（GB/T 5783—2016）

（单位：mm）

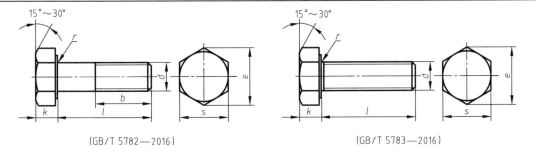

（GB/T 5782—2016）　　　　　　　　（GB/T 5783—2016）

标记示例：

螺栓　GB/T 5782—2016　M12×80

螺纹规格 d=M12、公称长度 l=80mm、性能等级为 8.8、表面氧化、A 级的六角头螺栓

螺纹规格 d	M3	M4	M5	M6	M8	M10	M12	M16	M20	M24	M30	M36
s	5.5	7	8	10	13	16	18	24	30	36	46	55
k	2	2.8	3.5	4	5.3	6.4	7.5	10	12.5	15	18.7	22.5
r	0.1	0.2	0.2	0.25	0.4	0.4	0.6	0.6	0.8	0.8	1	1
e	6.1	7.7	8.8	11.1	14.4	17.8	20	26.8	33.5	40	50.9	60.8

（续）

螺纹规格 d		M3	M4	M5	M6	M8	M10	M12	M16	M20	M24	M30	M36
b 参考	$l\leqslant125$	12	14	16	18	22	26	30	38	46	54	66	78
	$125<l\leqslant200$	—	—	—	—	28	32	36	44	52	60	72	84
	$l>200$	—	—	—	—	—	—	—	57	65	73	85	97
l(商品长度规格范围)	GB/T 5782	20~30	25~40	25~50	30~60	40~80	45~100	50~120	65~160	80~200	90~240	110~300	140~360
	GB/T 5783	6~30	8~40	10~50	12~60	16~80	20~100	25~120	30~150	40~200	50~200	60~200	70~200
l 系列		6,8,10,12,16,20~70 为 5 进位,70~160 为 10 进位,160~500 为 20 进位											

表 9-12　双头螺柱（GB/T 897~900—1988）　　　　　　（单位：mm）

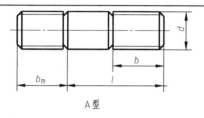
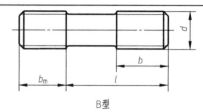

A 型　　　　　　　　　　　　　　　　　　　　B 型

标记示例：

螺柱　GB/T 898　M10×50

两端均为粗牙普通螺纹,$d=$M10、公称长度 $l=50$mm、性能等级为 4.8 级、不经表面处理、B 型、$b_m=1.25d$ 的双头螺柱

螺柱　GB/T 897　A M10-M10×1×50

旋入机件螺孔端为粗牙普通螺纹、旋入螺母端为螺距为 1mm 的细牙普通螺纹,$d=$M10、公称长度 $l=50$mm、性能等级为 4.8 级、不经表面处理、A 型、$b_m=d$ 的双头螺柱

螺纹规格 d		M5	M6	M8	M10	M12	M16	M20	M24	M30	M36
b_m	GB/T 897	5	6	8	10	12	16	20	24	30	36
	GB/T 898	6	8	10	12	15	20	25	30	38	45
	GB/T 899	8	10	12	15	18	24	30	36	45	54
	GB/T 900	10	12	16	20	24	32	40	48	60	72
l/b	l	16~(22)	20~(22)	20~(22)	25~(28)	25~30	30~(38)	35~40	45~50	60~(65)	(65)~(75)
	b	10	10	12	14	16	20	25	30	40	45
	l	25~50	25~30	25~30	30~38	(32)~40	40~(55)	45~(65)	(55)~(75)	70~90	80~110
	b	16	14	16	16	20	30	35	45	50	60
	l		(32)~(75)	32~90	40~120	45~120	60~120	70~120	80~120	(95)~120	120
	b		18	22	26	30	38	46	54	60	78
	l				130	130~180	130~200	130~200	130~200	130~200	130~200
	b				32	36	44	52	60	72	84
	l									210~250	210~300
	b									85	91
长度 l 系列		16,(18),20,(22),25,(28),30,(32),35,(38),40,45,50,(55),60,(65),70,(75),80,(85),90,(95),100,110,120,130,140,150,160,170,180,190,200,210,220,230,240,250,260,270,280,290,300										

表 9-13 常用的一字槽螺钉 （单位：mm）

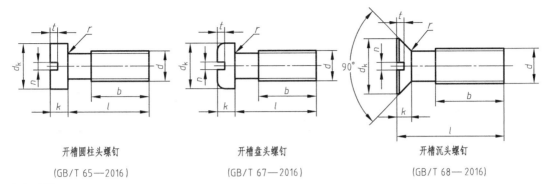

开槽圆柱头螺钉
(GB/T 65—2016)

开槽盘头螺钉
(GB/T 67—2016)

开槽沉头螺钉
(GB/T 68—2016)

标记示例：

螺钉 GB/T 65 M5×20

螺钉规格 d=M5、公称长度 l=20mm、性能等级为 4.8 级、不经表面处理的 A 级开槽圆柱头螺钉

螺纹规格 d		M1.6	M2	M2.5	M3	M4	M5	M6	M8	M10
GB/T 65—2016	d_k					7	8.5	10	13	16
	k					2.6	3.3	3.9	5	6
	t					1.1	1.3	1.6	2	2.4
	r					0.2	0.2	0.25	0.4	0.4
	l					5~40	6~50	8~60	10~80	12~80
	全螺纹时最大长度					40	40	40	40	40
GB/T 67—2016	d_k	3.2	4	5	5.6	8	9.5	12	16	20
	k	1	1.3	1.5	1.8	2.4	3	3.6	4.8	6
	t	0.35	0.5	0.6	0.7	1	1.2	1.4	1.9	2.4
	r	0.1	0.1	0.1	0.1	0.2	0.2	0.25	0.4	0.4
	l	2~16	2.5~20	3~25	4~30	5~40	6~50	8~60	10~80	12~80
	全螺纹时最大长度	30	30	30	30	40	40	40	40	40
GB/T 68—2016	d_k	3	3.8	4.7	5.5	8.4	9.3	11.3	15.8	18.3
	k	1	1.2	1.5	1.65	2.7	2.7	3.3	4.65	5
	t	0.32	0.4	0.5	0.6	1	1.1	1.2	1.8	2
	r	0.4	0.5	0.6	0.8	1	1.1	1.2	1.8	2
	l	2.5~16	3~20	4~25	5~30	6~40	8~50	8~60	10~80	12~80
	全螺纹时最大长度	30	30	30	30	45	45	45	45	45
n		0.4	0.5	0.6	0.8	1.2	1.2	1.6	2	2.5
b		25				38				
l 系列		2,2.5,3,4,5,6,8,10,12,(14),16,20,25,30,35,40,45,50,(55),60,(65),70,(75),80								

表 9-14　常用的一字槽紧定螺钉　　　　　　　　（单位：mm）

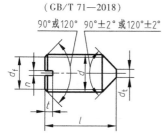
开槽锥端紧定螺钉
（GB/T 71—2018）

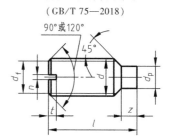
开槽平端紧定螺钉
（GB/T 73—2017）

开槽长圆柱端紧定螺钉
（GB/T 75—2018）

图中的 $d_f \approx$ 螺纹小径

标记示例：

　螺钉　GB/T 71　M5×12

　螺纹规格 d=M5、公称长度 l=12mm、性能等级为 14H、表面氧化的开槽锥端紧定螺钉

螺纹规格 d			M1.5	M1.6	M2	M2.5	M3	M4	M5	M6	M8	M10
n(公称)			0.2	0.25	0.25	0.4	0.4	0.6	0.8	1	1.2	1.6
t(min)			0.40	0.56	0.64	0.72	0.8	1.12	1.28	1.6	2	2.4
GB/T 71	d_t(max)		0.12	0.16	0.2	0.25	0.3	0.4	0.5	1.5	2	2.5
	l 公称	短	2	2~2.5		2~3	2~3	2~4	2~5	2~6	2~8	2~10
		长	2~6	2~8	3~10	3~12	4~16	6~20	8~25	8~30	10~40	12~50
GB/T 73	d_p	max	0.6	0.8	1	1.5	2	2.5	3.5	4	5.5	7
		min	0.35	0.55	0.75	1.25	1.75	2.25	3.2	3.7	5.2	6.64
	l 公称	短	—	2	2~2.5	2~3	2~3	2~4	2~5	2~6	2~6	2~8
		长	2~6	2~8	2~10	2.5~12	3~16	4~20	5~25	6~30	8~40	10~50
GB/T 75	d_p(max)		—	0.8	1	1.5	2	2.5	3.5	4	5.5	7
	z(min)		—	0.8	1	1.25	1.5	2	2.5	3	4	5
	l 公称	短	—	2	2~2.5	2~3	2~4	2~5	2~6	2~6	2~8	
		长	—	2.5~8	3~10	4~12	5~16	6~20	8~25	8~30	10~40	12~50

表 9-15　螺母　　　　　　　　（单位：mm）

　常用螺母分为三种类型：1 型六角螺母——A 级和 B 级（GB/T 6170—2015）、2 型六角螺母——A 级和 B 级（GB/T 6175—2016）和六角薄螺母——A 级和 B 级（GB/T 6172.1—2016）。

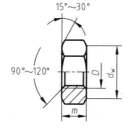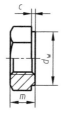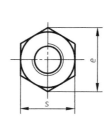

标记示例：

　螺母　GB/T 6170　M16

　螺纹规格 D=M16、性能等级为 8 级、不经表面处理、产品等级为 A 级的 1 型六角螺母

螺纹规格		M4	M5	M6	M8	M10	M12	M16	M20	M24	M30	M36
d_w(min)	GB/T 6170	5.9	6.9	8.9	11.6	14.6	16.6	22.5	27.7	33.2	42.7	51.1
	GB/T 6172.1										42.8	
	GB/T 6175									33.3		

（续）

螺纹规格		M4	M5	M6	M8	M10	M12	M16	M20	M24	M30	M36
$e(\text{min})$	GB/T 6170	7.66	8.79	11.05	14.38	17.77	20.03	26.75	32.95	39.55	50.85	60.79
	GB/T 6172.1											
	GB/T 6175	—										
$s(\text{max})$	GB/T 6170	7	8	10	13	16	18	24	30	36	46	55
	GB/T 6172.1											
	GB/T 6175	—										
$m(\text{max})$	GB/T 6170	3.2	4.7	5.2	6.8	8.4	10.8	14.8	18	21.5	25.6	31
	GB/T 6172.1	2.2	2.7	3.2	4	5	6	8	10	12	15	18
	GB/T 6175	—	5.1	5.7	7.5	9.3	12	16.4	20.3	23.9	28.6	34.7
$c(\text{max})$	GB/T 6170	0.4	0.5			0.6		0.8				
	GB/T 6175	—										

表 9-16　平垫圈　　　　　　　　　　　　　　（单位：mm）

平垫圈　C 级（GB/T 95—2002）
平垫圈　A 级（GB/T 97.1—2002）　　　　　平垫圈　倒角型　A 级（GB/T 97.2—2002）
小垫圈　A 级（GB/T 848—2002）

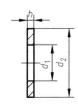
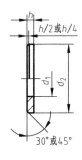

30°或45°

标记示例：

垫圈 GB/T 95　8

标准系列、公称规格 8mm、硬度为 100HV、不经表面处理、产品等级为 C 级的平垫圈

规格（螺纹大径）		4	5	6	8	10	12	16	20	24	30	36	42	48
内径 d_1 公称 (min)	GB/T 848—2002	4.3	5.3	6.4	8.4	10.5	13	17	21	25	31	37	—	—
	GB/T 97.1—2002												45	52
	GB/T 97.2—2002	—												
	GB/T 95—2002	4.5	5.5	6.6	8	11	13.5	17.5	22	26	33	39		
外径 d_2 公称 (max)	GB/T 848—2002	8	9	11	15	18	20	28	34	39	50	60	—	—
	GB/T 97.1—2002	9	10	12	16	20	24	30	37	44	56	66	78	92
	GB/T 97.2—2002	—												
	GB/T 95—2002	9												
厚度 h 公称 (max)	GB/T 848—2002	0.5	1	1.6			2	2.5	3	4		5	—	—
	GB/T 97.1—2002	0.8	1	1.6		2	2.5	3		4		5	8	
	GB/T 97.2—2002	—												
	GB/T 95—2002	0.8												

表 9-17　标准型弹簧垫圈（GB/T 93—1987）　　　　　　　　（单位：mm）

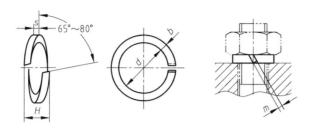

标记示例：

　　垫圈　GB/T 93　16

　　规格 $d=16$mm、材料为 65Mn、表面氧化的标准弹簧垫圈

规格（螺纹大径）		3	4	5	6	8	10	12	16	20	24	30	36
d	min	3.1	4.1	5.1	6.1	8.1	10.2	12.2	16.2	20.2	24.5	30.5	36.5
	max	3.4	4.4	5.4	6.68	8.68	10.9	12.9	16.9	21.04	25.5	31.5	37.7
$s(b)$公称		0.8	1.1	1.3	1.6	2.1	2.6	3.1	4.1	5	6	7.5	9
H	min	1.6	2.2	2.6	3.2	4.2	5.2	6.2	8.2	10	12	15	18
	max	2	2.75	3.25	4	5.25	6.5	7.75	10.25	12.5	15	18.75	22.5
$m\leqslant$		0.4	0.55	0.65	0.8	1.05	1.3	1.55	2.05	2.5	3	3.75	4.5

9.2　齿轮表示法

　　齿轮传动在机器中应用十分广泛，常常用齿轮把一根轴上的动力传递给另一根轴，并能根据要求改变另一轴的转速和转向。

　　齿轮的种类很多，常见的齿轮传动形式可分为以下三类：

　　1）圆柱齿轮传动——用来传递两平行轴之间的运动，如图 9-25a 所示。

　　2）锥齿轮传动——用来传递两相交轴之间的运动，如图 9-25b 所示。

　　3）蜗轮蜗杆传动——用来传递两交叉轴之间的运动，如图 9-25c 所示。

　　常见的圆柱齿轮有直齿、斜齿和人字齿等。本节仅介绍标准直齿圆柱齿轮的基本知识及其规定画法。

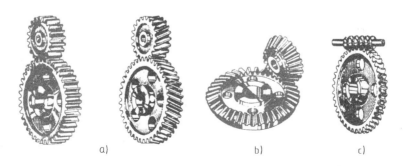

图 9-25　常见的齿轮传动形式

a）圆柱齿轮传动　b）锥齿轮传动　c）蜗轮蜗杆传动

9.2.1　直齿圆柱齿轮的几何要素和尺寸关系

1. 直齿圆柱齿轮的几何要素

直齿圆柱齿轮简称直齿轮。图 9-26 为单个直齿轮的端面投影图，图中给出了齿轮各部分的名称和代号。

（1）齿顶圆　通过轮齿顶部的圆柱面与齿轮端面的交线称为齿顶圆，其直径用 d_a 表示。

（2）齿根圆　通过轮齿根部的圆柱面与齿轮端面的交线称为齿根圆，其直径用 d_f 表示。

（3）分度圆　当标准齿轮的齿厚与齿间相等时所在位置的圆称为齿轮的分度圆，其直径用 d 表示。

（4）齿高　分度圆将轮齿分为两个不相等的部分，从分度圆到齿顶圆的径向距离称为齿顶高，用 h_a 表示；从分度圆到齿根圆的

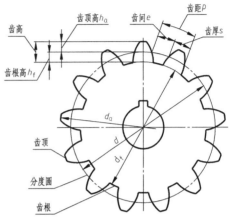

图 9-26　齿轮的几何要素

径向距离称为齿根高，用 h_f 表示。齿顶高与齿根高之和称为齿高，用 h 表示，即 $h = h_a + h_f$。

（5）齿厚　每个轮齿在分度圆上的弧长称为分度圆齿厚，用 s 表示。

（6）齿间　在端平面上，一个齿槽的两侧齿廓之间的分度圆上的弧长，又称端面齿间，用 e 表示。

（7）齿距　分度圆上相邻两齿的对应点之间的弧长称为齿距，用 p 表示，即 $p = s + e$。

（8）齿形角　在一般情况下，两个相啮合的轮齿齿廓在接触点处的公法线与两分度圆的公切线所夹的锐角称为齿形角，以 α 表示。我国标准齿轮的齿形角 α 一般为 20°。通常所称的齿形角为分度圆齿形角。

（9）模数　如果齿轮的齿数为 z，则分度圆的周长 $\pi d = zp$，即 $d = z\dfrac{p}{\pi}$，令 $m = \dfrac{p}{\pi}$，则 $d = zm$，式中 m 称为齿轮的模数，单位为 mm。

模数是设计、制造齿轮的一个重要参数。由于模数是齿距 p 和 π 的比值，因此 m 的值越大，齿距就越大，齿轮的承载能力就越大；模数越小，齿距就越小，齿轮的承载能力就越小。国家标准中规定了齿轮模数的标准值，见表 9-18。

一对正确啮合的齿轮，其齿形角和模数必须相等。

表 9-18　圆柱齿轮的模数（GB/T 1357—2008）　　　　　　（单位：mm）

第一系列	1　1.25　1.5　2　2.5　3　4　5　6　8　10　12　16　20　25　32　40　50
第二系列	1.125　1.375　1.75　2.25　2.75　3.5　4.5　5.5　(6.5)　7　9　11　14　18　22　28　36　45

注：在选用模数时，应优先采用第一系列，其次是第二系列，括号内的模数尽可能不用。

2. 尺寸关系

在设计齿轮时要先确定模数和齿数，其他各部分尺寸都由模数和齿数计算出来。标准直

齿圆柱齿轮各基本尺寸的计算公式见表9-19。

表9-19　标准直齿圆柱齿轮的计算公式及举例

名　　称	代　　号	计算公式	举例(已知 $m=2\mathrm{mm}$, $z=29$)
齿顶高	h_a	$h_a = m$	$h_a = 2\mathrm{mm}$
齿根高	h_f	$h_f = 1.25m$	$h_f = 2.5\mathrm{mm}$
齿高	h	$h = h_a + h_f = 2.25m$	$h = 4.5\mathrm{mm}$
分度圆直径	d	$d = zm$	$d = 58\mathrm{mm}$
齿顶圆直径	d_a	$d_a = (z+2)m$	$d_a = 62\mathrm{mm}$
齿根圆直径	d_f	$d_f = (z-2.5)m$	$d_f = 53\mathrm{mm}$

9.2.2　直齿圆柱齿轮的规定画法

1. 单个圆柱齿轮的画法

齿轮的轮齿是在齿轮机床上用齿轮刀具加工出来的，一般不需画出它的真实投影。表示齿轮一般用两个视图，或者用一个视图和一个局部视图。国标对齿轮轮齿部分的规定画法主要有：

1）齿顶圆和齿顶线用粗实线表示；分度圆和分度线用细点画线表示；齿根圆和齿根线用细实线表示，也可以省略不画，如图9-27a所示。

2）在剖视图中，当剖切平面通过齿轮的轴线时，轮齿一律按不剖处理，即轮齿上不画剖面线。在剖视图中齿根线用粗实线表示，如图9-27b所示。

3）齿轮的其他结构按投影画出。

4）对于斜齿轮或人字齿轮应画成半剖视图或局部剖视图，在外形上画三条与齿线方向一致的细实线，如图9-27c所示。

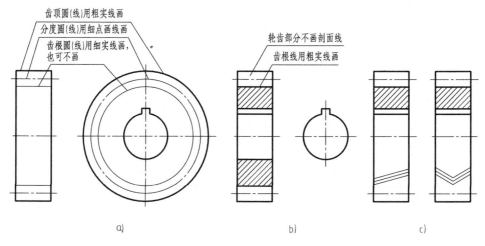

图9-27　单个圆柱齿轮的画法

a）外形视图　b）剖视　c）斜齿轮与人字齿轮

图 9-28 所示为直齿圆柱齿轮的图样格式，除具有一般零件图的内容外，齿顶圆直径、分度圆直径等必须直接注出，齿根圆直径不注。参数表一般放在图样的右上角，参数表中的参数项目包括齿轮的模数、齿数和齿形角等，可根据需要进行增减。

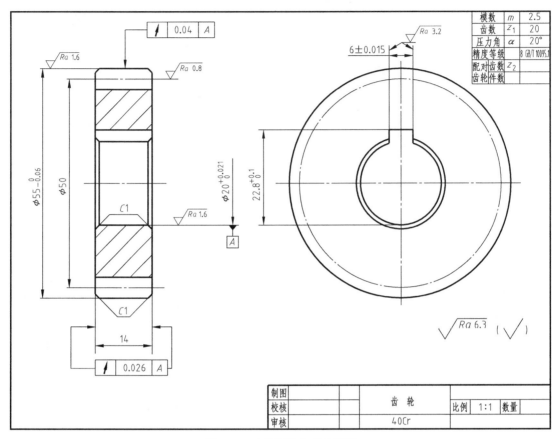

模 数	m	2.5
齿 数	z_1	20
压力角	α	20°
精度等级		8 GB/T 10095.1
配对齿数	z_2	
齿轮件数		

制图		齿　轮		
校核			比例	1:1　数量
审核		40Cr		

图 9-28　直齿圆柱齿轮的图样

2. 圆柱齿轮的啮合画法

两标准齿轮相互啮合时，它们的分度圆处于相切位置，此时分度圆又称节圆。齿轮啮合部分的规定画法如下：

1）在垂直于圆柱齿轮轴线的投影面的视图中，两齿轮节圆相切，用细点画线绘制；两轮的齿顶圆均用粗实线绘制或将齿顶圆在啮合区内的两段圆弧省略不画；齿根圆用细实线绘制或省略不画，如图 9-29 所示。

2）在平行于圆柱齿轮轴线的投影面的外形视图中，啮合区内的齿顶线和齿根线不需画出，两齿轮的节线重合为一条线，用粗实线绘制，但其他非啮合区内的节线仍用细点画线绘制，齿根线省略不画，如图 9-29a 所示。

3）在通过轴线的剖视图中，在啮合区内，两节线重合为一条线，用细点画线绘制；将一个齿轮（常为主动轮）的齿顶线用粗实线绘制，另一个齿轮的齿顶线被遮挡，用虚线绘制，或虚线省略不画；两齿轮的齿根线均画成粗实线，如图 9-29b 与图 9-30 所示。

4）在剖视图中，当剖切平面通过两啮合齿轮的轴线时，轮齿一律按不剖处理。

必须注意，一个齿轮的齿顶与另一个齿轮的齿根之间应有 $0.25m$ 的间隙。

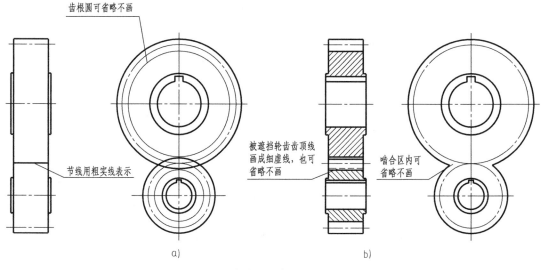

图 9-29　直齿圆柱齿轮的啮合画法

a）视图　b）剖视

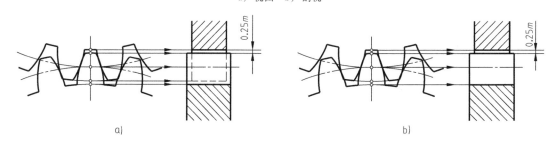

图 9-30　轮齿啮合区的画法

a）被遮挡轮齿齿顶线画虚线　b）被遮挡轮齿部分省略不画

9.2.3　齿条画法

　　齿条画法与圆柱齿轮画法类似，如需表明齿形，可在图形中用粗实线画出一个或两个齿。当需要表示齿线特征时，可用与齿线方向一致的三条细实线表示，直齿则不需表示。如需要注出齿条的长度时，可在画出齿形的图中注出，并在另一视图中用粗实线画出其范围线。齿条画法如图 9-31 所示。

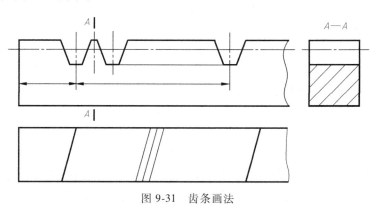

图 9-31　齿条画法

9.3　键表示法

键是标准件，用来连接轴与安装在轴上的带轮、齿轮和链轮等，起着传递扭矩的作用，如图 9-32 所示。

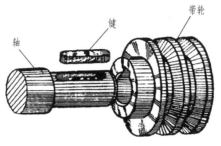

图 9-32　键连接

键连接
仿真

9.3.1　键的结构型式及标记

常用的键有普通平键、半圆键和钩头楔键。

在机械设计中，键要根据轴径大小按标准选取，并且要正确标记。

键的完整标记通式为：

| 标准编号 | 名称 | 类型与规格尺寸 |

常用键的结构及标记示例见表 9-20。

表 9-20　常用键的结构及其标记示例

名　　称	结构型式及规格尺寸		标记示例
普通平键 GB/T 1096—2003	普通 A 型平键		GB/T 1096 键 $b×h×l$ 宽度 $b=5$mm、高度 $h=5$mm、长度 $l=20$mm 的普通 A 型平键标记为： GB/T 1096 键 5×5×20
	普通 B 型平键		GB/T 1096 键 B $b×h×l$ 宽度 $b=5$mm、高度 $h=5$mm、长度 $l=20$mm 的普通 B 型平键标记为： GB/T 1096 键 B 5×5×20
	普通 C 型平键		GB/T 1096 键 C $b×h×l$ 宽度 $b=5$mm、高度 $h=5$mm、长度 $l=20$mm 的普通 C 型平键标记为： GB/T 1096 键 C 5×5×20

（续）

名　　　称	结构型式及规格尺寸	标记示例
半圆键 GB/T 1099.1—2003	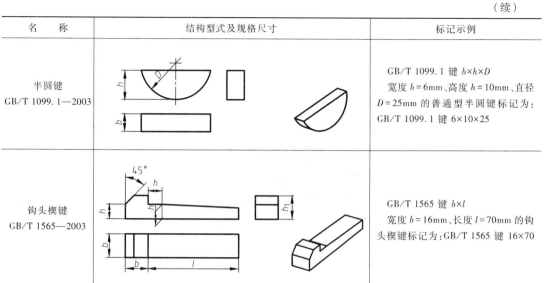	GB/T 1099.1 键 $b×h×D$ 宽度 $b=6$mm、高度 $h=10$mm、直径 $D=25$mm 的普通型半圆键标记为： GB/T 1099.1 键 $6×10×25$
钩头楔键 GB/T 1565—2003		GB/T 1565 键 $b×l$ 宽度 $b=16$mm、长度 $l=70$mm 的钩头楔键标记为：GB/T 1565 键 $16×70$

注：表内图中省略了倒角。

9.3.2　键的画法及标注

1. 普通平键

普通平键和键槽的尺寸可根据轴径 d 在表 9-21 及表 9-22 中查取，键长（键槽长）可根据轮毂宽在键长标准系列中选用。轴、轮毂上键槽的画法及有关尺寸如图 9-33 所示。普通平键的两个侧面是工作面，在装配图中纵向剖切时键与键槽侧面、键与键槽底面之间应不留间隙，只画一条线；键与轮毂的键槽顶面之间应留有间隙，要画两条线。在反映键长的剖视图中，键按不剖处理，将轴作局部剖，其装配图画法如图 9-34 所示。

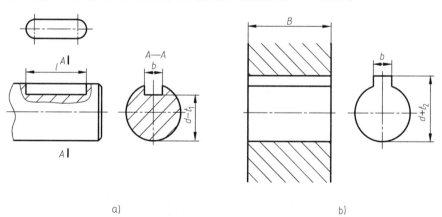

图 9-33　普通平键键槽的画法及尺寸标注

a）轴上键槽的尺寸注法　b）轮毂上键槽的尺寸注法

2. 半圆键

半圆键与普通平键连接的作用原理相似，半圆键常用在载荷不大的传动轴上，轴、轮毂上半圆键槽的画法及有关尺寸如图 9-35a 所示，装配图画法如图 9-35b 所示。

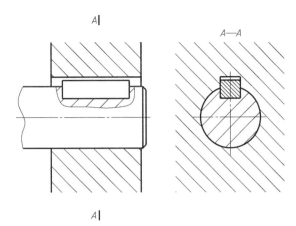

图 9-34　普通平键的装配图画法

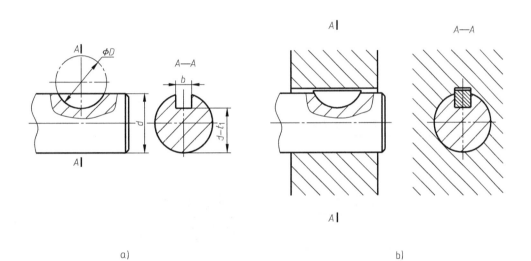

a)　　　　　　　　　　　　　　　　　　　　　　　　　　　　　　　b)

图 9-35　半圆键的画法

a) 半圆键键槽的尺寸标注　b) 半圆键的装配图画法

表 9-21　普通平键的尺寸与公差（摘自 GB/T 1096—2003）　　　　（单位：mm）

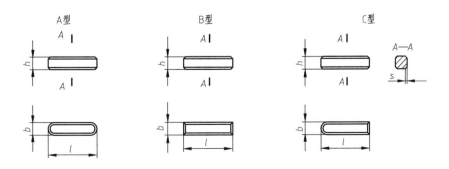

（续）

公称直径 d	键的基本尺寸 b×h					倒角或倒圆 s	长度 l		
	宽度 b		高度 h				标准长度范围	基本尺寸	极限偏差 h14
	基本尺寸	极限偏差（h8）	基本尺寸	极限偏差 矩形（h11）	极限偏差 方形（h8）				
自6~8	2	0 -0.014	2	—	0 -0.014	0.16~0.25	6~20	6~10	0 -0.36
>8~10	3		3				6~36		
>10~12	4	0 -0.018	4	—	0 -0.018	0.25~0.40	8~45	12~18	0 -0.43
>12~17	5		5				10~56		
>17~22	6		6				14~70	20~28	0 -0.52
>22~30	8	0 -0.022	7	0 -0.090	—	0.40~0.60	18~90		
>30~38	10		8				22~110	32~50	0 -0.62
>38~44	12		8				28~140		
>44~50	14	0 -0.027	9		—		36~160	56~80	0 -0.74
>50~58	16		10				45~180		
>58~65	18		11			0.60~0.80	50~200	90~110	0 -0.87
>65~75	20	0 -0.033	12				56~220		
>75~85	22		14	0 -0.110	—		63~250	125~180	0 -1.0
>85~95	25		14				70~280		
>95~110	28		16				80~320	200~250	0 -1.15

表 9-22 普通平键键槽的尺寸与公差（摘自 GB/T 1095—2003） （单位：mm）

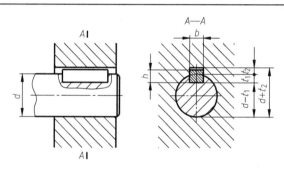

键尺寸 b×h	槽宽 b						深度				半径 r	
	基本尺寸 b	极限偏差					轴 t_1		毂 t_2			
		正常连接		松连接		紧密连接	基本尺寸	极限偏差	基本尺寸	极限偏差	min	max
		轴 N9	毂 JS9	轴 H9	毂 D10	轴和毂 P9						
2×2	2	-0.004 -0.029	±0.0125	+0.025 0	+0.060 +0.020	-0.006 -0.031	1.2	+0.1 0	1	+0.10 0	0.08	0.16
3×3	3		±0.0125				1.8		1.4		0.08	0.16
4×4	4	0 -0.030	±0.015	+0.030 0	+0.078 +0.030	-0.012 -0.042	2.5		1.8		0.08	0.16
5×5	5		±0.015				3.0		2.3		0.16	0.25
6×6	6						3.5		2.8		0.16	0.25
8×7	8	0 -0.036	±0.018	+0.036 0	+0.098 +0.040	-0.015 -0.051	4.0		3.3		0.16	0.25
10×8	10		±0.018				5.0		3.3		0.16	0.25
12×8	12	0 -0.043	±0.0215	+0.043 0	+0.120 +0.050	-0.018 -0.061	5.0	+0.2 0	3.3	+0.2 0	0.25	0.40
14×9	14		±0.0215				5.5		3.8		0.25	0.40
16×10	16						6.0		4.3		0.25	0.40
18×11	18						7.0		4.4		0.25	0.40

9.4　销表示法

9.4.1　销的结构型式及标记

销是标准件，常用的有圆柱销、圆锥销和开口销。其中圆柱销和圆锥销主要用于连接或固定零件，或在装配时起定位作用；开口销用来防止螺母的松动或固定其他零件。

销也属紧固件，标记内容包括名称、标准编号、型式与尺寸等。销的三种基本结构型式及其标记示例见表 9-23。

表 9-23　销的基本结构型式及其标记示例

名称	结构型式及规格尺寸	标记示例
圆柱销 GB/T 119.1—2000 GB/T 119.2—2000	≈15°　c　c　l　d	销　GB/T 119.2　6×30 表示： 公称直径 $d = 6$mm、公差为 m6、公称长度 $l = 30$mm 的圆柱销
圆锥销 GB/T 117—2000	d　a　a　l	销　GB/T 117　6×24 表示： 公称直径 $d = 6$mm、公称长度 $l = 24$mm 的圆锥销
开口销 GB/T 91—2000	b　l　a　c　d	销　GB/T 91　5×28 表示： 公称直径 $d = 5$mm、公称长度 $l = 28$mm 的开口销

9.4.2　销连接的装配画法

在装配图中，当剖切平面通过销的轴线时，销按不剖绘制。

用圆柱销和圆锥销连接或固定的两个零件上的销孔是在装配时一起加工的，在零件图上应注写"装配时配作"或"与××件配"，如图 9-36 所示。圆锥销的尺寸应引出标注，其中圆锥销的公称直径是指小端直径。

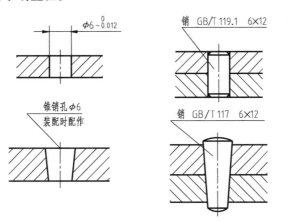

销连接
仿真

图 9-36　销孔的尺寸注法及圆柱销和圆锥销连接画法

圆柱销和圆锥销的尺寸可从表 9-24 和表 9-25 中查得。

表 9-24　圆柱销的尺寸（GB/T 119.1—2000）　　　　（单位：mm）

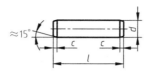

d(公称)	2	2.5	3	4	5	6	8	10	12	16
$c \approx$	0.35	0.40	0.50	0.63	0.80	1.2	1.6	2.0	2.5	3.0
l(商品规格范围)	6~20	6~24	8~30	8~40	10~50	12~60	16~80	18~95	22~120	26~180
l系列	6,8,10,12,14,16,18,20,22,24,26,28,30,32,35,40,45,50,55,60,65,70,75,80,85,90,95,100,120,180									

表 9-25　圆锥销的尺寸（GB/T 117—2000）　　　　（单位：mm）

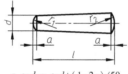

$r_1 \approx d ; r_2 \approx d+(1-2a)/50$

d(公称)	2	2.5	3	4	5	6	8	10	12	16
$a \approx$	0.25	0.30	0.40	0.50	0.63	0.80	1.0	1.2	1.6	2.0
l(商品规格范围)	10~35	10~35	12~45	14~55	18~60	22~90	22~120	26~160	32~180	40~200
l系列	10,12,14,16,18,20,22,24,26,28,30,32,35,40,45,50,55,60,65,70,75,80,85,90,95,100,120,180,200									

销连接的装配画法如图 9-37 所示。

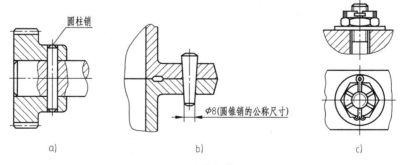

a)　　　　　　　　　b)　　　　　　　　　c)

图 9-37　销连接的装配画法
a）圆柱销　b）圆锥销　c）开口销

9.5　弹簧表示法

弹簧是一种常用件，主要用于减振、储能和测力等。弹簧的种类很多，因用途及材料断面形状的不同，有压缩弹簧、拉伸弹簧、扭转弹簧和涡卷弹簧等，如图 9-38 所示。本节仅介绍圆柱螺旋压缩弹簧的各部分名称和画法。

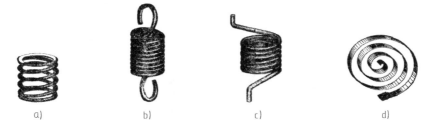

图 9-38　弹簧种类

a）压缩弹簧　b）拉伸弹簧　c）扭转弹簧　d）涡卷弹簧

9.5.1　圆柱螺旋压缩弹簧的参数及尺寸关系

如图 9-39 所示，圆柱螺旋压缩弹簧的参数及尺寸关系如下：

1）材料直径 d：制造弹簧的钢丝直径，按标准选取。

2）弹簧中径 D：表示弹簧外径和内径的平均值，按标准选取。

3）弹簧外径 D_2：弹簧的最大直径，$D_2 = D+d$。

4）弹簧内径 D_1：弹簧的最小直径，$D_1 = D-d$。

5）支承圈数 n_2：为了使压缩弹簧的端面与轴线垂直，工作时受力均匀，在制造弹簧时将两端几圈并紧、磨平，工作时并紧和磨平部分基本上不产生弹力，而起支承或固定作用，两端支承部分加在一起的圈数称为支承圈数。

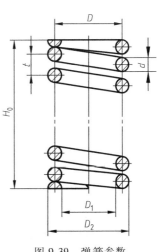

图 9-39　弹簧参数

6）有效圈数 n：除支承圈外，中间保持节距相等，产生弹力的圈称为有效圈，这部分圈数称为有效圈数。有效圈数是计算弹簧刚度时的圈数。

7）总圈数 n_1：有效圈数与支承圈数之和称为总圈数，$n_1 = n+n_2$。

8）节距 t：相邻两有效圈截面中心线的轴向距离。

9）自由高度 H_0：弹簧在不受外力时的高度，$H_0 = nt+(n_2-0.5)d$。

10）展开长度 L：制造弹簧时坯料的长度。

11）旋向：弹簧的旋向与螺纹的旋向一样，也有左旋与右旋之分。

9.5.2　圆柱螺旋压缩弹簧的规定画法

1. 单个弹簧的画法

单个弹簧可用视图、剖视图或示意画法表示，如图 9-40 所示。

圆柱螺旋压缩弹簧的规定画法主要有：

1）螺旋弹簧在平行于轴线投影面的视图中，弹簧各圈的轮廓规定画成直线代替螺旋线。

2）有效圈数在 4 圈以上的螺旋弹簧，中间部分可以省略，允许适当缩短图形的长度，

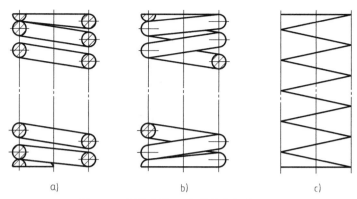

图 9-40　圆柱螺旋压缩弹簧的规定画法

a）剖视图　b）视图　c）示意画法

但标注尺寸时应按实际长度标出。

3）螺旋压缩弹簧均可画成右旋，但必须保证的旋向要求应在"技术要求"中注明。

4）由于弹簧的画法实际上只起一个符号作用，因而螺旋压缩弹簧要求两端并紧和磨平时，不论支承圈数多少，均可按图 9-41 所示的画法，即 $n_2 = 2.5$ 的形式来画，支承圈数在技术条件中另加说明。

2. 圆柱螺旋压缩弹簧的作图步骤

已知弹簧的中径 D、材料直径 d、节距 t、有效圈数 n 和支承圈数 n_2，先计算出自由高度 H_0，具体作图步骤如图 9-41 所示。

1）根据自由高度 H_0 和弹簧中径 D，画矩形 $ABCD$，如图 9-41a 所示。

2）根据材料直径 d 画出支承圈部分，如图 9-41b 所示。

3）画出有效圈部分。根据节距 t 依次在 1、2、3、4、5 各点画出截面圆，如图 9-41c 所示。

4）按右旋作出相应圆的切线，画出剖面线，加深，完成全图，如图 9-41d 所示。

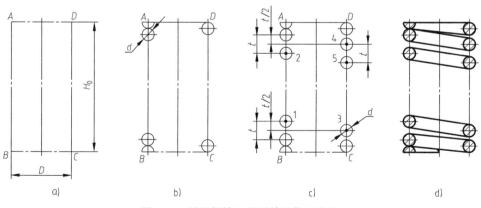

图 9-41　圆柱螺旋压缩弹簧的作图步骤

3. 圆柱螺旋压缩弹簧的零件图

弹簧图样格式如图 9-42 所示，具体规范说明如下：

1）弹簧的参数应直接标注在图形上，若直接标注有困难，可以在技术要求中说明。

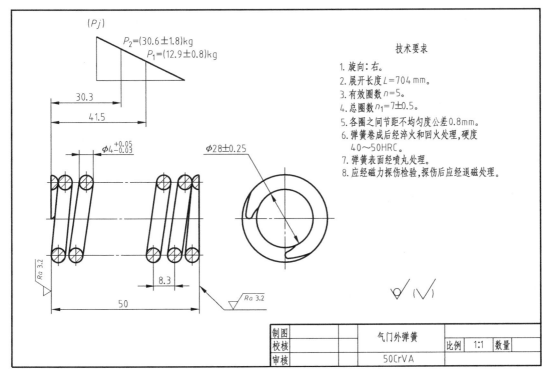

图 9-42 弹簧图样

2) 一般采用图解方式表示弹簧的力学性能要求,对于圆柱螺旋弹簧的力学性能曲线简化成直线,画在主视图上方。

3) 某些只要求给出刚度要求的弹簧,允许不画力学性能图,而在"技术要求"中说明其刚度要求。

4. 装配图中弹簧的画法

1) 被弹簧挡住的结构一般不画出,可见部分应从弹簧的外轮廓线或从弹簧钢丝断面的中心线画起,如图 9-43a 所示。

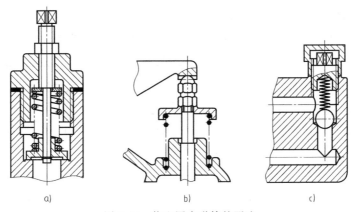

图 9-43 装配图中弹簧的画法

a) 弹簧后结构不画 b) 簧丝直径≤2mm 时断面涂黑 c) 簧丝直径≤2mm 时示意画法

2）当被剖切时，弹簧钢丝断面直径在图形上等于或小于 2mm 时，其断面可以涂黑，而且不画各圈的轮廓线，如图 9-43b 所示。

3）弹簧材料直径在图形上等于或小于 2mm 时，允许采用示意画法，如图 9-43c 所示。

9.6　滚动轴承表示法

滚动轴承是支承轴旋转及承受轴上载荷的标准部件，具有结构紧凑、摩擦阻力小和拆卸方便等优点，因此在机器中被广泛应用。

9.6.1　滚动轴承的构造与种类

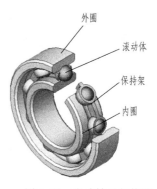

图 9-44　滚动轴承的构造

滚动轴承的种类很多，但其构造大致相同，一般由外圈、内圈、滚动体和保持架四部分组成，如图 9-44 所示。按滚动体形状可分为球轴承、圆柱滚子轴承、滚针轴承和圆锥滚子轴承等。根据滚动体直径与轴承外径之比以及轴承内、外直径与宽度之比，可分为轻型、中型和重型。按受力方向不同又可分为向心轴承（承受径向力）、推力轴承（承受轴向力）和向心推力轴承（同时承受径向力和轴向力）。

安装时，滚动轴承的外圈装在机座的孔内，固定不动，内圈套在轴上与轴产生过盈配合，随轴一起转动。

9.6.2　滚动轴承的代号与标记

滚动轴承的代号由基本代号、前置代号和后置代号构成，其排列顺序如下：

$$\boxed{前置代号}\ \boxed{基本代号}\ \boxed{后置代号}$$

1. 基本代号

基本代号表示轴承的基本类型、结构和尺寸，是轴承代号的基础，它由轴承类型代号、尺寸系列代号、内径代号构成。

（1）轴承类型代号　由阿拉伯数字或大写拉丁字母表示，见表 9-26。

表 9-26　轴承类型代号

代号	轴承类型	代号	轴承类型	代号	轴承类型
0	双列角接触球轴承	5	推力球轴承	NN	双列与多列圆柱滚子轴承
1	调心球轴承	6	深沟球轴承	U	外球面轴承
2	推力调心滚子轴承	7	角接触球轴承	QJ	四点接触球轴承
3	圆锥滚子轴承	8	推力圆柱滚子轴承	—	—
4	双列深沟球轴承	N	向心单列圆柱滚子轴承	—	—

（2）尺寸系列代号　由轴承的宽（高）度系列代号（一位数字）和直径系列代号（一位数字）组合而成，反映了同种轴承在内圈直径相同时，内外圈的宽度、厚度的不同及滚动体大小的不同。向心轴承和推力轴承尺寸系列代号见表 9-27。

尺寸系列代号有时可以省略，除圆锥滚子轴承外，其余各类轴承宽度系列代号 "0" 均可以省略；双列深沟球轴承的宽度系列代号"2"可以省略；深沟球轴承和角接触球轴承的10尺寸系列代号中的"1"可以省略。

表 9-27　向心轴承和推力轴承尺寸系列代号

直径系列代号	向心轴承								推力轴承			
	宽度系列代号								高度系列代号			
	8	0	1	2	3	4	5	6	7	9	1	2
	尺寸系列代号											
7	—	—	17	—	37	—	—	—	—	—	—	—
8	—	08	18	28	38	48	58	68	78	—	—	—
9	—	09	19	29	39	49	59	69	79	—	—	—
0	—	00	10	20	30	40	50	60	70	90	10	—
1	—	01	11	21	31	41	51	61	71	91	11	—
2	82	02	12	22	32	42	52	62	72	92	12	22
3	83	03	13	23	33	—	—	—	73	93	13	23
4	—	04	—	24	—	—	—	—	74	94	14	24
5	—	—	—	—	—	—	—	—	—	95	—	—

（3）内径代号　表示滚动轴承内圈孔径，用两位阿拉伯数字表示。内圈孔径为轴承公称内径，以其与轴产生配合，是轴承的一个重要参数。滚动轴承内径代号见表 9-28。

表 9-28　滚动轴承内径代号

轴承公称内径/mm		内 径 代 号
0.6～10（非整数）		在尺寸系列代号后加"/"直接表示公称内径（单位为 mm）
1～9（整数）		对深沟及角接触球轴承 7、8、9 直径系列，在尺寸系列代号后加"/"直接表示公称内径（单位为 mm）
10～17	10	00
	12	01
	15	02
	17	03
20～480（22、28、32 除外）		公称内径除以 5 的商数，商数只有一位数时，需在商数前加"0"
≥500 以及 22、28、32		用公称内径（单位为 m）直接表示，在其与尺寸系列代号之间用"/"分开

2. 前置、后置代号

前置、后置代号是轴承在结构形状、尺寸、公差、技术要求有改变时，在其基本代号左、右添加的补充代号，其编制规则及代号含义可查阅有关标准。在一般情况下，滚动轴承的代号仅用基本代号表示。

3. 标记示例

轴承　61802　GB/T 276—2013

表示深沟球轴承，尺寸系列代号为 18（前位"1"为宽度系列代号，后位"8"为直径系列代号），轴承内径 $d=15$mm。

轴承   51208   GB/T 301—2015

表示推力球轴承，尺寸系列代号为 12，轴承内径 $d=8\times5$mm$=40$mm。

9.6.3　滚动轴承的画法

滚动轴承是标准件，不必单独画出各组成部分的零件图，仅在装配图中表达其与相关零件的装配关系。国家标准规定了滚动轴承可以用通用画法、特征画法或规定画法来表示。采用通用画法或特征画法绘制滚动轴承时，在同一张图样中一般只采用其中一种画法。

1. 通用画法

在剖视图中，当不需要确切地表示滚动轴承的外形轮廓、载荷特性和结构特征时，可用矩形线框及位于线框中央正立的十字形符号表示。通用画法一般应绘制在轴的两侧。十字符号不应与线框相接触（矩形线框与十字符号均用粗实线绘制）。若需要表示滚动轴承内外圈有无挡边时，可在十字符号上加以短粗线表示内圈或外圈挡边的方向，如图 9-45 所示。

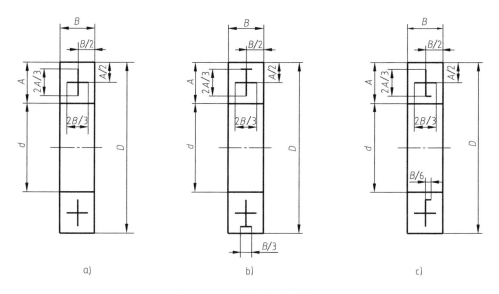

图 9-45　滚动轴承的通用画法

a）无确切表示　b）外圈无挡边　c）内圈右侧无挡边

2. 特征画法

在矩形线框中，用粗实线画出表示滚动轴承结构特征和载荷特性的要素符号，见表 9-29。特征画法应绘制在轴的两侧。

3. 规定画法

当需要确切地表示出滚动轴承的结构特征时，可在轴的一侧采用规定画法画出其剖视图，此时，在轴承的滚动体上不画剖面线，而内外圈的剖面线应画成同方向、同间隔，在轴的另一侧采用通用画法表示，见表 9-29。

表 9-29　常用滚动轴承的规定画法和特征画法

轴承名称	结构型式	规定画法	特征画法	应用
深沟球轴承 GB/T 276—2013				主要承受径 向力
圆锥滚子轴承 GB/T 297—2015				可同时承受 径向力和轴 向力
推力球轴承 GB/T 301—2015				承受单方向 的轴向力

深沟球轴承尺寸见表 9-30。

表 9-30　深沟球轴承尺寸（GB/T 276—2013）

轴承代号	尺寸/mm			轴承代号	尺寸/mm		
	d	D	B		d	D	B
10 系列				03 窄系列			
606	6	17	6				
607	7	19	6	634	4	16	5
608	8	22	7	635	5	19	6
609	9	24	7	6300	10	35	11
6000	10	26	8	6301	12	37	12
6001	12	28	8	6302	15	42	13
6002	15	32	9	6303	17	47	14
6003	17	35	10	6304	20	52	15
6004	20	42	12	6305	25	62	17
6005	25	47	12	6306	30	72	19
6006	30	55	13	6307	35	80	21
6007	35	62	14	6308	40	90	23
6008	40	68	15	6309	45	100	25
6009	45	75	16	6310	50	110	27
6010	50	80	16	6311	55	120	29
6011	55	90	18	6312	60	130	31
6012	60	95	18				
02 系列				04 系列			
623	3	10	4				
624	4	13	5				
625	5	16	5	6403	17	62	17
626	6	19	6	6404	20	72	19
627	7	22	7	6405	25	80	21
628	8	24	8	6406	30	90	23
629	9	26	8	6407	35	100	25
6200	10	30	9	6408	40	110	27
6201	12	32	10	6409	45	120	29
6202	15	35	11	6410	50	130	31
6203	17	40	12	6411	55	140	33
6204	20	47	14	6412	60	150	35
6205	25	52	15	6413	65	160	37
6206	30	62	16	6414	70	180	42
6207	35	72	17	6415	75	190	45
6208	40	80	18	6416	80	200	48
6209	45	85	19	6417	85	210	52
6210	50	90	20	6418	90	225	54
6211	55	100	21	6419	95	240	55
6212	60	110	22				

第10章　焊接和钢铁零件热处理表示法

10.1　焊接图表示法

焊接是通过加热或加压，或两者并用，并且用（或不用）填充金属，使焊件间达到原子结合的一种加工方法。焊接是一种不可拆卸的连接，在造船、机械、化工、建筑等应用板材、型材较多的行业应用较广泛。

工件在焊接时，常用的焊接方法有电弧焊、气焊等。电弧焊是利用电弧作为热源的熔焊方法。焊条电弧焊是工业生产中应用最广泛的焊接方法，它的原理是利用电弧放电（俗称电弧燃烧）所产生的热量将焊条与工件互相熔化，并在冷凝后形成焊缝，从而获得牢固接头的焊接过程。气焊是利用可燃气体与助燃气体混合燃烧生成的火焰为热源，熔化焊件和焊接材料使之达到原子间结合的一种焊接方法。

焊接图是图示焊接加工要求的一种图样，它应将焊接件的结构、与焊接的有关内容表达清楚。GB/T 12212—2012 制定了焊缝在图样上画法的一般要求和焊缝符号的尺寸、比例及简化表示法，适用于技术图样和有关技术文件。如果需要在图样中简易地绘制焊缝，可用视图、剖视图和剖面图表示，也可用轴测图示意表示，如图 10-1 所示。通常还应同时标注焊缝符号。

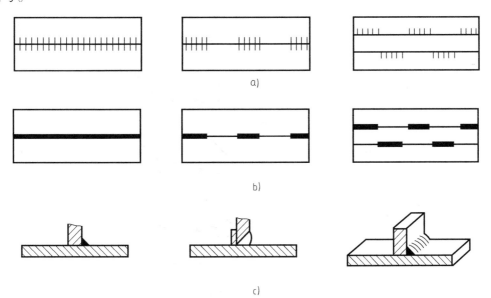

图 10-1　焊缝的画法

a）用一组细实线表示焊缝　b）用粗实线表示焊缝　c）轴测图中焊缝的表示法

常见的焊接接头有对接接头、搭接接头、角接头等，焊缝形式有 I 形焊缝、点焊缝、角焊缝等，如图 10-2 所示。

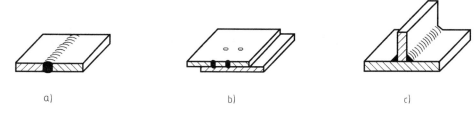

图 10-2　焊接接头和焊缝形式

a）对接接头，I 形焊缝　 b）搭接接头，点焊缝　 c）角接头，角焊缝

10.1.1　焊缝符号

　　国家标准 GB/T 324—2008 制定了焊缝符号的表示规则，适用于焊接接头的符号标注；在技术图样或文件上需要表示焊缝或接头时，推荐采用焊缝符号。焊缝符号一般由基本符号和指引线组成，必要时还可以加上补充符号和焊接尺寸符号及数据等。

　　这里只讲解焊缝符号，焊接尺寸符号和数据可以参看相关国家标准。

　　1. 基本符号

　　基本符号表示焊接横截面的基本形式或特征，采用近似于横截面形状的符号来表示。表 10-1 列出了一些常见的焊缝基本符号。基本符号采用细实线绘制（线宽约为 0.7d，d 为可见轮廓线的宽度）。

表 10-1　常见焊缝的基本符号

序号	焊缝名称	焊缝示意图	基本符号
1	I 形焊缝		‖
2	V 形焊缝		V
3	单边 V 形焊缝		V
4	U 形焊缝		Y
5	点焊缝		○
6	角焊缝		◺

2. 基本符号的组合

标注双面焊焊缝或接头时，基本符号可以组合使用，见表 10-2。

表 10-2　焊缝基本符号的组合符号

序号	焊缝名称	焊缝示意图	组合符号
1	双面 V 形焊缝（X 焊缝）		X
2	双面单 V 形焊缝（K 焊缝）		K
3	带钝边的双面 V 形焊缝		X
4	带钝边的双面单 V 形焊缝		K
5	双面 U 形焊缝		⋊

3. 补充符号

补充符号用来补充说明有关焊缝或接头的某些特征，如表面形状、衬垫、焊缝分布、施焊地点等。表 10-3 列出了几种常见的焊缝补充符号。

4. 指引线

指引线由箭头线（细实线）和基准线（细实线和虚线）组成，如图 10-3 所示。

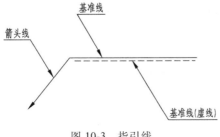

图 10-3　指引线

表 10-3　焊缝补充符号

序号	焊缝名称	焊缝示意图	基本符号	说　明
1	平面符号		─	焊缝表面通常经过加工后平整
2	凹面符号	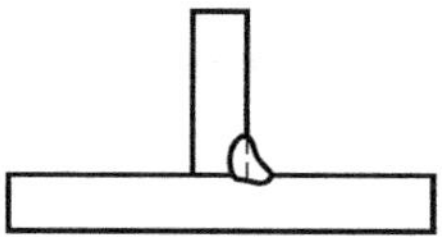	⌣	焊缝表面凹陷
3	凸面符号		⌢	焊缝表面凸起
4	三面焊缝符号	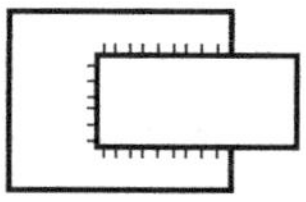	⊏	三面带有焊缝
5	周围焊缝符号	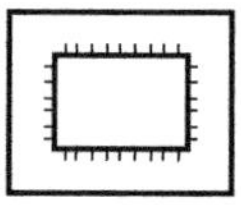	○	沿着工作表面周边施焊的焊缝,标注位置为基准线与箭头的交点处
6	现场焊缝符号	—	 ⚑	在现场焊接的焊缝

10.1.2　基本符号和指引线的位置规定

在焊缝符号中,基本符号和指引线为基本要素。焊缝的准确位置通常由基本符号和指引线之间的相对位置决定,具体位置包括:箭头线的位置、基准线的位置和基本符号的位置。

1. 箭头线和基准线的位置

箭头线中箭头直接指向的接头侧为"接头的箭头侧",与之相对的为"接头的非箭头侧",如图 10-4 所示。

基准线一般与图样的底边平行,必要时也可与底边垂直。实线和虚线的位置可根据需要互换。

2. 基本符号与基准线的相对位置

如图 10-5 所示,基本符号在实线侧时,表示焊缝在箭头侧;基本符号在虚线侧时,表示焊缝在非箭头侧。

对称焊缝允许省略虚线;在明确焊缝分布位置的情况下,有些双面焊缝也可以省略虚线,如图 10-6 所示。

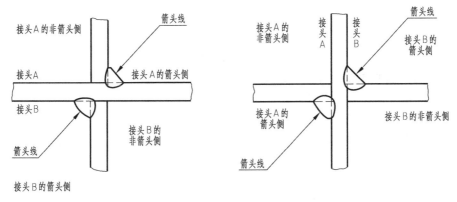

图 10-4　接头的"箭头侧"及"非箭头侧"示例

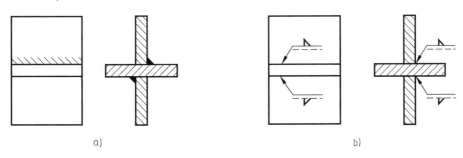

图 10-5　基本符号与基准线的相对位置标注示例

a）焊缝示意图　b）焊缝符号标注

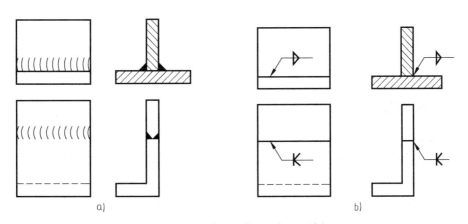

图 10-6　对称焊缝符号的标注示例

a）焊缝示意图　b）焊缝符号标注

10.1.3　焊接件图样举例

如图 10-7 所示，支架由 5 部分焊接而成。主视图中有 3 处焊缝：5 号件与 4 号件采用角焊缝并沿着 5 号件周边进行焊接；2 号件与 3 号件之间采用角焊缝现场焊接。A 向视图中焊缝符号表达 1 号件、4 号件与 2 号件之间的焊接方法，采用角焊缝三面进行焊接。在技术要求说明了焊接方法和加工方法。

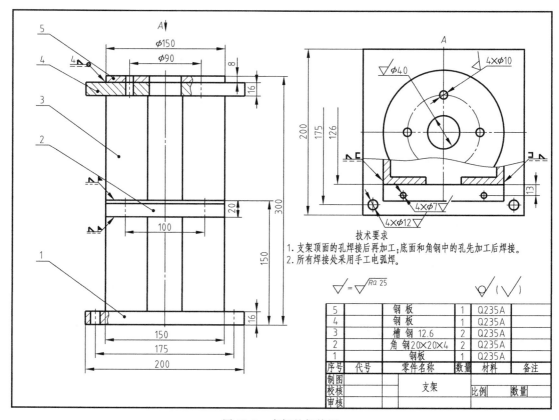

图 10-7　支架的焊接图

10.2　钢铁零件热处理表示法

10.2.1　金属材料热处理简介

　　热处理是机械零件和模具制造过程中的重要工序之一。大体来说，它可以保证和提高工件的各种性能，如耐磨、耐蚀等；还可以改善毛坯的组织和应力状态，以利于进行各种冷、热加工。

　　金属材料的热处理是将金属材料在固态下加热到预定的温度，保温一定的时间，然后以预定的方式冷却到室温的一种操作工艺。目的是改变金属的内部组织结构，获得所需的性能要求。

　　热处理工艺大体分为：整体热处理、表面热处理和化学热处理。

　　1）整体热处理是对工件整体加热，然后以适当的速度冷却，获得需要的组织结构，以改变其整体力学性能的金属热处理工艺。钢铁整体热处理大致有退火、正火、淬火和回火四种基本工艺。

　　2）表面热处理是只加热工件表层，以改变其表层力学性能的金属热处理工艺。为了只加热工件表层而不使过多的热量传入工件内部，使用的热源须具有高的能量密度，即在单位面积的工件上给予较大的热能，使工件表层或局部能短时或瞬时达到高温。表面热处理的主要方法有火焰淬火和感应淬火，常用的热源有氧乙炔或氧丙烷等火焰、感应电流、激光和电子束等。

3）化学热处理是通过改变工件表层化学成分、组织和性能的金属热处理工艺。化学热处理与表面热处理不同之处是，它改变了工件表层的化学成分。化学热处理是将工件放在含碳、氮或其他合金元素的介质（气体、液体、固体）中加热，保温较长时间，从而使工件表层渗入碳、氮、硼和铬等元素。渗入元素后，有时还要进行其他热处理工艺，如淬火及回火。化学热处理的主要方法有渗碳、渗氮、渗金属。

10.2.2　钢铁材料热处理的表示方法

国家标准 GB/T 24743—2009 制定了技术产品文件中钢铁零件热处理的表示方法，适用于黑色金属零件热处理方法在技术产品文件中的表示。

一般情况下，由于零件热处理后还需要进行加工（如磨削），所以在图样中标注时应考虑热处理和机械加工对零件的影响。碳氮共渗零件的覆盖层的硬度随厚度减小而减小，尤其是表面硬化、淬火硬化、熔合硬化和渗氮零件。因此，必须考虑热处理过程中需要的适当的加工余量。如果没有单独图样进行说明，应在相关图样中用合适的标注来说明热处理之前或随后的机械加工信息。例如，在图样中用一个附加表示或在 [ ] 括号内加入"先磨削"或"后磨削"之类的文字标注。

1. 零件整体的热处理

零件整体需要热处理时，对于统一要求的热处理条件应用文字来表示，并说明需要的条件。对于工件的不同区域有不同的热处理要求时，每个区域都应该分别标注各自的具体处理要求和范围，见表 10-4。

表 10-4　钢铁零件整体的热处理图示法示例

热处理要求		标 注 示 例	标 注 说 明
零件整体的热处理	统一要求	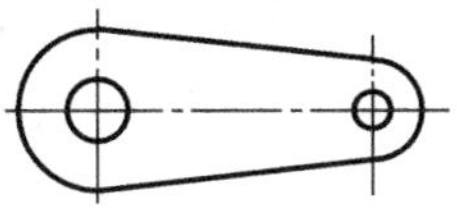 淬火硬化和回火 (350^{+50}_{0}) HBW 2.5/187.5	用文字表示热处理要求的条件和具体要求的数值
		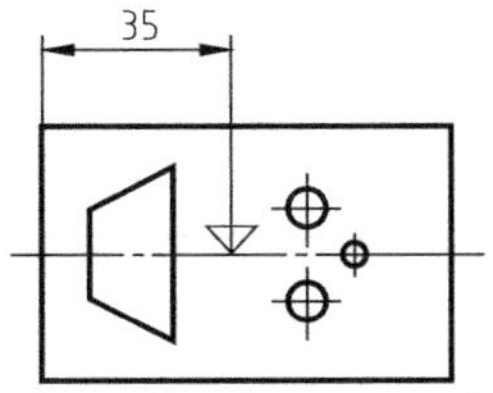 35 淬火硬化和回火(59^{+4}_{0})HRC	用文字表示热处理要求的条件和具体要求的数值，图中的"▽"表示测试点标记
	不同区域的要求	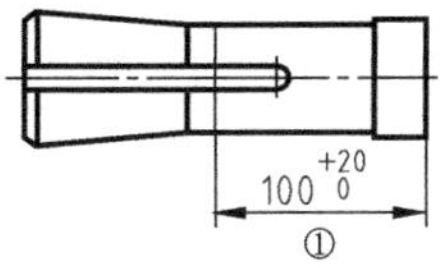 100^{+20}_{0} ① 淬火硬化和回火参照 HTO 进行热处理 (58^{+4}_{0})HRC ①(40^{+5}_{0})HRC	零件的个别区域有不同的硬度值要求时，不同区域的硬度值应标记，如有必要，用尺寸标记

（续）

热处理要求		标 注 示 例	标 注 说 明
零件整体的热处理	不同区域的要求	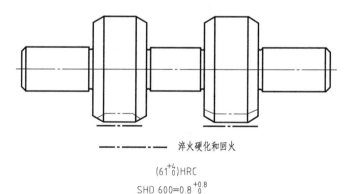 零件整体淬火硬化和回火 (52^{+6}_{0}) HRC ① SHD 425 = $1.6^{+1.3}_{0}$ ② SHD 425 = 1^{+1}_{0}	粗点画线表示零件中淬火硬化区域,细点画线标记热处理的位置和结构

2. 零件局部的热处理

零件的局部热处理与整体热处理相比, 被认为需要额外的费用。依据热处理的方法及待处理零件的材料和形状决定热处理和非热处理区域之间过渡区域的大小。热处理区域的位置、具体尺寸和公差的大小要适当, 并与硬化车间的意见保持一致。

零件上局部热处理的区域, 应该按照 GB/T 4457.4—2002 用粗点画线标注在零件的外部轮廓上, 如图 10-8 所示。如果有必要, 应该用尺寸和公差表示这些区域的大小和位置, 如图 10-9 所示。

淬火硬化和回火

(61^{+4}_{0})HRC

SHD 600 = $0.8^{+0.8}_{0}$

图 10-8 局部热处理图示法示例 1

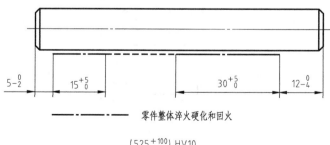

$5-^{0}_{2}$　15^{+5}_{0}　30^{+5}_{0}　$12-^{0}_{4}$

零件整体淬火硬化和回火

(525^{+100}_{0}) HV10

SHD 425 = $0.4^{+0.4}_{0}$

图 10-9 局部热处理图示法示例 2

　　当对工件进行热处理时，为更加方便，通常会对比要求面积大的区域进行硬化。如果是这样做，应该对额外的热处理面积按照 GB/T 4457.4 用粗虚线标记，并用尺寸数字标记硬化区域的位置，如图 10-9 所示。

　　当零件上有几处不同的硬化区域，在视图中又不能清楚反映热处理要求时，应采用放大形式的细节视图表示热处理要求。如图 10-10 所示，轴上有两个区域要求硬化，且硬化深度值要求不同，图样中用 Y 和 Z 两个细节视图表达热处理要求。

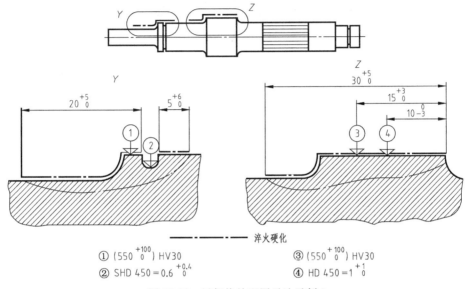

① $(550\,{}^{+100}_{\ \ 0})$ HV30　　　　　③ $(550\,{}^{+100}_{\ \ 0})$ HV30

② SHD $450 = 0.6\,{}^{+0.4}_{\ \ 0}$　　　　④ HD $450 = 1\,{}^{+1}_{\ \ 0}$

图 10-10　局部热处理图示法示例 3

第4篇　图　样　标　注

第11章　机件的尺寸标注

表达机件的一组视图只能表达该机件的内外结构形状，机件各部分结构的真实大小和相对位置，必须通过机件的尺寸标注来确定。如果机件的尺寸标注不完整，则无法进行机件的加工；尺寸标注不清晰、不合理，甚至错误，将直接导致加工制造的机件成为废品，同时给生产和检验带来很大的困难。因此，机件的尺寸标注是加工、制造和检验机件合格与否的重要依据，是机件设计中一项重要的工作。设计人员必须以严谨的态度对待机件的尺寸标注，做到正确、完整、清晰、合理地标注机件的尺寸。

11.1　尺寸标注的正确、完整与清晰

11.1.1　尺寸标注的正确和完整

尺寸标注的"正确"是指标注尺寸要符合国家标准的相关规定。GB/T 4458.4—2003《机械制图　尺寸注法》和GB/T 16675.2—2012《技术制图　简化表示法　第2部分：尺寸注法》对尺寸标注做了一系列的规定，这部分内容在本书的第1章进行了详细的介绍，这里不再重复，进行机件的尺寸标注时，必须严格遵守。

尺寸标注的"完整"是指尺寸标注要齐全，不遗漏，也不重复。要把机件的尺寸标注完整，首先要对机件进行形体分析，弄清各部分的形体结构和相对位置关系，然后再分块进行尺寸标注，做到各部分形体尺寸和相对位置尺寸的完整，以及机件总体尺寸的完整。同时要注意在标注总体尺寸时，避免因加入总体尺寸而产生重复多余的尺寸。

11.1.2　尺寸标注的清晰

尺寸标注的"清晰"是指尺寸标注要清晰、整齐，便于阅读。为保证清晰标注机件的尺寸，在尺寸标注完成后，应对所标注的尺寸进行适当的调整，使尺寸排列得整齐有序。通常标注尺寸时应遵循以下两点原则：

1. 尺寸标注要井然有序

标注尺寸时，一般情况下将内形尺寸和外形尺寸分侧进行标注。如图11-1所示，机件的轴向尺寸中，外形轴向尺寸标注在视图的上方，内形轴向尺寸均注写在视图内部，如果该机件将内形尺寸标注在视图下侧，会引起尺寸界线与轮廓线重合，给读图带来麻烦。但有时过分强调标注在两侧时，会引起尺寸标注线与视图图线的交错现象，使标注显得混乱，不便于读图，因此可以选择该部分尺寸就近标注的原则。例如，图11-1中机件的径向尺寸不能

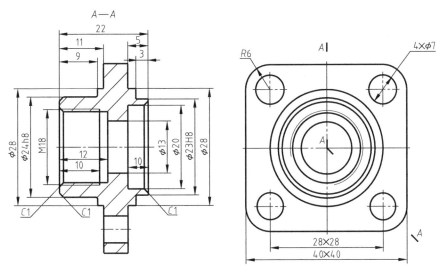

图 11-1　内、外的尺寸标注

采用分侧标注，内、外径尺寸分别就近标于两端，即左端的内、外径尺寸标在视图的左侧，右端的内、外径尺寸标在视图的右侧。因此，为保证尺寸标注井然有序，要根据机件的实际情况进行合理标注，同时要进行尺寸标注位置的适时调整。

　　如果在同一方向上有连续的尺寸，尽量让这些尺寸位居同一条直线上，如图 11-2 中底板的厚度尺寸 5 和肋板的高度尺寸 8。

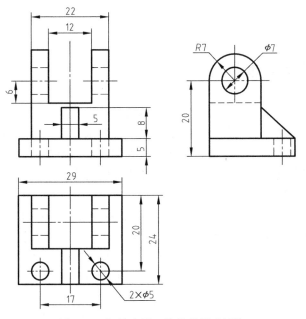

图 11-2　机件中同一结构的尺寸标注

　　为便于加工检验时查找尺寸，应将机件上同一形体的尺寸尽量标注在表达该形体特征最明显的一个视图上。如图 11-2 所示，底板的大部分尺寸，即底板的长 29、宽 24、底板上小孔的定位 17 和 20，以及小孔的定形尺寸 2×φ5 均标在俯视图中；又如立板的尺寸，孔的定位尺寸 20、定形尺寸 R7 和 $\phi 7$ 均标注在左视图中。但有时尺寸会显得过于集中，而影响到图面的整洁和清晰，这时可以根据具体情况把不同形体的尺寸位置进行适当的调整。

2. 避免标注相交尺寸

标注机件的尺寸时，尽量避免尺寸线与尺寸界线、尺寸线或尺寸界线与视图轮廓线相交。标注时，通常将同一方向上相互平行的尺寸，按照小尺寸在里、大尺寸在外的原则来排列，并使相邻两尺寸线的间距合理（国家标准要求此间距约为 7mm）。图 11-3 为减速器中挡油环的尺寸，图 a 标注的尺寸，小尺寸在里，大尺寸在外，标注清晰；而图 b 尺寸线与尺寸界线相交太多，标注比较混乱，不合理。

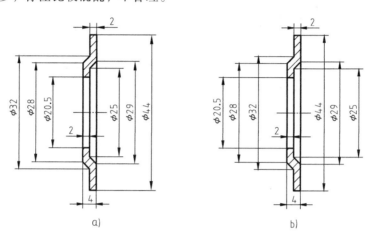

图 11-3　避免尺寸线相交

a）合理　b）不合理

11.2　尺寸标注的合理性

标注机件的尺寸时，在考虑正确、完整、清晰的前提下，在可能的范围内，还需要考虑尺寸标注的合理性，即使所注写的尺寸既能满足设计要求，又能满足加工工艺要求。也就是使机件在机器中具有很好的工作性能，又便于机件的加工、测量和检验。

为合理地标注机件的尺寸，需要注意以下几方面的内容。

1. 正确选择尺寸基准

基准是指机件在机器（或部件）设计中或加工测量时，用来确定机件上某些几何要素位置的一些点、线或面，也可以说是标注尺寸的起点。一般机件有长、宽、高三个方向的尺寸，因此在机件的长、宽、高三个方向上各有一个主要基准。而轴和盘盖机件有轴向、径向两个方向的尺寸，故轴向和径向应各有一个主要基准。对于结构形状较复杂的机件，通常还有一些辅助基准，这些辅助基准和主要基准之间必须有直接的尺寸联系。

（1）尺寸基准的种类　按照机件的结构设计要求和加工工艺要求将尺寸基准分为设计基准和工艺基准。

1）设计基准：根据机件的结构特点和设计要求选定的基准，主要反映机件的设计要求，保证机件在机器中的工作性能。

2）工艺基准：机件在加工时，用来确定机件在机床中的装夹位置的基准（定位用）和测量机件尺寸时所用的基准（测量用），主要反映机件的工艺要求，便于机件的加工、制造、测量和检验。

（2）基准的选择　尺寸基准选择原则是尽可能将设计基准和工艺基准统一起来。若两者不能统一时，应保证设计要求。

凡是与机件功能相关的重要尺寸应从机件的设计基准出发进行标注，以保证设计要求。其他不重要的尺寸按照加工工序从工艺基准出发进行标注，满足工艺设计要求。

（3）尺寸基准的形式　常见的基准形式有基准线和基准面。常见的基准线有：机件上回转面的轴线、中心线等。常见的基准面有：机件的对称面、端面、结合面、重要支承面和底板底面等。

如图 11-4 所示，从设计要求考虑，轴上各段圆柱的轴线要保证在一条直线上，同时考虑齿轮轴转动的平稳性，选择轴线为径向设计基准。轴类机件在加工时，通常是轴的两端用顶尖来固定，因此轴线也是加工工艺基准。为保证齿轮啮合和轴向的定位准确，选择齿轮左端面为轴向设计基准，因加工时用两端来固定，选择左、右端面为辅助的轴向工艺基准。

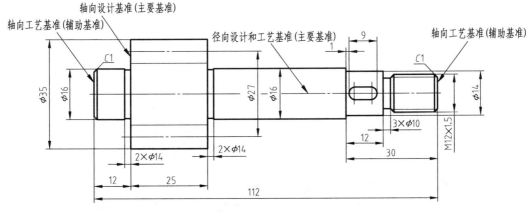

图 11-4　轴系机件的尺寸基准选择

如图 11-5 所示的轴承座，高度方向以安装底板的底面为设计基准，保证轴承孔的高度和机座的安装；长度和宽度方向以对称点画线为基准，保证底板上安装孔的相对位置。螺纹孔的顶面为加工螺纹的工艺基准。

2. 重要的设计尺寸应直接注出

机件的重要尺寸是指影响产品性能、工作精度和配合的尺寸。这部分尺寸一般都需要标注公差要求（公差和配合将在第 12 章技术要求中详细讲解）。

机件的其他非配合的直径、长度、外轮廓尺寸等均为非重要尺寸。

如图 11-6 所示的轴承座，轴承孔的中心高是该机件的重要尺寸，它直接影响到轴承和轴的工作性能，必须从主要基准直接注出。

3. 不能标注封闭的尺寸链

尺寸链是指在进行机件尺寸标注时，同一方向上依次首尾相连的尺寸标注形式。正确的尺寸标注应该是在一个尺寸链中，总有一个尺寸是在加工到最后自然产生的尺寸，我们把这个尺寸称作开口环，如图 11-7a 所示。如果一个尺寸链中没有开口环，也就是说依次都注写了尺寸，那么就会形成一个封闭的尺寸链，如图 11-7b 所示，这种标注方法将会使机件中主

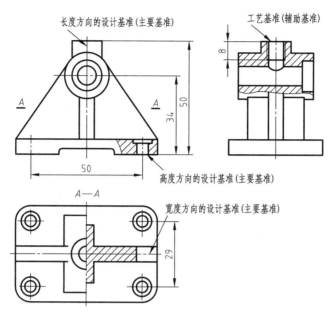

图 11-5　轴承座的尺寸基准选择

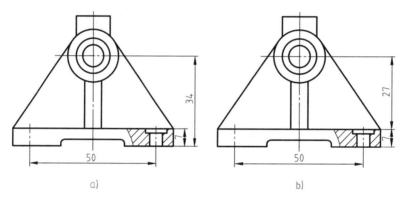

图 11-6　主要尺寸直接标注

a）正确　b）不正确

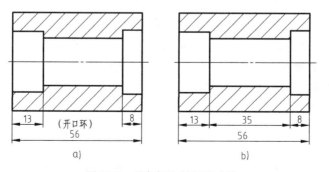

图 11-7　避免标注封闭尺寸链

a）正确　b）不正确

要尺寸的精度要求无法保证。因此在机件尺寸标注时，应将影响机件工作性能和要求最小的非重要尺寸作为开口环，即不标注尺寸，使机件加工时的误差集中在该环上。

4. 尺寸标注要符合加工顺序

机件在同一方向上各表面的加工有一定的先后顺序，因此在标注尺寸时，要求尽量与加工顺序保持一致，便于加工和测量，如图 11-8 所示。

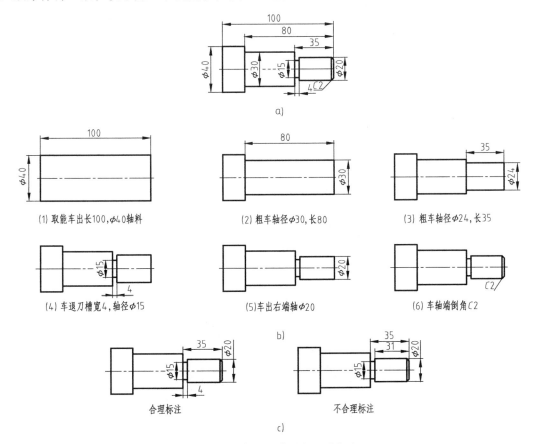

图 11-8　按加工顺序进行尺寸标注

a）机件完整的尺寸标注　b）符合加工顺序的标注　c）退刀槽的标注

5. 标注尺寸时要考虑测量的方便

标注尺寸时，要考虑到加工制造和检验时的测量方便，尽量做到使用通用量具可进行直接测量，减少使用专用量具。

机件中加工阶梯孔时，一般是先加工小孔，然后再加工出大孔。标注孔的轴向尺寸时，应从端面标注大孔的深度，以便测量，如图 11-9 所示。

当设计基准为圆柱轴线时，如果标注中心到某平面的尺寸，该尺寸不便于测量，应考虑测量的方便来进行标注，如图 11-10 所示轴或孔上键槽的尺寸标注。

6. 同一个方向一般只能有一个非加工面与加工面联系

有的机件，并不是所有的表面都需要加工，如图 11-11 所示的机件，除小孔和上、下表面为加工面外，其余为非加工面。对这类机件标注尺寸时，在同一方向上，只能有一个非加工面的尺寸与加工面有关，如图 11-11 所示。否则，该机件将无法达到其加工要求。

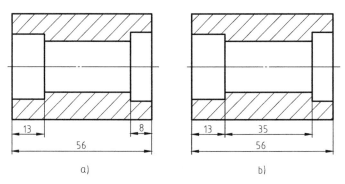

图 11-9　阶梯孔的轴向尺寸标注

a) 合理　b) 不合理

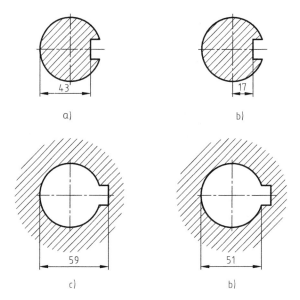

图 11-10　轴和孔上键槽的尺寸标注

a)、c) 合理　b)、d) 不合理

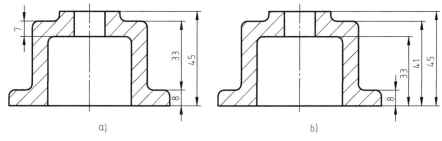

图 11-11　同一方向上加工面和非加工面的标注

a) 合理　b) 不合理

7. 相关机件的尺寸基准和尺寸标注应一致

部件或机器中的相关机件在进行尺寸标注时，要保证它们的尺寸基准和重要尺寸的标注一致。如图 11-12 所示，机件 1 和机件 2 装配在一起，完成二者的相对运动。设计要求机件 1 的凹槽和机件 2 的凸台是相互配合的，装配后要求两机件的右端面对齐，因此，两个机件均应以右端面为设计尺寸基准，尺寸注法应相同。

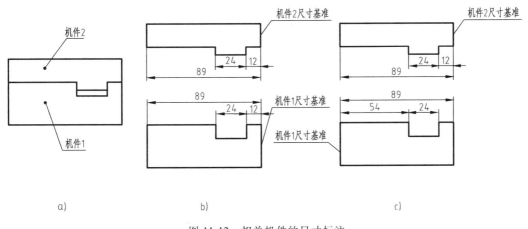

图 11-12 相关机件的尺寸标注

a）机件 1 和机件 2 的装配要求　b）合理　c）不合理

11.3 机件尺寸标注的方法和步骤

机件尺寸标注的方法和步骤，与前面讲过的组合体和图样画法中的尺寸标注方法一致，只是机件的尺寸要尽量满足合理性的要求，即尽可能地满足设计要求和工艺要求。一般按以下几个步骤进行标注。

1. 分析机件

分析机件的结构以及在部件或机器中的作用，分清机件中哪些结构是主要结构，哪些是次要结构。同时按照形体分析法将机件划分成几个部分，便于分块进行标注。

2. 确定尺寸标注基准

按照机件的结构特点，分别选择长、宽、高三方向的基准（一般机件），或轴向、径向基准（轴和盘盖类机件）。该基准主要为机件的设计基准。

3. 分块标注机件的尺寸

按照机件的结构分析，首先从设计基准出发，标注机件中主要结构部分的定位尺寸（包括长、宽、高三方向的定位尺寸；或轴向、径向定位尺寸），然后再标注这部分的定形尺寸。

考虑适当的工艺基准，标注其他非主要结构部分的定位和定形尺寸

注意：并不是所有结构都需要标注三方向的定位尺寸，需要根据选择的基准来确定是否需要标注定位尺寸。

4. 标注总体尺寸

总体尺寸是指机件的总长、总宽和总高。并不是所有机件都需要标注总体尺寸，要根据

机件的具体结构，在前几步已标注尺寸的基础上，综合考虑是否需要标注总体尺寸。同时要考虑标注总体尺寸时对其他尺寸进行调整，避免因标注总体尺寸，而产生封闭尺寸链。

5. 尺寸的检查和调整

检查整个机件的所有尺寸，不遗漏，不重复，同时考虑到尺寸标注的清晰性，适当调整尺寸放置的位置。

11.4　常见几类机件尺寸标注示例

本节以机械产品中常见的几类机件为例，来讲解具体机件的尺寸标注方法。

【例 11-1】　标注图 11-13 所示机件轴承座的尺寸。

1. 分析轴承座的结构

轴承座的作用是用来支承轴承，并使轴承的外圈固定，内圈随着轴转动，因而轴承的孔是该机件的主要结构。该轴承座分为三部分：下部为安装用的底板，中间为支承轴承的支承架，上端为注油用的凸台。

2. 选择尺寸基准

轴承座的前后、左右均对称，选择左右对称面为长度方向的尺寸基准，前后对称面为宽度方向基准，这两个基准均为设计基准；高度方向的尺寸基准选择底板的底面，该基准既是设计基准，也是工艺基准（加工时，由该基准来测量其他加工面的位置），如图 11-14 所示。

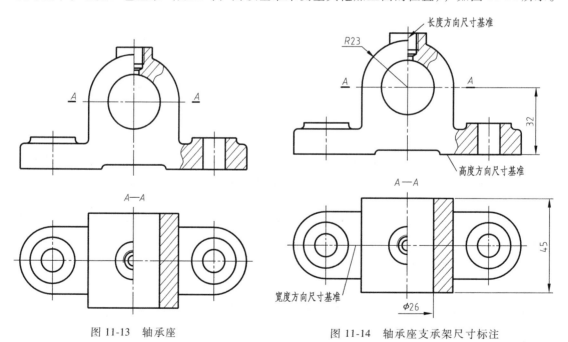

图 11-13　轴承座　　　　　　　　　图 11-14　轴承座支承架尺寸标注

3. 依次标注各部分尺寸

1）标注轴承座支承架的定位和定形尺寸，如图 11-14 所示。

2）标注下面安装板的定位和定形尺寸，如图 11-15 所示。

3）标注顶部注油孔的尺寸，如图 11-16 所示。

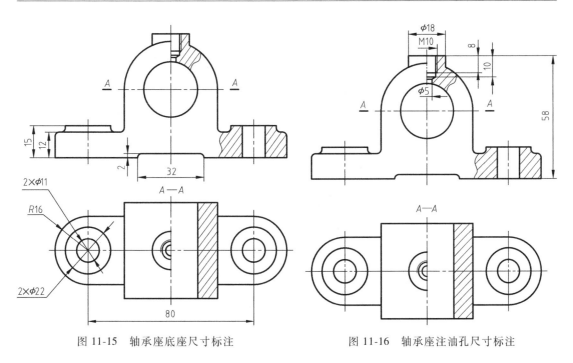

图 11-15　轴承座底座尺寸标注　　　　　　　　图 11-16　轴承座注油孔尺寸标注

4. 考虑总体尺寸的标注，检查、调整已注尺寸

确定机件的最终尺寸标注，如图 11-17 所示。注意：图中较小的圆角，可以统一写在图形右下角。

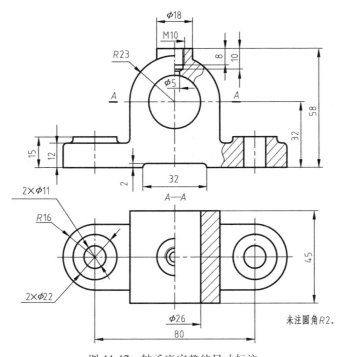

图 11-17　轴承座完整的尺寸标注

【例 11-2】　标注图 11-18 所示齿轮减速器从动轴的尺寸。

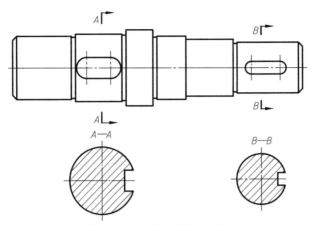

图 11-18　齿轮减速器从动轴

1. 分析轴的结构形状

该轴是减速器中的输出轴，轴上带有键槽的轴段主要用来安装齿轮，左端轴段和中间与之轴径相同的轴段用来安装轴承，这几个轴段是轴上的主要结构部分，如图 11-19 所示。其他轴段为次要结构。

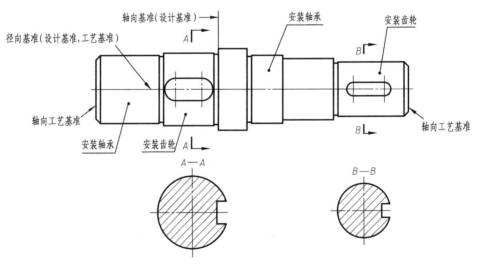

图 11-19　减速器从动轴尺寸基准

2. 选择基准

轴类机件需要选择轴向和径向基准。从动齿轮轴向定位的轴肩为轴向设计基准，轴的中心轴线为径向基准，同时也是工艺基准，如图 11-19 所示；左右两端为该轴的工艺基准。

3. 标注主要轴段的尺寸

按照步骤 1 的分析，分别标注安装齿轮和轴承的轴段结构的尺寸，如图 11-20 所示。

4. 标注其他轴段结构的尺寸

按照图 11-21 所示，标注其余轴段结构的尺寸。

5. 检查调整

检查调整，补遗删多，完成轴的尺寸标注，如图 11-22 所示。

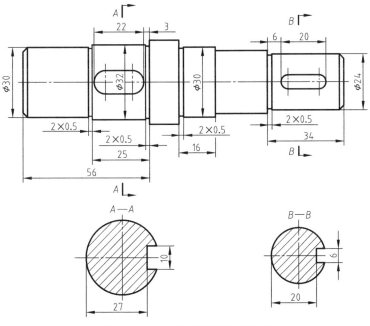

图 11-20　从动轴主要结构的尺寸

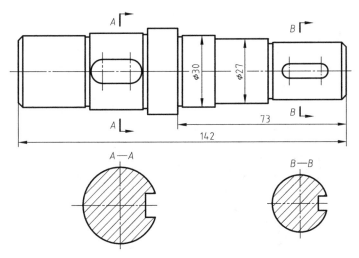

图 11-21　从动轴次要结构的尺寸

此外，轴上较小的倒角可以统一标在图形的右下角。

【例 11-3】　标注图 11-23 所示支架机件的尺寸。

1. 分析结构，选择尺寸基准

该支架结构分为底部安装板、中间连接体、圆柱筒和顶端凸台四部分，如图 11-24 所示。该机件左右对称面为长度基准，安装板的后端面为宽度设计基准，圆柱筒的中心轴线为高度基准。考虑到加工时测量方便，安装板上部为高度方向的工艺基准，圆柱筒后端面为宽度方向的工艺基准，如图 11-24 所示。

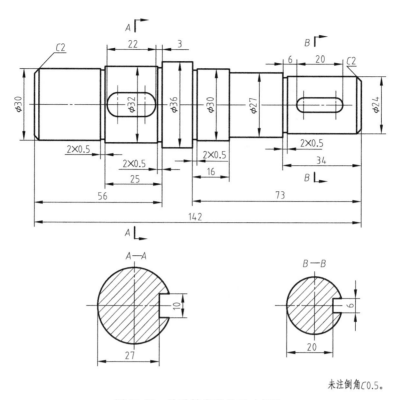

图 11-22　从动轴完整的尺寸标注

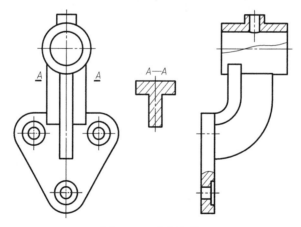

图 11-23　支架机件

2. 标注安装板尺寸

　　安装板的左右对称面与长度基准重合，后端面为宽度基准，因此长、宽定位尺寸不需要标注，只标注它的高度定位尺寸 38 即可。然后标注其他外形尺寸和孔在板上的定位尺寸，如图 11-25 所示。

3. 标注圆柱筒尺寸

　　圆柱筒的长度对称线与长度基准重合，高度基准为圆柱筒的轴线，故长度和高度定位尺寸不需要标注，只标注宽度定位 12 即可。然后再按照图 11-26 所示标注圆柱筒的定形尺寸。

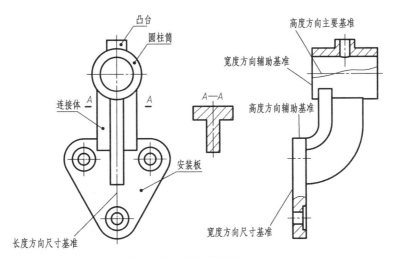

图 11-24　支架安装板的尺寸

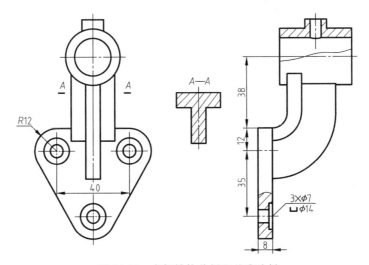

图 11-25　支架结构分析和基准选择

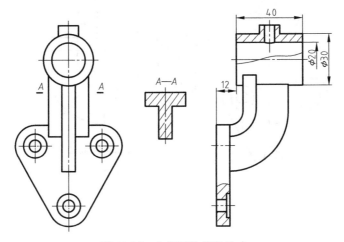

图 11-26　支架圆柱筒的尺寸

4. 标注连接体和顶端凸台尺寸

凸台的高度定位从设计基准标注时不便测量，从工艺基准来标注凸台高度定位尺寸 58，凸台在圆柱筒上，为便于测量，宽度定位从圆柱筒后端面（工艺基准）标注，即图 11-27 中的尺寸 20。连接体只需要标注宽度定位，方便测量，也从圆柱后端面标起，即图 11-27 中的尺寸 4。按照图 11-27 标注二者的定形尺寸。

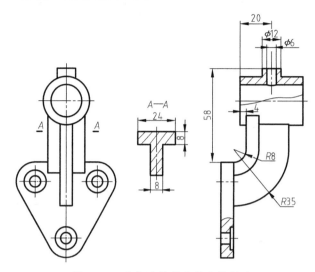

图 11-27　支架连接体和凸台的尺寸

5. 检查，完成全部的尺寸标注

检查整个机件的尺寸，删去多余的，补充遗漏的，同时为保证尺寸标注的清晰性，适当调整尺寸标注的位置，如图 11-28 所示。

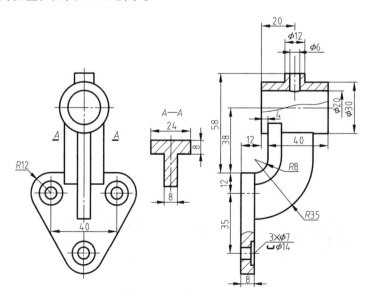

图 11-28　机件支架的尺寸

第12章 技 术 要 求

零件图上除用一组视图表示零件的形状和结构、用尺寸表示零件各部分的大小之外，还必须注写零件在制造、装配、检验时所应达到的技术要求，如表面结构、尺寸公差、几何公差、材料的热处理及表面处理等内容，装配图上也需注明极限与配合。这些内容多数用规定的符号和代号直接标注在视图上，有些情况则以简明的文字和符号、代号注写在图纸的适当位置。

12.1 表面结构的表示法

表面结构是指零件表面的几何形貌。它是表面粗糙度、表面波纹度、表面纹理、表面缺陷和表面几何形状的总称。经过加工的零件表面看起来很光滑，但从显微镜下观察却可见其具有微小的峰、谷、波纹和刀痕等，如图 12-1 所示。零件实际表面的这种微观不平度，对零件的磨损、疲劳强度、耐蚀性、配合性质和喷涂质量，以及外观等都有很大影响，并直接关系到机器的使用性能和寿命。因此，在设计绘图时，应根据产品的精度要求，对其零件的表面结构提出相应的要求。

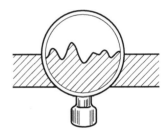

图 12-1 微观零件表面

12.1.1 基本概念及术语

1. 表面粗糙度

零件加工表面上具有的较小间距和峰谷所形成的微观几何形状特征称为表面粗糙度。

表面粗糙度是衡量零件表面质量的重要标志之一，它对于零件的配合性质、耐磨性、疲劳强度、耐蚀性、密封性以及外观等都有直接的影响。

2. 表面波纹度

在机械加工过程中，在工件表面所形成的间距比表面粗糙度大得多的表面不平度称为表面波纹度。

表面波纹度的形成是由机床或工件的挠曲、振动、颤动、形成材料应变以及其他一些外部影响等原因造成的，是影响零件使用寿命和引起振动的重要因素。

3. 表面几何形状

表面几何形状的形成一般是由机器或工件的挠曲或导轨误差引起的。

4. 轮廓参数

对于零件表面结构的状况，常用轮廓参数加以评定。轮廓参数有 R 轮廓（粗糙度参数）、W 轮廓（波纹度参数）、P 轮廓（原始轮廓参数），其中评定粗糙度轮廓（R 轮廓）中的两个主要高度参数有 Ra 和 Rz，如图 12-2 所示。

（1）轮廓算术平均偏差 Ra 是指在一个取样长度内，纵坐标值 Z（X）（被测轮廓上各点至基准线的距离）绝对值的算术平均值（表 12-1）。参数值越小，表面质量越高，但加工成本也越高。

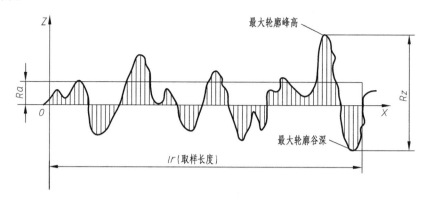

图 12-2　轮廓算术平均偏差 Ra 和轮廓最大高度 Rz

表 12-1　轮廓的算术平均偏差 Ra 的数值　　　　　　　　　（单位：μm）

Ra	0.012	0.2	3.2	50
	0.025	0.4	6.3	100
	0.05	0.8	12.5	
	0.1	1.6	25	

（2）轮廓最大高度 Rz　是指在同一取样长度内，最大轮廓峰顶和最大轮廓谷底之间的距离（表 12-2）。

表 12-2　轮廓的最大高度 Rz 的数值　　　　　　　　　（单位：μm）

Rz	0.025	0.4	6.3	100	1600
	0.05	0.8	12.5	200	
	0.1	1.6	25	400	
	0.2	3.2	50	800	

5. 传输带

因为评定表面结构状况的三类轮廓参数各有不同的波长范围，而又同时叠加在同一表面轮廓上，所以在测量评定三类轮廓上的参数时，必须先将表面轮廓在特定仪器上进行滤波，以便分离获得所需波长范围的轮廓，这种可将轮廓分成长波和短波成分的仪器称为轮廓滤波器。由两个不同截止波长的滤波器分离获得的轮廓波长范围则称为传输带，未标传输带的为默认传输带。

6. 极限值判断规则

完工后的零件表面按检验规范测得轮廓参数值后，需与图样上给定的极限比较，以判定其是否合格。极限值判断规则包括 16% 规则和最大规则（max）两种。

采用 16% 规则时，被检表面测得的全部参数值中，超过极限值的个数不多于总个数的16% 时，该表面是合格的。16% 规则是所有表面结构要求标注的默认规则。

采用最大规则时，被检表面测得的全部参数值中一个也不应超过给定的极限值。

12.1.2　表面结构图形符号

表面结构图形符号的种类及含义见表 12-3。

表 12-3 表面结构图形符号的种类及含义

符 号	意义及说明
√	基本图形符号,仅用于简化代号标注,没有补充说明时不能单独使用
√	扩展图形符号,表示用去除材料的方法,例如车、铣、钻、磨、剪切、抛光、腐蚀、电火花加工等获得的表面
√	扩展图形符号,表示用不去除材料的方法,例如:铸、锻、冲压、热轧、冷轧、粉末冶金等获得的表面;或用于保持原供应状况的表面
√ √ √	完整图形符号,分别表示允许任何工艺(APA)、去除材料(MRR)、不去除材料(NMR),横线的长度根据标注内容多少可长可短
√ √	表示图样某个视图上构成封闭轮廓的各表面具有相同的表面结构要求

表面结构图形符号的画法如图 12-3 所示。

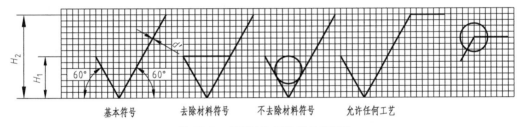

图 12-3 表面结构图形符号的画法

表面结构图形符号和附加标注的尺寸见表 12-4。

表 12-4 表面结构图形符号和附加标注的尺寸 （单位：mm）

数字和字母高度 h(GB/T 14690)	2.5	3.5	5	7	10	14	20
符号线宽 d'	0.25	0.35	0.5	0.7	1	1.4	2
字母线宽 d							
高度 H_1	3.5	5	7	10	14	20	28
高度 H_2(最小值)	7.5	10.5	15	21	30	42	60

注：H_2 取决于标注内容。

12.1.3 表面结构补充要求的注写位置

为了明确表面结构要求,除了标注表面结构参数和数值外,必要时应标注补充要求,包括传输带、取样长度、加工工艺、表面纹理及方向、加工余量等,如图 12-4 所示。

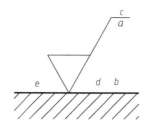

图 12-4　补充要求的注写位置

a—注写表面结构的单一要求　*b*—注写两个或多个表面结构要求
c—注写加工方法　*d*—注写表面纹理和方向　*e*—注写加工余量

12. 1. 4　表面结构要求在图样上的标注

1. 表面结构代号

表面结构符号中注写了具体参数代号及数值等要求后即成为表面结构代号，表面结构代号的示例及含义见表 12-5。

表 12-5　表面结构代号示例及含义

符　　号	含　　义
$\sqrt{Rz\,0.4}$	表示不允许去除材料，单向上限值，默认传输带，R 轮廓，粗糙度的最大高度 0.4μm，评定长度为 5 个取样长度（默认），"16% 规则"（默认）
$\sqrt{Ra\,3.2}$	表示去除材料，单向上限值，默认传输带，R 轮廓，算术平均偏差为 3.2μm，评定长度为 5 个取样长度（默认），"16% 规则"（默认）
$\sqrt{Rz\,max\,0.2}$	表示去除材料，单向上限值，默认传输带，R 轮廓，粗糙度的最大高度的最大值为 0.2μm，评定长度为 5 个取样长度（默认），"最大规则"（默认）
$\sqrt{0.008\sim0.8/Ra\,3.2}$	表示去除材料，单向上限值，传输带 0.008~0.8μm，R 轮廓，算术平均偏差为 3.2μm，评定长度为 5 个取样长度（默认），"16% 规则"（默认）
$\sqrt{-0.8\,Ra\,3\,3.2}$	表示去除材料，单向上限值，传输带：根据 GB/T 6062，取样长度 0.8mm（λ_s 默认 0.0025mm），R 轮廓，算术平均偏差为 3.2μm，评定长度包含 3 个取样长度，"16% 规则"（默认）
$\sqrt{\begin{array}{l}U\,Ra\,max\,3.2\\L\,Ra\,0.8\end{array}}$	表示不允许去除材料，双向上限值，两极限值使用默认传输带，R 轮廓，上限值：算术平均偏差为 3.2μm，评定长度为 5 个取样长度（默认），"最大规则"，下限值：算术平均偏差为 0.8μm，评定长度为 5 个取样长度（默认），"16% 规则"（默认）

2. 表面结构代号的标注原则

表面结构代号的标注原则及注法见表 12-6。

1）表面结构代号的注写和读取方向与尺寸的注写和读取方向相同。

2）表面结构代号应注在可见轮廓线、尺寸界线、引出线或它们的延长线上。符号的尖端必须从材料外指向表面。必要时，也可用带箭头或黑点的指引线引出标注。在同一图样上，每一表面一般只标注一次代（符）号，并尽可能靠近有关的尺寸线。

3）圆柱和棱柱表面的表面结构要求只标注一次，要求标注在圆柱特征的延长线上。

4）在不致引起误解时，表面结构要求可以标注在特征尺寸的尺寸线上。

5）表面结构要求可标注在几何公差框格的上方。

　　6）对工件表面上不同的表面结构要求应直接标注在图形中。如果在工件的多数（包括全部）表面有相同结构要求，则其表面结构要求可统一标注在图样的标题栏附近。此时（除全部表面有相同要求的情况外），表面结构要求的符号后面应有：

　　① 在圆括号内给出无任何其他标注的基本符号。

　　② 在圆括号内给出不同的表面结构要求。

　　7）当多个表面具有相同的表面结构要求或图纸空间有限时，可以采用简化注法。

　　① 可用带字母的完整符号，以等式的形式，在图形或标题栏附近，对有相同表面结构要求的表面进行简化标注。

　　② 可用表面结构符号，以等式的形式给出对多个表面共同的表面结构要求。

　　8）工件上的连续表面和用细实线连接的不连续的统一表面，其表面结构符号只标注一次。

　　9）键槽工作面、倒角、圆角的表面结构要求，可简化标注。

　　10）齿轮、螺纹等工作表面没有画出齿（牙）型时，其工作表面的表面结构要求可按下面要求标注：齿轮注在分度线上，螺纹注在尺寸线上。

表 12-6　表面结构代号的标注原则及注法

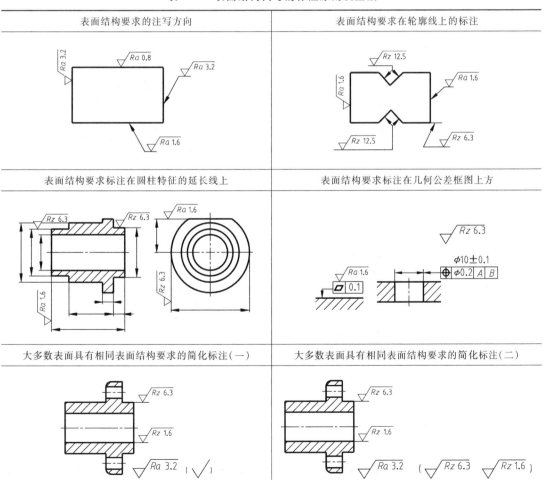

（续）

全部表面具有相同表面结构要求的简化注法	图纸空间有限的简化注法
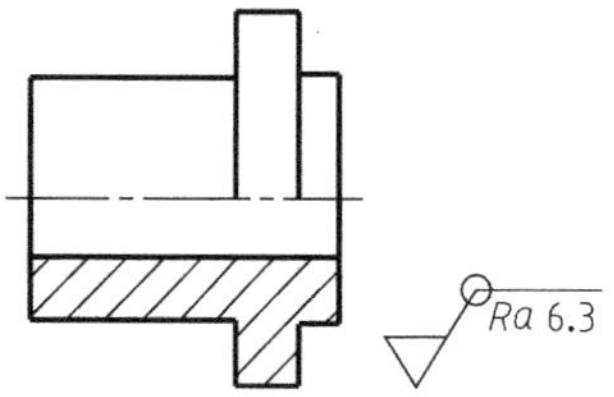	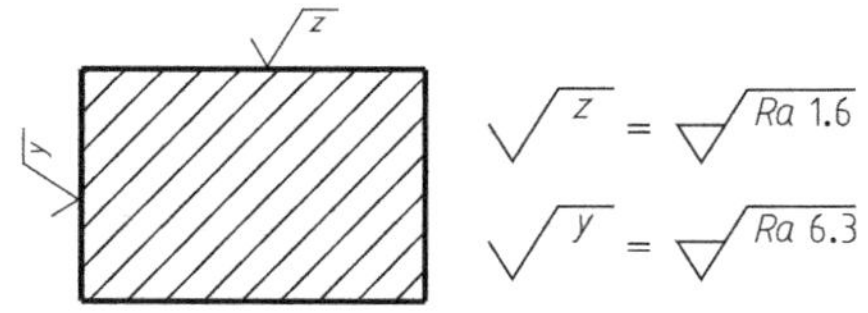
只用表面结构符号的简化注法	不连续表面表面结构要求的标注
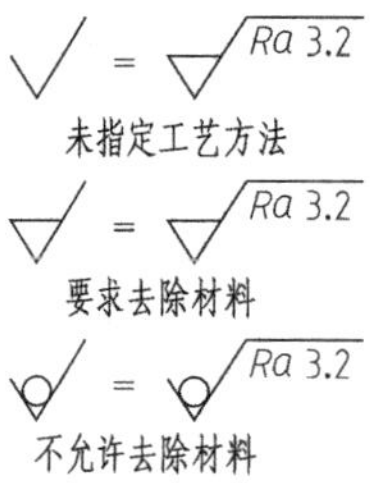	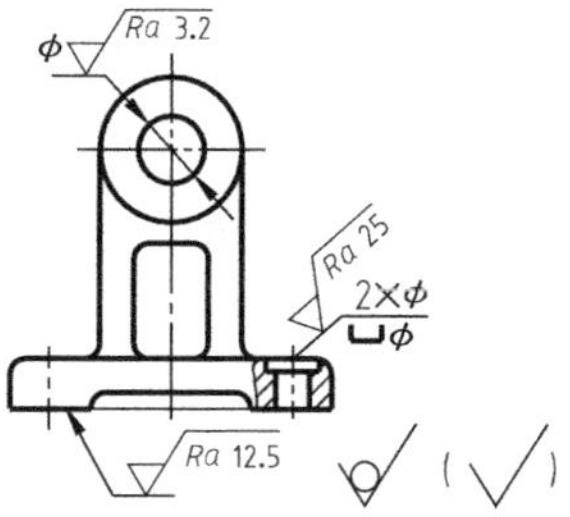
连续表面表面结构要求的标注	键槽、倒角等结构表面结构要求的标注
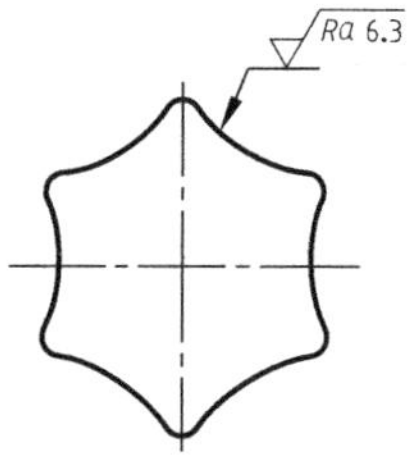	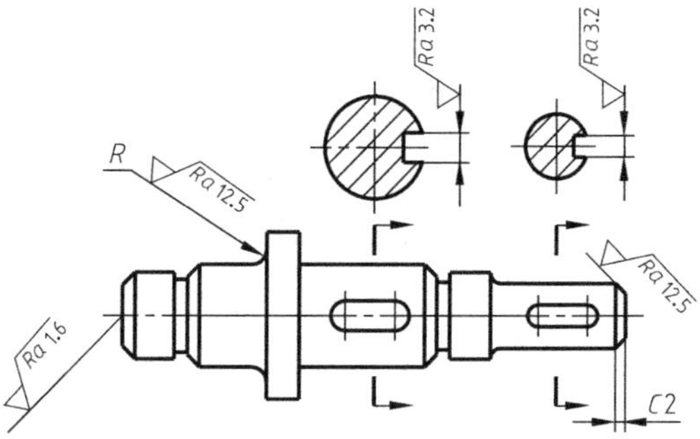
齿轮、螺纹工作表面表面结构要求的标注	表面结构代号标注示例
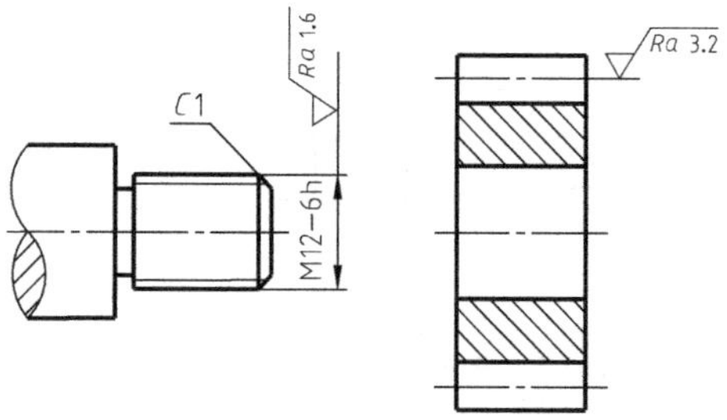	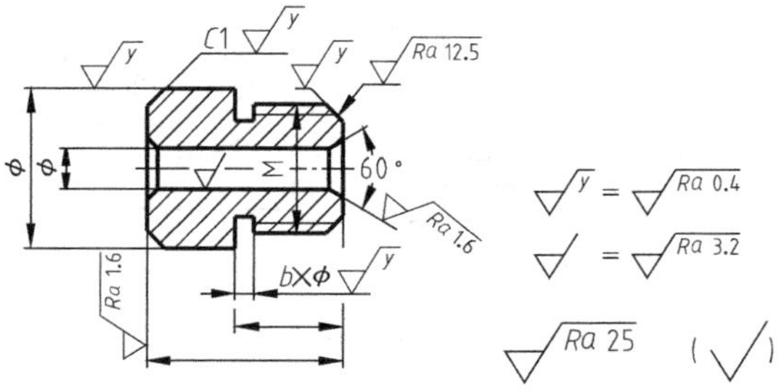

12.2　极限与配合

极限与配合是零件图和装配图中的一项重要的技术要求，也是评定产品质量的重要技术指标之一。

12.2.1 互换性

同一批零件，不经挑选和辅助加工，任取一个就可合适地装到机器上去，并满足机器的性能要求的性质称为互换性。零件的互换性，不仅能适应组织大规模的现代化工业生产，而且可以提高产品质量，降低成本和便于维修。

为了保证零件具有互换性，国家标准对零件的极限与配合、公差等分别做了标准化的规定。

12.2.2 尺寸公差与配合注法

1. 术语和定义

（1）尺寸要素 由一定大小的线性尺寸或角度尺寸确定的几何形状。

（2）实际要素 由接近实际要素所限定的工件实际表面的组成要素部分，即实际尺寸。

（3）公称尺寸 由图样规范所确定的理想形状要素的尺寸，通过它应用上、下偏差可算出极限尺寸。

（4）极限尺寸 尺寸要素允许的尺寸的两个极端。

实际尺寸应位于其中，也可达到极限尺寸。尺寸要素允许的最大尺寸为上极限尺寸，尺寸要素允许的最小尺寸为下极限尺寸。

零件合格的条件：下极限尺寸≤实际尺寸≤上极限尺寸。

（5）偏差 某一尺寸减去公称尺寸的代数差。

上极限尺寸减去公称尺寸所得的代数差称为上极限偏差，下极限尺寸减去公称尺寸所得的代数差称为下极限偏差，上极限偏差和下极限偏差统称极限

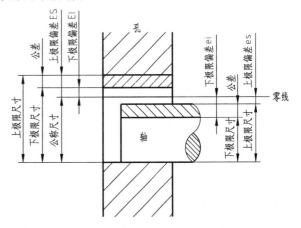

图 12-5 极限与配合术语图解

偏差，如图 12-5 所示。偏差数值可以是正值、负值和零。

轴的上、下极限偏差代号用小写字母 es、ei 表示；孔的上、下极限偏差代号用大写字母 ES、EI 表示。

（6）尺寸公差（简称公差） 尺寸公差为上极限尺寸与下极限尺寸之差；或者上极限偏差与下极限偏差之差。它是允许实际尺寸的变动量，是一个没有符号的绝对值。

（7）零线 零线是在公差带图解中表示公称尺寸的一条直线，以其为基准确定偏差和公差。通常零线沿水平方向绘制，正偏差位于其上，负偏差位于其下。

（8）公差带 在公差带图解中，由代表上极限偏差和下极限偏差或上极限尺寸和下极限尺寸的两条直线所限定的一个区域，如图 12-6 所示。

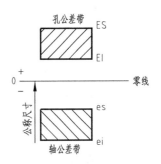

图 12-6 公差带图解

(9) 标准公差和基本偏差　公差带是由"公差带大小"和"公差带位置"两个要素所确定的。"公差带大小"由标准公差确定,"公差带位置"由基本偏差确定。

1) 标准公差。是国家标准规定的用以确定公差带大小的任一公差,用字母 IT 表示。标准公差分为 20 个等级,即:IT01、IT0、IT1~IT18。IT 表示公差,阿拉伯数字表示公差等级,它是反映尺寸精度的等级。IT01 公差数值最小,精度等级最高;IT18 公差数值最大,精度等级最低。标准公差大小是由公称尺寸和公差等级所决定的,见表 12-7。

表 12-7　标准公差数值(摘自 GB/T 1800.1—2020)

公称尺寸 /mm		标准公差等级																		
大于	至	IT01	IT0	IT1	IT2	IT3	IT4	IT5	IT6	IT7	IT8	IT9	IT10	IT11	IT12	IT13	IT14	IT15	IT16	IT17	IT18
		μm													mm						
—	3	0.3	0.5	0.8	1.2	2	3	4	6	10	14	25	40	60	0.1	0.14	0.25	0.4	0.6	1	1.4
3	6	0.4	0.6	1	1.5	2.5	4	5	8	12	18	30	48	75	0.12	0.18	0.3	0.48	0.75	1.2	1.8
6	10	0.4	0.6	1	1.5	2.5	4	6	9	15	22	36	58	90	0.15	0.22	0.36	0.58	0.9	1.5	2.2
10	18	0.5	0.8	1.2	2	3	5	8	11	18	27	43	70	110	0.18	0.27	0.43	0.7	1.1	1.8	2.7
18	30	0.6	1	1.5	2.5	4	6	9	13	21	33	52	84	130	0.21	0.33	0.52	0.84	1.3	2.1	3.3
30	50	0.6	1	1.5	2.5	4	7	11	16	25	39	62	100	160	0.25	0.39	0.62	1	1.6	2.5	3.9
50	80	0.8	1.2	2	3	5	8	13	19	30	46	74	120	190	0.3	0.46	0.74	1.2	1.9	3	4.6
80	120	1	1.5	2.5	4	6	10	15	22	35	54	87	140	220	0.35	0.54	0.87	1.4	2.2	3.5	5.4
120	180	1.2	2	3.5	5	8	12	18	25	40	63	100	160	250	0.4	0.63	1	1.6	2.5	4	6.3
180	250	2	3	4.5	7	10	14	20	29	46	72	115	185	290	0.46	0.72	1.15	1.85	2.9	4.6	7.2
250	315	2.5	4	6	8	12	16	23	32	52	81	130	210	320	0.52	0.81	1.3	2.1	3.2	5.2	8.1
315	400	3	5	7	9	13	18	25	36	57	89	140	230	360	0.57	0.89	1.4	2.3	3.6	5.7	8.9
400	500	4	6	8	10	15	20	27	40	63	97	155	250	400	0.63	0.97	1.55	2.5	4	6.3	9.7

2) 基本偏差。是国家标准中确定公差带相对零线位置的那个极限偏差,可以是上极限偏差或下极限偏差,一般为靠近零线的那个极限偏差。当公差带在零线上方时,基本偏差为下极限偏差;当公差带在零线下方时,基本偏差为上极限偏差,如图 12-7 所示。

基本偏差共有 28 个,它的代号用拉丁字母表示,大写为孔,小写为轴。图 12-8 为基本偏差系列示意图,从图中可以看到:孔的基本偏差 A~H 为下极限偏差,J~ZC 为上极限偏差;轴的基本偏差 a~h 为上极限偏差,j~zc 为下极限偏差。JS 和 js 的公差带对称分布于零线两边,孔和轴的上、下极限偏差分别都是 +IT/2 和 -IT/2。基本偏差系列示意图只表示公差带的位置,不表示公差带的大小,因此,公差带一端是开口的,开口的另一端由标准公差等级限定。

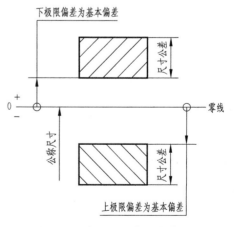

图 12-7　标准公差与基本偏差

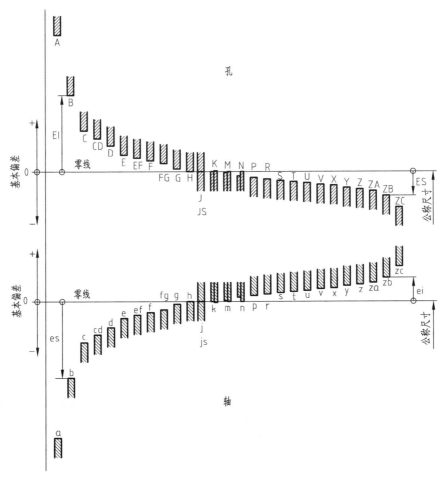

图 12-8 基本偏差系列示意图

3）公差带代号。孔和轴的公差带代号由基本偏差代号和公差等级代号组成，例如：

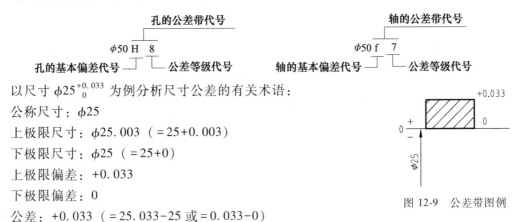

以尺寸 $\phi 25^{+0.033}_{0}$ 为例分析尺寸公差的有关术语：

公称尺寸：$\phi 25$

上极限尺寸：$\phi 25.003$（$=25+0.003$）

下极限尺寸：$\phi 25$（$=25+0$）

上极限偏差：$+0.033$

下极限偏差：0

公差：$+0.033$（$=25.033-25$ 或 $=0.033-0$）

图 12-9 公差带图例

其公差带图如图 12-9 所示。

轴和孔的极限偏差数值可分别查阅有关的标准，表 12-8 和表 12-9 分别摘录了 GB/T 1800.2—2020 规定的孔和轴的常用极限偏差数值。

表 12-8　孔的极限偏差（摘自 GB/T 1800.2—2020）　　　　　　（单位：μm）

公称尺寸/mm 大于	至	C11	D9	F8	G7	H7	H8	H9	H11	K7	N7	P7	S7	U7
—	3	+120 +60	+45 +20	+20 +6	+12 +2	+10 0	+14 0	+25 0	+60 0	0 -10	-4 -14	-6 -16	-14 -24	-18 -28
3	6	+145 +70	+60 +30	+28 +10	+16 +4	+12 0	+18 0	+30 0	+75 0	+3 -9	-4 -16	-8 -20	-15 -27	-19 -31
6	10	+170 +80	+76 +40	+35 +13	+20 +5	+15 0	+22 0	+36 0	+90 0	+5 -10	-4 -19	-9 -24	-17 -32	-22 -37
10	14	+205 +95	+93 +50	+43 +16	+24 +6	+18 0	+27 0	+43 0	+110 0	+6 -12	-5 -23	-11 -29	-21 -39	-26 -44
14	18	+205 +95	+93 +50	+43 +16	+24 +6	+18 0	+27 0	+43 0	+110 0	+6 -12	-5 -23	-11 -29	-21 -39	-26 -44
18	24	+240 +110	+117 +65	+53 +20	+28 +7	+21 0	+33 0	+52 0	+130 0	+6 -15	-7 -28	-14 -35	-27 -48	-33 -54
24	30	+240 +110	+117 +65	+53 +20	+28 +7	+21 0	+33 0	+52 0	+130 0	+6 -15	-7 -28	-14 -35	-27 -48	-40 -61
30	40	+280 +120	+142 +80	+64 +25	+34 +9	+25 0	+39 0	+62 0	+160 0	+7 -18	-8 -33	-17 -42	-34 -59	-51 -76
40	50	+290 +130	+142 +80	+64 +25	+34 +9	+25 0	+39 0	+62 0	+160 0	+7 -18	-8 -33	-17 -42	-34 -59	-61 -86
50	65	+330 +140	+174 +100	+76 +30	+40 +10	+30 0	+46 0	+74 0	+190 0	+9 -21	-9 -39	-21 -51	-42 -72	-76 -106
65	80	+340 +150	+174 +100	+76 +30	+40 +10	+30 0	+46 0	+74 0	+190 0	+9 -21	-9 -39	-21 -51	-48 -78	-91 -121
80	100	+390 +170	+207 +120	+90 +36	+47 +12	+35 0	+54 0	+87 0	+220 0	+10 -25	-10 -45	-24 -59	-58 -93	-111 -146
100	120	+400 +180	+207 +120	+90 +36	+47 +12	+35 0	+54 0	+87 0	+220 0	+10 -25	-10 -45	-24 -59	-66 -101	-131 -166

表 12-9　轴的极限偏差（摘自 GB/T 1800.2—2020）　　　　　　（单位：μm）

公称尺寸/mm 大于	至	c11	d9	f7	g6	h6	h7	h9	h11	k6	n6	p6	s6	u6
—	3	-60 -120	-20 -45	-6 -16	-2 -8	0 -6	0 -10	0 -25	0 -60	+6 0	+10 +4	+12 +6	+20 +14	+24 +18
3	6	-70 -145	-30 -60	-10 -22	-4 -12	0 -8	0 -12	0 -30	0 -75	+9 +1	+16 +8	+20 +12	+27 +19	+31 +23
6	10	-80 -170	-40 -76	-13 -28	-5 -14	0 -9	0 -15	0 -36	0 -90	+10 +1	+19 +10	+24 +15	+32 +23	+37 +28
10	14	-95 -205	-50 -93	-16 -34	-6 -17	0 -11	0 -18	0 -43	0 -110	+12 +1	+23 +12	+29 +18	+39 +28	+44 +33
14	18	-95 -205	-50 -93	-16 -34	-6 -17	0 -11	0 -18	0 -43	0 -110	+12 +1	+23 +12	+29 +18	+39 +28	+44 +33
18	24	-110 -240	-65 -117	-20 -41	-7 -20	0 -13	0 -21	0 -52	0 -130	+15 +2	+28 +15	+35 +22	+48 +35	+54 +41
24	30	-110 -240	-65 -117	-20 -41	-7 -20	0 -13	0 -21	0 -52	0 -130	+15 +2	+28 +15	+35 +22	+48 +35	+61 +48
30	40	-120 -280	-80 -142	-25 -50	-9 -25	0 -16	0 -25	0 -62	0 -160	+18 +2	+33 +17	+42 +26	+59 +43	+76 +60
40	50	-130 -290	-80 -142	-25 -50	-9 -25	0 -16	0 -25	0 -62	0 -160	+18 +2	+33 +17	+42 +26	+59 +43	+86 +70
50	65	-140 -330	-100 -174	-30 -60	-10 -29	0 -19	0 -30	0 -74	0 -190	+21 +2	+39 +20	+51 +32	+72 +53	+106 +87
65	80	-150 -340	-100 -174	-30 -60	-10 -29	0 -19	0 -30	0 -74	0 -190	+21 +2	+39 +20	+51 +32	+78 +59	+121 +102
80	100	-170 -390	-120 -207	-36 -71	-12 -34	0 -22	0 -35	0 -87	0 -220	+25 +3	+45 +23	+59 +37	+93 +71	+146 +124
100	120	-180 -400	-120 -207	-36 -71	-12 -34	0 -22	0 -35	0 -87	0 -220	+25 +3	+45 +23	+59 +37	+101 +79	+166 +144

2. 配合

公称尺寸相同并且相互结合的孔与轴公差带之间的关系称为配合。

由于相互配合的孔和轴的实际尺寸不同，装配后可能出现不同大小的间隙或过盈，如图 12-10 所示。孔的实际尺寸减去与之相配合的轴的实际尺寸，其代数值为正时是间隙，代数值为负时是过盈。

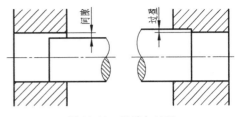

图 12-10　间隙与过盈

根据相互配合的孔和轴的松紧程度不同，国家标准将配合分为三类：

（1）间隙配合　孔与轴装配时具有间隙（包括最小间隙是零）的配合。此时孔的公差带在轴的公差带之上，如图 12-11a 所示。主要用于两配合表面间有相对运动的场合。

（2）过盈配合　孔与轴装配时具有过盈（包括最小过盈是零）的配合。此时孔的公差带在轴的公差带之下，如图 12-11b 所示。主要用于两配合表面间要求紧固连接的场合。

（3）过渡配合　孔与轴装配时可能具有间隙或过盈的配合。此时孔和轴的公差带有重叠部分，如图 12-11c 所示。主要用于要求对中性较好的场合。

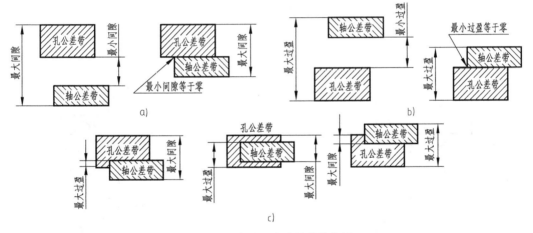

图 12-11　各种配合公差带的位置
a）间隙配合　b）过盈配合　c）过渡配合

3. 配合制

同一极限制的孔和轴组成的一种配合制度叫作配合制。为了零件设计和加工制造的方便，国家标准规定了两种基准配合制，即基孔制和基轴制。

（1）基孔制　基本偏差为一定的孔的公差带，与不同基本偏差的轴的公差带形成各种配合的一种制度。国家标准规定，基孔制的基准孔代号为 H，其下偏差为零，上偏差一定是正值，如图 12-12a 所示。

在基孔制配合中，与基准孔相配合的轴，其基本偏差 a~h 用于间隙配合；j~n 一般用于过渡配合；p~zc 一般用于过盈配合。

（2）基轴制　基本偏差为一定的轴的公差带，与不同基本偏差的孔的公差带形成各种配合的一种制度。国家标准规定，基轴制的基准轴代号为 h，其上偏差为零，下偏差一定是负值，如图 12-12b 所示。

　　与基准轴相配合的孔，其基本偏差 A～H 用于间隙配合；J～N 一般用于过渡配合；P～ZC 一般用于过盈配合。

　　一般情况，应优先选用基孔制配合。

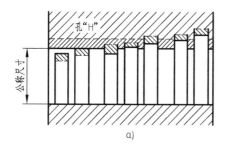 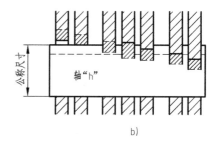

图 12-12　配合制

a）基孔制配合　b）基轴制配合

4. 极限与配合的标注

（1）装配图中的标注形式　在装配图上标注极限与配合，多采用组合式注法，即在公称尺寸的右边用分数的形式注出公差带代号，分子为孔的公差带代号，分母为轴的公差带代号，如图 12-13 所示。

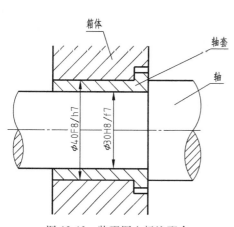 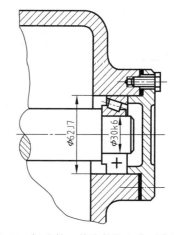

图 12-13　装配图上标注配合　　　　　图 12-14　标准件、外购件的配合要求的注法

基孔制配合的标注形式为：

$$基本尺寸\frac{基准孔（H）、公差等级代号}{轴的基本偏差代号、公差等级代号}$$

如 $\phi30\frac{H8}{f7}$ 或 $\phi30H8/f7$。

基轴制配合的标注形式为：

$$基本尺寸\frac{孔的基本偏差代号、公差等级代号}{基准轴（h）、公差等级代号}$$

如 $\phi40\frac{F8}{h7}$ 或 $\phi40F8/h7$。

标注与标准件（如滚动轴承）配合的零件（轴或孔）的配合要求时，可以仅标注该零件的公差带代号，如图 12-14 所示。

（2）零件图上的标注形式　在零件图上标注尺寸公差有三种形式：

1）在公称尺寸右边注出公差带代号，如 $\phi30H8$。

2）在公称尺寸右边注出极限偏差数值，如 $\phi30^{+0.033}_{0}$。

3）两者同时注出并在数值前后加括号，如 $\phi30H8\left(^{+0.033}_{0}\right)$。

极限与配合在装配图及零件图上的标注示例可参见表 12-10。

表 12-10　极限与配合在图样中的标注示例

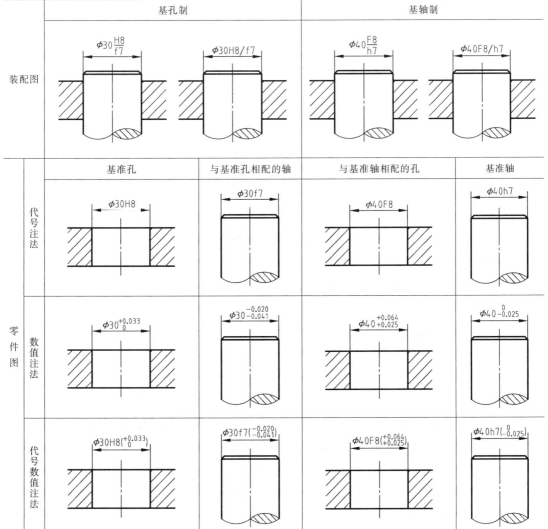

12.3　几何公差

几何公差是指零件要素（点、线、面）的实际形状、实际位置或实际方向等对于理想形状、理想位置或理想方向的允许变动量，包括形状公差、位置公差、方向公差和跳动公差。

为了提高机械产品的质量，不仅需要保证零件的尺寸精度，而且还要保证其几何精度，并将要求正确地标注在图样上。

12.3.1　几何公差的几何特征符号

国家标准将形状公差分为六个几何特征，方向公差分为五个几何特征，位置公差分为六个几何特征，跳动公差分为两个几何特征。其中形状特征无基准要求，每个几何特征都有规定的专用符号表示。几何公差的各个几何特征符号见表 12-11。

表 12-11　几何特征符号（摘自 GB/T 1182—2018）

公差	几何特征	符号	有无标准	公差	几何特征	符号	有无标准	公差	几何特征	符号	有无标准
形状公差	直线度	—	无	位置公差	位置度	⊕	有或无	方向公差	平行度	//	有
	平面度	▱	无		同心度（用于中心点）	◎	有		垂直度	⊥	有
	圆度	○	无		对称度	⹀	有		倾斜度	∠	有
	圆柱度	⋈	无		线轮廓度	⌒	有		线轮廓度	⌒	有
	线轮廓度	⌒	无		面轮廓度	⌓	有		面轮廓度	⌓	有
	面轮廓度	⌓	无		同轴度（用于轴线）	◎	有	跳动公差	圆跳动	↗	有
									全跳动	⫽↗	有

12.3.2　几何公差的标注

几何公差在图样上用公差框格的形式标注。

1. 公差框格

几何公差框格由两格或多格的矩形框格组成，框格中的主要内容从左到右按以下次序填写：几何特征符号、公差值及有关附加符号、基准符号及有关附加符号，如图 12-15 所示。

框格的高度应是框格内所书写字体高度的两倍。框格的推荐宽度是：第一格等于框格的高度；第二格应与标注内容的长度相适应；第三格以后各格须与有关字母的宽度相适应。

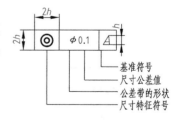

图 12-15　公差框格的画法

2. 被测要素的标注

被测要素与公差框格之间用指引线相连，指引线一端引自框格的任一端，终端带箭头。当公差涉及轮廓线或轮廓面时，箭头指向该要素的轮廓线或其延长线，并明显地与尺寸线错开，如图 12-16a～c 所示；当公差涉及要素的中心线、中心面或中心点时，箭头应位于相应尺寸线的延长线上，如图 12-16d～f 所示。

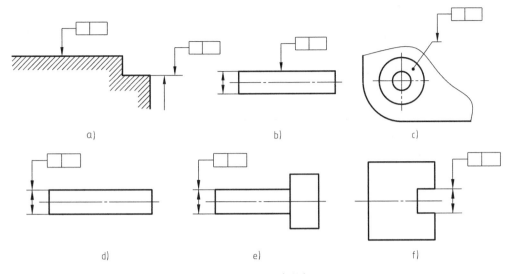

图 12-16 被测要素的标注

3. 基准要素的标注

与被测要素相关的基准用一个大写字母表示，字母
标注在基准方格内，与一个涂黑的或空白的三角形相连
以表示基准，涂黑的和空白的基准三角形含义相同，如
图 12-17 所示。

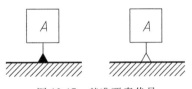

图 12-17 基准要素代号

如图 12-18 所示，当基准要素是轮廓线或轮廓面时，
基准三角形放置在要素的轮廓线或其延长线上（与尺寸线明显错开），也可放置在该轮廓面
引出线的水平线上；当基准是尺寸要素确定的轴线、中心平面或中心点时，基准三角形应放
置在该尺寸线的延长线上。

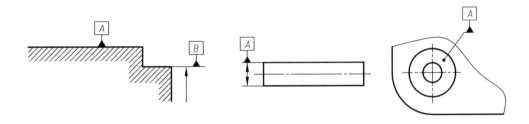

图 12-18 基准要素代号的标注位置

4. 零件图上几何公差标注示例

图 12-19 所示零件为气门阀，图中各几何公差的含义为：

1) $\boxed{\nearrow\,|\,0.003\,|\,A}$ ：表示 $SR750$ 的球面对于 $\phi16$ 轴线的圆跳动公差是 0.003mm。

2) $\boxed{\not|\!\!\!\!\mathcal{O}\,|\,0.005}$ ：表示杆身 $\phi16$ 的圆柱度公差为 0.005mm。

3) $\boxed{\odot\,|\,\phi0.1\,|\,A}$ ：表示 M8×1 的螺纹孔轴线对于 $\phi16$ 轴线的同轴度公差是 $\phi0.1$。

4) $\boxed{\nearrow\,|\,0.1\,|\,A}$ ：表示底部对于 $\phi16$ 轴线的圆跳动公差是 0.1mm。

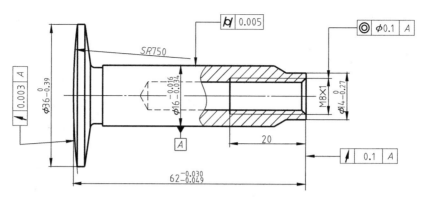

图 12-19　几何公差标注示例

第5篇　机械图样

第13章　零件图

　　零件是组成机器或部件的最基本单元。任何一台机器或部件都是由若干零件按一定的装配关系装配而成的。

　　零件图是生产中指导制造和检验该零件的主要图样，它不仅应将零件的内、外结构形状和尺寸大小表达清楚，而且还要对零件的材料、加工、检验、测量提供必要的技术要求。因此，零件图是表示零件结构、大小及技术要求的图样。

13.1　零件图的内容和特点

13.1.1　零件图与装配图的关系

　　表达一台机器或一个部件的图样称为装配图，有关装配图的详细介绍见第14章。要制造机器或部件，必须先设计装配图和一套零件图，然后按零件图制造零件，再按零件图进行检验，最后将合格的零件按照装配图装配成机器或部件。

　　如图13-1所示，齿轮泵由销、左端盖、垫片、泵体、螺钉、齿轮轴等零件装配而成，若要制造齿轮泵，必须有除了标准件以外的所有零件图，例如图13-2即左端盖的零件图。可见，机器或部件与零件之间，装配图与零件图之间，反映了整体与局部的关系，彼此互相联系。

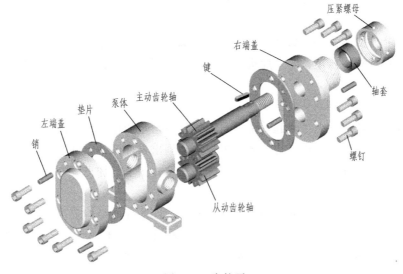

图 13-1　齿轮泵

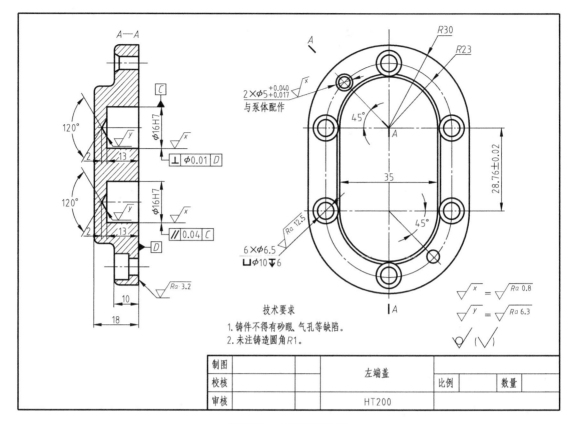

图 13-2　左端盖零件图

13. 1. 2　零件的分类

由于零件在机器或部件中所起的作用不同，其结构、形状多种多样。根据零件在机器或部件中的作用一般可分为连接件、传动件和一般零件。

1. 连接件

连接件是指螺纹紧固件（螺栓、螺钉、双头螺柱、螺母、垫圈等）、键、销、滚动轴承等标准件。如第 9 章中所述，对于此类零件，不需绘制零件图，只要在装配图中标注出其规定标记即可。

2. 传动件

传动件在机器或部件中主要起着传递运动或传递扭矩的作用，一般都有能起传动作用的结构要素，如齿轮、蜗轮、蜗杆等，此类零件必须画出零件图，零件上标准化了的结构按其标准规定画法绘制，并且要将其自身参数表绘制在零件图上，详见第 9 章。

3. 一般零件

此类零件的结构形状和尺寸大小都受到机器或部件的性能结构要求限制，是为专门机器或部件的需要而设计的。零件的作用不同，其结构、形状也不同，故此类零件又称为专用件，必须画出零件图。根据零件的作用和结构特点上的共性，可将一般零件归纳为轴套类、轮盘类、叉架类、箱体类四种。

13.1.3 零件图的内容和特点

零件图应包括以下内容：

（1）一组视图 用一组视图完整、清晰地表达出零件内、外形状和结构。如图 13-2 所示的左端盖零件图采用了主、左视图表达，其中主视图采用了全剖视图，左视图则用外形视图表达了盘状端面上的结构形状。

（2）完整的尺寸 零件图中应正确、完整、清晰、合理地标注出零件在制造和检验时所需的全部尺寸。

（3）技术要求 用规定的符号、代号、数字和文字简明地表示零件在制造、检验及装配时应达到的各项技术指标和要求，如表面结构要求、极限与配合、几何公差、材料及热处理等。

（4）标题栏 为了便于生产和管理，在零件图右下角的标题栏中填写该零件名称、数量、材料、比例、图号，以及设计、制图、审核人员签名与日期等。

13.2 零件上的工艺结构

在设计零件的结构形状时，除了满足其在机器或设备中的功能作用要求之外，还要考虑制造时的工艺性，以利于生产。下面介绍一些常见工艺结构及其尺寸注法。

13.2.1 铸造工艺结构

1. 起模斜度

铸件在造型时，为便于将模样从砂型中取出，铸件的内外壁沿脱模方向应设计成具有一定的斜度（约 1∶20），称为起模斜度，铸造后起模斜度留在铸件表面，如图 13-3 所示。起模斜度的大小也可以从有关标准中查出。画图时，起模斜度一般不必画出，必要时可在技术要求中注明。

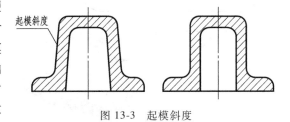

图 13-3 起模斜度

2. 铸造圆角

为了便于起模，防止浇铸时转角处砂型脱落，同时避免铸件在冷却时产生裂纹或缩孔等铸造缺陷，在铸件毛坯各表面的相交处，都需有铸造圆角。铸造圆角在画图时应画出，圆角半径为 2～5mm。铸造圆角在图样上一般不标注，常集中注写在技术要求中，如"未注铸造圆角 $R3～R5$"。

两相交的铸造表面，只要有一个表面经去除材料加工，这时铸造圆角被削平，在与加工面垂直的视图上应画成尖角，如图 13-4 所示。

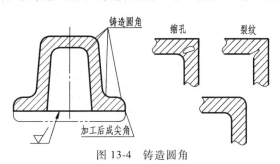

图 13-4 铸造圆角

3. 铸件壁厚

在浇铸零件时，为了避免各部分冷却速度的不同而产生缩孔或裂纹，铸件壁厚应保持大致相等或逐渐变化，如图 13-5 所示。

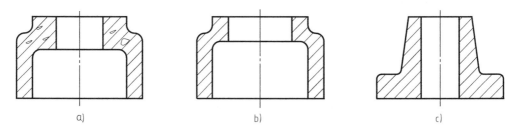

图 13-5 铸件壁厚

a）产生缩孔或裂纹 b）壁厚均匀 c）逐渐过渡

4. 过渡线的画法

铸件的两个相交表面处，由于有铸造圆角，其表面在理论上不存在交线。但在画图时，这些交线（即相贯线、截交线）用细实线按两相交表面无圆角时画出，只是在交线的起讫处与圆角的轮廓线断开（画至理论尖角处）。这种交线称为过渡线，如图 13-6 所示。

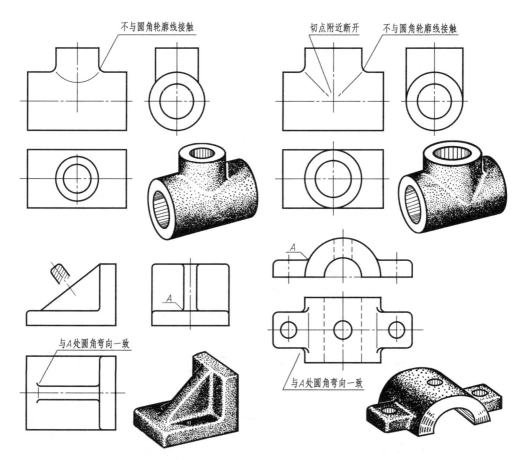

图 13-6 过渡线的画法

13.2.2　机械加工工艺结构

1. 倒角和倒圆

为了去除零件的毛刺、锐边和便于装配，在轴或孔的端部，一般都加工成倒角；对于阶梯轴或孔，为了避免因应力集中而产生裂纹，在轴肩、孔肩处往往加工成圆角的过渡形式，称为倒圆。倒角的形式和尺寸注法如图 13-7 所示。在不致引起误解时零件图中的倒角可以省略不画，其尺寸可以简化标注，如图 13-7c 所示。倒角和倒圆的尺寸可以根据轴、孔的直径查阅相关国家标准。

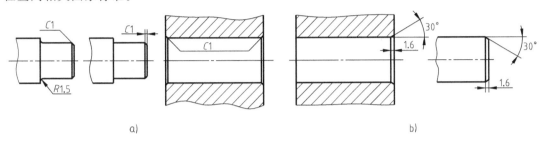

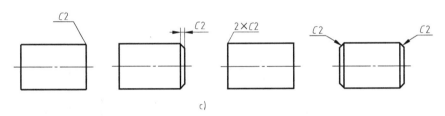

图 13-7　倒角及倒圆的尺寸注法
a）倒圆及 45°倒角　b）非 45°倒角　c）倒角的简化注法

2. 凸台和凹坑

零件上与其他零件的接触面，一般均需要加工。为了减少加工面并使两零件表面接触良好，常在铸件上设计出凸台、凹坑、凹槽或凹腔等结构，如图 13-8 所示。

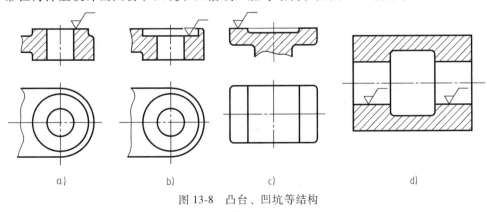

图 13-8　凸台、凹坑等结构
a）凸台　b）凹坑　c）凹槽　d）凹腔

3. 退刀槽和砂轮越程槽

在车削螺纹时，为了便于退出刀具，常在螺纹的待加工面末端预先车出退刀槽，如

图 13-9 所示；磨削加工圆柱面时，为了使砂轮可以稍稍越过加工面以保证被磨削表面加工完整，也常在零件的待加工面末端预先车出砂轮越程槽，砂轮越程槽的结构通常用局部放大图表示，如图 13-10 所示。

退刀槽和砂轮越程槽的结构和尺寸可根据螺纹大径及轴径查阅相关国家标准。

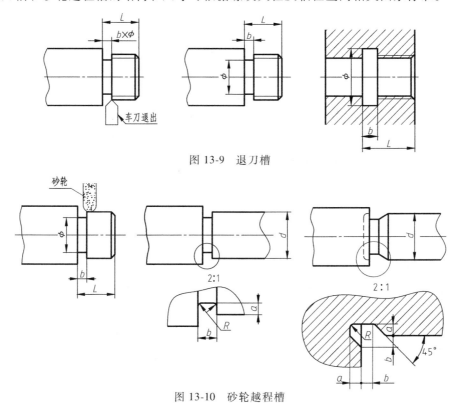

图 13-9　退刀槽

图 13-10　砂轮越程槽

4. 钻孔结构

用钻头钻孔时，为了防止出现单边受力和单边车削，导致钻头偏斜，甚至使钻头折断，应使钻头垂直于被钻孔的表面。为此，在与孔轴线倾斜的表面处，常设计出凸台或凹坑结构。但当钻头与倾斜表面的夹角大于 60°时，也可直接钻孔，如图 13-11 所示。

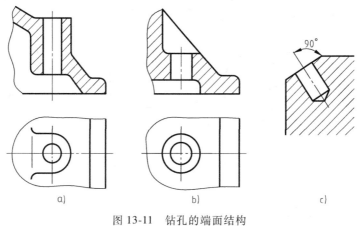

图 13-11　钻孔的端面结构
a）凸台　b）凹坑　c）斜面

用钻头钻出的盲孔，在底部应画出 120° 的锥角，但锥角 120° 尺寸不注。

如果阶梯孔的大孔也是钻孔，在两孔之间也应画出 120° 的圆锥台部分。钻孔的画法及尺寸标注如图 13-12 所示。

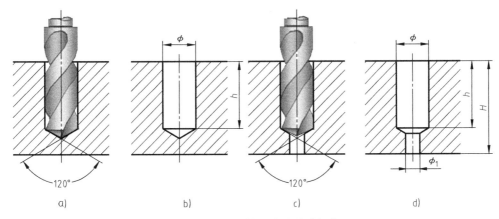

图 13-12　钻孔的画法及尺寸标注
a）盲孔的加工　b）盲孔的画法及尺寸标注　c）阶梯孔的加工　d）阶梯孔的画法及尺寸注法

零件上常见孔尺寸的简化注法见表 13-1。

表 13-1　常见孔尺寸的简化注法

类 型		标 注 方 法	说 明
光孔	一般孔	4×φ6▼12　或　4×φ6▼12	表示 4 个均布光孔，直径为 6mm，深为 12mm
螺孔	精加工孔	4×φ6H7▼10 孔▼12　或　4×φ6H7▼10 孔▼12	钻孔深为 12mm，钻孔后需再精加工，精加工孔深 10mm
	锥销孔	锥销孔φ5 配作　或　锥销孔φ5 配作	φ5mm 为与锥销孔相配的圆锥销的公称直径，锥销孔通常将两相邻零件装配后一起加工

（续）

类　　型		标 注 方 法	说　　明
螺孔	通孔	4×M6-6H 4×M6-6H 或	表示 4 个均布的 M6 螺纹通孔
	盲孔	4×M6-6H▼10 孔▼13 4×M6-6H▼10 孔▼13 或	表示 4 个均布的 M6 螺纹盲孔,孔深 13mm,螺孔深 10mm
沉孔	锥形沉孔	6×φ7 EQS ∨φ13×90° 6×φ7 EQS ∨φ13×90° 或	表示 6 个均布直径为 7mm 的孔,沉孔直径为 13mm,锥角为 90°
	柱形沉孔	6×φ6 ⊔φ10▼3.5 6×φ6 ⊔φ10▼3.5 或	柱形沉孔直径为 10mm,沉孔深 3.5mm
	锪平面	4×φ9⊔φ20 4×φ9⊔φ20 或	锪平 φ20mm 深度不需标注,一般锪平到不出现毛面为止

13.3 零件视图表达方案的选择

零件图要求将零件的结构形状完整、清晰地表达出来。零件视图表达方案的选择，既要符合前面所学的表达方法和视图选择的原则，又要满足零件的功能性和工艺性。为了满足上述要求，首先要了解零件在机器或部件中的位置和作用，对零件的结构形状特点进行分析，以便合理地选择主视图，并选择好其他视图，注意：要选用适当的表达方法，清晰地表示出零件的结构形状。

选择视图的原则是：第一要将零件各部分的结构形状和相互位置表达完整清楚；第二要综合考虑合理利用图纸幅面，既便于看图，又力求制图简便。

13.3.1 主视图的选择

主视图是零件图的一组图形中的核心，选择主视图时主要考虑以下两点：

（1）零件的安放位置 主视图中零件的安放位置应为零件的加工位置或工作位置。轴套类、轮盘类等零件主要在车床上加工，为了使生产时便于看图，其主视图一般按其在车床上加工时的装夹位置（轴线水平放置）摆放。各种箱体、泵体、阀体及机座等零件需在不同的机床上加工，其加工时的装夹位置亦不相同，故主视图按其工作时的位置摆放，这样既有利于了解零件在机器中的工作情况，又便于与装配图直接对照。

（2）主视图的投射方向 主视图的投射方向应尽可能多地反映零件的形状特征或位置特征，即要尽可能多地反映出零件各部分的形状和它们之间的相对位置。

13.3.2 其他视图和表达方法的选择

主视图中没有表达清楚的部分，要选择其他视图表示。在选择其他视图时，优先考虑选择基本视图，应该使所选的每个视图均有明显的表达重点，并力求尽量减少视图数量，以方便画图与看图。

总之，在选择视图时，要目的明确、重点突出，使所选视图完整、清晰、数目恰当，达到既看图简明，又画图简单。

13.4 典型零件图例分析

如前所述，根据零件的作用和结构特点，可以将一般零件大致分为轴套类、轮盘类、叉架类和箱体类四类。同一类零件在结构、形状上虽然也有差异，但它们在视图选择、尺寸注法、技术要求的注写和制造加工方面都有相似之处。通过对这几类零件的分析，能够从中找出规律，以便更好地掌握零件图的绘制方法。

13.4.1 轴套类零件

1. 结构特点

轴套类零件包括各种传动轴、销轴、衬套、轴套等，其结构特点为：主体一般是由若干段不等径的同轴回转体构成，其上常具有轴肩、圆角、倒角、键槽、销孔、螺纹、退刀槽、砂轮越程槽、卡环槽、中心孔、平面结构等局部结构。它们的毛坯一般采用棒料，主要在车床和磨床上加工。

图 13-13 为输出轴的轴测图。

2. 视图选择

轴类零件多为实心件，而套类零件为中空件。在表达轴套类零件时，主视图应按加工位置将轴线水平横放，一般采用一个基本视图（主视图）来表达其主体结构（对于中空的套类零件，主视图一般应画成剖视图）。零件的某些局部结构用移出断面图、局部剖视图、局部放大图等来表达，过长的轴可采用断开画法。

图 13-13　输出轴的轴测图

如图 13-14 所示的输出轴零件图，其主视图表达了主体结构。在主视图上采用了局部剖视图表达键槽和凹坑，此外还采用了局部放大图表达退刀槽，采用移出断面图和局部视图表达键槽。

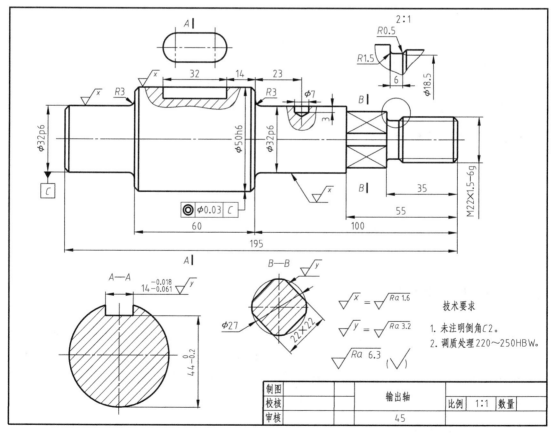

图 13-14　输出轴的零件图

3. 尺寸标注

此类零件以轴线作为径向基准，轴向尺寸基准根据零件的作用及装配要求以重要的轴肩（重要的接触面）或端面为轴向主要基准。其定形尺寸一般有表达各段的直径大小的径向尺寸和相应的轴向长度尺寸两种。此外，还有确定轴上各局部形体结构的定形尺寸和轴向定位尺寸。

标注尺寸时，首先将重要尺寸从主要基准直接标出。尽量将不同工序所需的尺寸分开标注，如图 13-14 中的键槽与其他部分加工工序不同，其尺寸 32 和 14 在主视图的上方标注出来。

13.4.2 轮盘类零件

1. 结构特点

轮盘类零件包括各种齿轮、手轮、法兰盘、端盖、压盖等。其结构特点为：主体部分由回转体组成，径向尺寸较大，而轴向尺寸较小，其上常有键槽、轮辐、凸缘、均布孔等结构，常有一个端面与其他零件接触。毛坯多为铸件，主要加工方法有车削、刨削和铣削。

图 13-15 为轴承盖的轴测图。

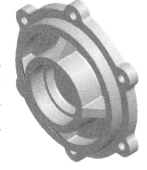

图 13-15 轴承盖的轴测图

2. 视图选择

在表达轮盘类零件时，一般采用两个基本视图。以车削加工为主的零件主视图按加工位置将轴线水平横放，并多采用剖视图表达内部结构，用左视或右视图表达外形轮廓形状和其他结构的分布情况，并常采用简化画法，如图 13-16 所示。

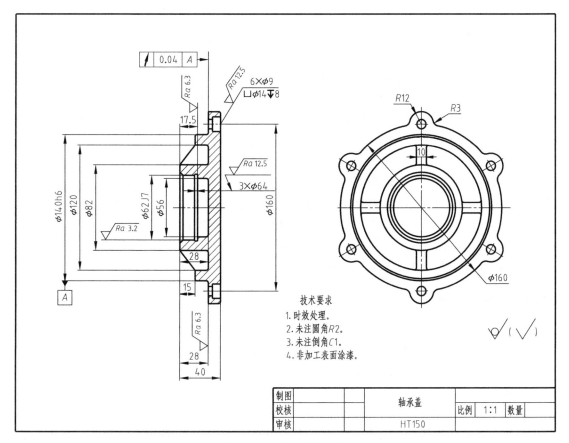

图 13-16 轴承盖零件图

3. 尺寸标注

此类零件以轴线作为径向主要基准，根据零件的作用及装配要求以重要的端面（盖与其他零件的重要接触面）为轴向主要基准。

标注尺寸时，为突出主要加工尺寸，一般将主体部分的内外直径尺寸和轴向尺寸尽量标注在主视图上，且尽把内、外结构的尺寸分开标注。对于沿圆周分布的孔、槽等其他结构的定形尺寸和定位尺寸应尽量标注在反映其分布情况的左视或右视图中。

对于齿轮、带轮、手轮等零件，其上均有标准结构，该标准结构的画法与尺寸标注均应符合相关标准的规定。

13.4.3　叉架类零件

1. 结构特点

叉架类零件包括各种连杆、支架、拨叉、摇臂等。其结构特点为：通常由工作部分、支承（或安装）部分及连接部分组成，其上常有光孔、沉孔、肋和槽等结构。毛坯多为铸件或锻件，再依据较为复杂多变的结构进行多种工序的加工。

图 13-17 为脚踏座的轴测图。

2. 视图选择

叉架类零件结构形状复杂，加工方法多样。在选择主视图时主要考虑其形状特征和工作位置，一般将其中一倾斜结构放正。通常需要两个以上基本视图，对其弯、斜结构常采用斜视图或单一斜剖切面获得的剖视图以及局部剖视、断面图等加以表达，对于薄壁和肋板的端面形状常用断面图表达。

图 13-17　脚踏座的轴测图

图 13-18 所示为脚踏座零件图，除了主视图外，采用俯视图（局部剖视图）表达安装板、肋和轴承孔的宽度以及它们的相对位置；此外，用局部视图表达安装板左端面的形状，用移出断面图表达肋板的断面形状。

3. 尺寸标注

此类零件通常采用主要轴线或安装基面作为尺寸的主要基准，如图 13-18 中的脚踏座就选用安装板左端面作为长度方向的尺寸基准，选用安装板的水平对称面作为高度方向的尺寸基准，从这两个基准出发，分别注出 74±0.1、95，定出上部轴承的轴线位置，作为 ϕ20H8、ϕ38 的径向尺寸基准；宽度方向的尺寸基准是前后方向的对称面，由此在俯视图上注出 30、40、60，以及在 A 向局部视图中注出 60、90。

13.4.4　箱体类零件

1. 结构特点

箱体类零件包括各种泵体、阀体、减（变）速箱体、壳体、缸体、支座等，这类零件主要起到包容及支承其他零件的作用。其结构形状最为复杂，常有较大的密封面、接触面、螺孔、销孔等用来与箱盖或其他零部件紧密接触和定位。为了将箱体安装在基座上，常有安装底板、安装孔、凸台或凹坑、螺孔。为加强局部强度，箱体上常有肋板等结构。其毛坯一般为铸件或焊接件，然后根据不同的结构进行各种机械加工，加工位置也变化较多。

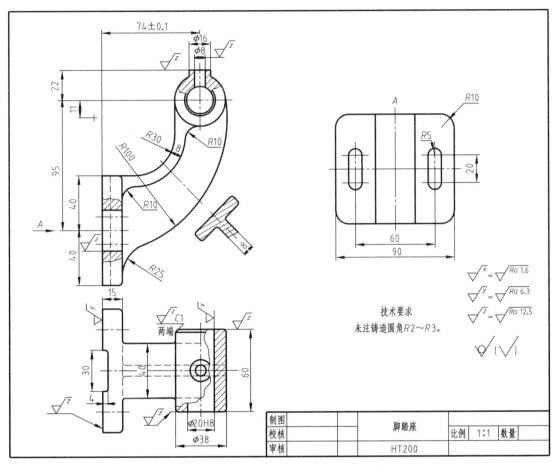

图 13-18 脚踏座零件图

图 13-19 为箱体的轴测图。

2. 视图选择

由于此类零件形状、结构都比较复杂，加工工序复
杂，一般应按其工作位置安放，并且以反映其形状特征最
明显的方向作为主视图的投射方向。箱体类零件一般需要
三个或三个以上的基本视图及其他辅助图形，采用多种表
达方法才能表达清楚其形状和结构。选用其他基本视图
时，应考虑以选用视图数量最少为原则，根据实际情况适
当采取剖视、剖面、局部视图和向视图等多种形式，以清
晰地表达零件的内外形状。

图 13-19 箱体的轴测图

图 13-20 为蜗轮蜗杆减速器箱体的零件图，该零件是
由壳体、圆筒和底板三部分组成。采用主视、左视图和两个局部视图来表示。主视图采用单
一剖切平面的全剖视图，表达内部结构；左视图采用单一剖切平面的局部剖视图，表达左端
面的外形、四个 M6 的螺纹孔和下部前后方向的内部结构；两个局部视图分别反映底面及前
端面的形状及其四个螺纹孔的位置、大小。

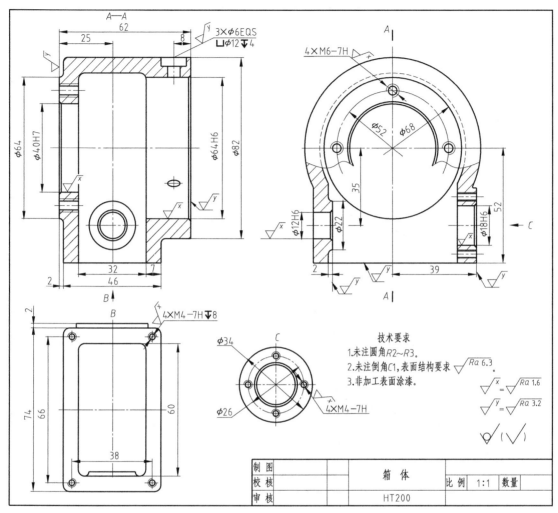

图 13-20　箱体零件图

3. 尺寸标注

箱体类零件需要标注的尺寸较多，因此需要仔细进行形体分析，确定零件在长、宽、高三个方向上的主要基准。通常选用设计上要求的轴线、重要的安装面和接触面（或加工面）、箱体某些主要结构的对称面等作为尺寸基准。

图 13-20 所示的箱体，根据形体分析选择长、高、宽三个方向的主要尺寸基准分别为蜗杆轴孔 φ18H6 的轴线和前后基本对称的对称平面（下部蜗杆轴孔处前后不对称）。各主要尺寸可分别从这三个基准直接注出，如长度尺寸 25 定左端面，高度尺寸 35 定蜗轮轴轴线，宽度尺寸 39 定蜗杆轴孔的前端面。壳体的左端面、圆筒的右端面、蜗轮轴孔的轴线分别是各个方向的辅助基准。

13.5　零件图的阅读

设计零件时，经常需要参考同类机器零件的图样，这就需要会看零件图。制造零件时，也需要看懂零件图，想象出零件的结构、形状，了解各部分尺寸及技术要求等所有内容，以便指导生产和解决有关的技术问题，这就要求工程技术人员必须能够熟练读懂零件图。因此，读零件图是工程技术人员必须具备的一项基本能力。

13.5.1 读零件图的要求

读懂零件图需要达到以下要求：

1) 了解零件的名称、材料和用途。
2) 分析零件各组成部分的几何形状、结构特点及作用。
3) 分析零件各部分的定形尺寸和各部分之间的定位尺寸。
4) 了解零件的各项技术要求和制造方法。

13.5.2 读零件图的方法和步骤

1. 概括了解

读零件图的标题栏，了解零件的名称、材料、绘图比例等，必要时还要结合装配图或其他设计资料来了解该零件的用途，以便对该零件有个初步认识。

2. 分析视图，读懂零件的结构形状

读懂零件的内、外形状和结构是读零件图的重点。

1) 分析零件图采用的表达方法，如选用的视图、剖视图的剖切面位置及投射方向等，从基本视图看出零件的大体内外形状。

2) 结合局部视图、向视图、斜视图以及断面图等表达方法，读懂零件的局部或斜面的形状；同时也从加工方面的要求了解零件一些结构的作用。

3. 分析尺寸，了解技术要求

确定各方向的尺寸基准，了解零件各部分的定形、定位尺寸和零件的总体尺寸；了解各配合表面的尺寸公差、几何公差、各表面的表面结构要求，理解文字说明中对制造、检验等方面的技术要求。

4. 综合考虑

将看懂的零件的结构、形状、尺寸标注以及技术要求等内容综合起来，想象出零件的全貌。

13.5.3 读零件图举例

下面以图 13-21 所示球阀阀体的零件图为例，说明读零件图的方法和步骤。

1. 概括了解

如图 13-21 所示，从标题栏中可知，该零件为阀体，是球阀中的一个主要零件，属于箱体类零件，材料选用铸钢，毛坯为铸件，绘图比例为 1∶1。

2. 分析视图，读懂零件的结构形状

该箱体采用主视、俯视和左视三个基本视图来表达。主视图采用单一剖切平面的全剖视图，表达阀体的内部结构；左视图采用单一剖切平面的半剖视图，表达左端面的外形、四个 M12 的螺纹孔和阀体内腔的形状；俯视图采用了外形视图表达阀体上部 90°扇形限位块的形状、位置和大小。

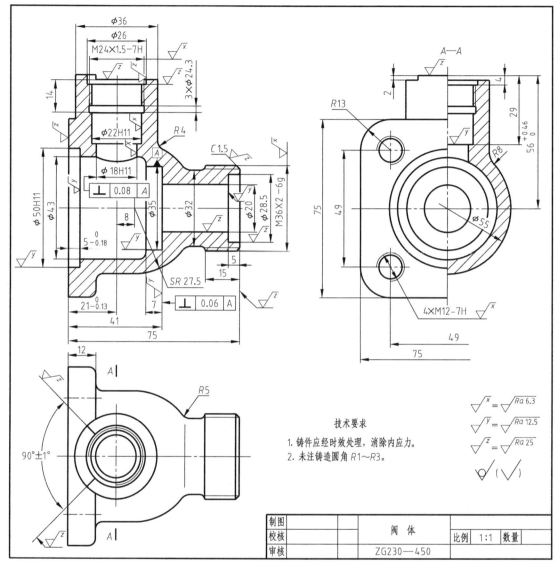

图 13-21　阀体零件图

通过形体分析可以想象出阀体的形状：阀体左端要通过螺柱和螺母与阀盖相连接，从而形成容纳阀芯的内腔，右端有用于连接管道系统的外螺纹，内部有阶梯孔与空腔相通。阀体上部为圆柱形，内部有阶梯孔及内螺纹，在阶梯孔内将容纳阀杆、填料压紧套、填料等，顶端的扇形限位块用来控制扳手和阀杆的旋转角度。阀体的形状如图 13-22 所示。

图 13-22　阀体轴测图

3. 分析尺寸，了解技术要求

阀体的结构形状比较复杂，通过形体分析和分析图上所注的尺寸，可以看出长度方向主要尺寸基准为过竖直孔轴线的侧平面，尺寸 8 为阀芯球心的定位尺寸，阀体的左端面和右端面为长度方向的辅助尺寸基准。以阀体的前后对称面为宽度方向主要尺寸基准，注出阀体左端面四个螺孔的宽度方向定位尺寸 49，同时在俯视图上注出前后对称的扇形限位块的角度尺寸 90°±1°。以阀体水平孔的轴线为高度方向主要尺寸基准，同时也是径向尺寸基准，注出水平方向孔的直径尺寸 $\phi50H11$、$\phi43$、$\phi35$、$\phi20$、$\phi28.5$、$\phi32$，以及右端的外螺纹 M36×2-6g 等。

本图中还注出了各个表面的表面结构要求，在阀体上端的阶梯孔处因为有配合，所以表面结构要求较高，Ra 为 6.3μm，而阀体左端的阶梯孔 $\phi50H11$ 虽与阀盖有配合关系，但阀体与阀盖间有调整垫，所以相应的表面结构要求不必很高，Ra 为 12.5μm。

尺寸公差如 $\phi50H11$、$\phi22H11$、$\phi18H11$ 及螺纹公差如 4×M12-7H、M24×1.5-7H 以及 M36×2-6g 等，其极限偏差数值可分别由相应的基本尺寸及其公差带代号查表获得。

图中对阀体几何公差的要求为：空腔 $\phi35$ 槽的右端面相对于 $\phi35$ 圆柱槽轴线的垂直度公差为 0.06mm，$\phi18H11$ 圆柱孔的轴线相对于 $\phi35$ 槽轴线的垂直度公差为 0.08mm。

此外，在图中还用文字补充说明了有关热处理和未注铸造圆角 R1~R3 的技术要求。

4. 综合考虑

把上述各项内容综合起来，就能得出阀体零件的总体情况，即对阀体的结构形状、尺寸大小及有关技术要求等内容有了全面的认识和了解。

第14章 装 配 图

表达机器（或部件）的图样称为装配图。在进行设计、装配、调整、检验、安装、使用和维修时都需要装配图。它是设计部门提交给生产部门的重要技术文件。在机械产品的设计过程中，一般先设计并画出装配图，然后再拆画零件图。装配图要反映出设计者的意图，表达出机器（或部件）的工作原理、性能要求、零件的装配关系和零件的主要结构形状，以及在装配、检验、安装时所需要的尺寸数据和技术要求。

本章将讨论装配图的内容、部件或机器的表达方案、装配图尺寸标注和技术要求注写、装配图的画法、读装配图和由装配图拆画零件图等内容。

14.1 装配图的内容

图14-1为齿轮泵的立体图和工作原理图。图14-2为齿轮泵的装配图。从图中可以看出，一张完整的装配图应包含以下内容：

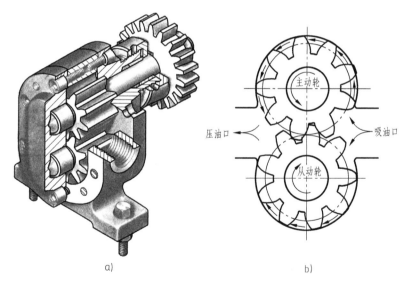

a)   b)

图 14-1 齿轮泵的立体图和工作原理图

a）立体图 b）工作原理图

（1）一组图形 用来表达机器或部件的工作原理、零件间的装配关系（包括配合关系、连接关系、相对位置及传动关系）和主要零件的结构、形状等。

（2）必要的尺寸 标注出表示机器或部件的性能、规格以及装配、检验、安装时所必需的几种尺寸。

（3）技术要求 用文字或符号说明机器或部件的性能、装配和调整要求、验收条件、试验和使用规则等。

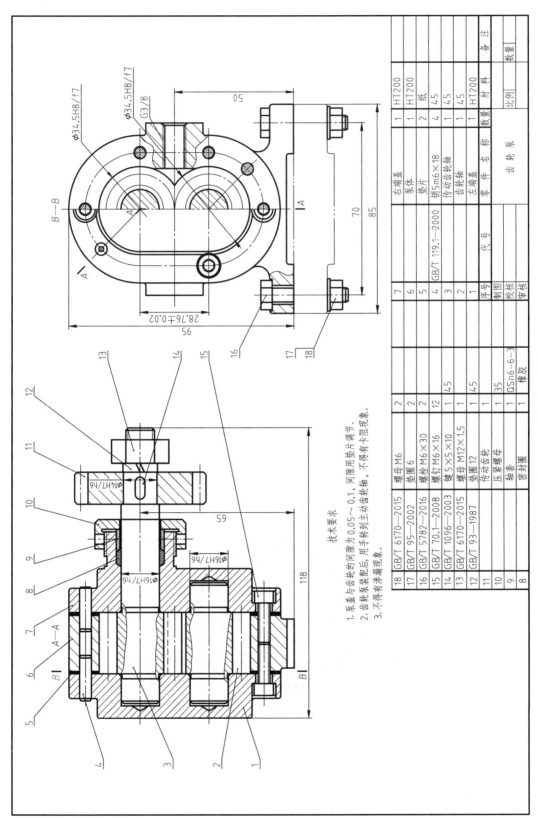

技术要求
1. 泵盖与齿轮的间隙为 0.05～0.1，间隙用垫片调节。
2. 齿轮泵装配后，用手转到主动齿轮轴，不得有卡阻现象。
3. 不得有渗漏现象。

18	GB/T 6170—2015	螺母 M6	2			
17	GB/T 95—2002	垫圈 6	2			
16	GB/T 5782—2016	螺栓 M6×30	2			
15	GB/T 70.1—2008	螺钉 M6×16	12			
14	GB/T 1096—2003	键 5×5×10	1	45		
13	GB/T 6170—2015	螺母 M12×1.5	1			
12	GB/T 93—1987	垫圈 12	1	45		
11		传动齿轮	1	45		
10		压紧螺母	1	35		
9		轴套	1	QSn6-6-3		
8		密封圈	1	橡胶		
7		右端盖	1	HT200		
6		泵体	1	HT200		
5		垫片	2	纸		
4	GB/T 119.1—2000	销 5m6×18	4	45		
3		传动齿轮轴	1	45		
2		齿轮轴	1	45		
1		左端盖	1	HT200		
序号	代号	名称	数量	材料		备注
制图		齿轮泵		比例		
校核				数量		
审核						

图 14-2　齿轮泵装配图

（4）零件的序号、明细栏和标题栏　为了便于进行生产准备工作，编制其他技术文件和管理图样，在装配图上必须对每个零件标注序号并编制明细栏。明细栏说明机器或部件上各个零件的名称、数量、材料以及备注等。序号的作用是将明细栏与图样联系起来，看图时便于找到零件在装配图中的位置。标题栏说明机器或部件的名称、重量、图号、图样比例等。

14.2　机器或部件表达方案的选择

本书第 7 章图样画法所讲述的关于机件的各种表达方法，都适用于装配图，但装配图所表达的是由若干零、部件组成的部件或机器，其内容应侧重于正确、清晰表达装配体的结构、工作原理及装配关系。针对装配图的这一特点，国家标准对装配图的画法又做了一些规定。

14.2.1　装配图上的规定画法

1. 相邻零件间接触面、配合面的画法

在装配图中，相邻两个零件的接触面以及基本尺寸相同的配合面，只画一条轮廓线，如图 14-3 所示。但若相邻两个零件的基本尺寸不相同，则无论间隙大小，均要画成两条轮廓线。

2. 零件剖面线画法

装配图中相邻两个金属零件的剖面线，必须以不同的方向或不同的间隔画出，如图 14-3 所示。而所有剖视图、断面图中同一零件的剖面线方向和间隔必须完全一致。另外，剖面厚度在 2mm 以下的图形允许以涂黑来表示剖面符号，如图 14-3 中的垫片。

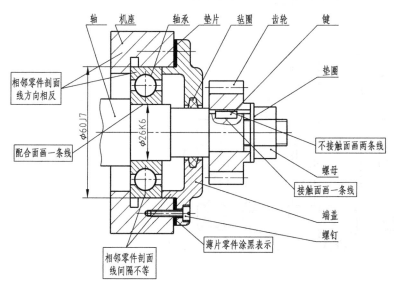

图 14-3　装配图上的规定画法

3. 紧固件及实心件的表达方法

在装配图中，对于紧固件及轴、连杆、球、键、销等实心零件，若按纵向剖切且剖切平面通过其对称平面或轴线时，这些零件按不剖绘制，如图 14-3 中的轴、键、螺钉、垫圈和螺母均按不剖绘制。如需要特别表明零件的结构（如凹槽、键槽、销孔等），可用局部剖表示。

14.2.2　装配图的特殊表达方法（GB/T 16675.1—2012）

1. 沿结合面剖切或拆卸画法

某些需要表达的结构形状在视图中若被其他零件遮盖时，可以假想沿某些零件的结合面选取剖切平面或将某些零件拆卸后再画出该视图。需要说明时，可加注"拆去××等"字样。如图 14-4 所示的滑动轴承俯视图中的右半部分就是拆去轴承盖、螺柱等零件后画出的。

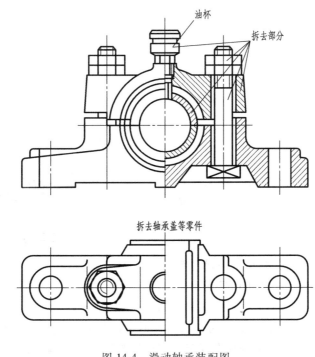

图 14-4　滑动轴承装配图

2. 单独表示某个零件

在装配图中，当某个零件的某些结构未表达清楚而且对理解装配关系又有影响时，可以单独画出该零件的视图、剖视图或断面图，用箭头指明投射方向或画剖切符号，标注字母，并在所画视图上方用相同的字母注出该零件的视图名称，如图 14-5c 所示的"泵盖 *B*"。

3. 夸大画法

装配图中如遇薄垫片、细丝弹簧、小间隙、小锥度等小结构，按实际尺寸画出难以表达清楚时，允许将该部分适当夸大画出。如图 14-2 中的 5 号件和图 14-5b 中的垫片，就采用了夸大画法。

4. 假想画法

在装配图中，需要表示运动零件的极限位置时，可将运动件画在一个极限位置，另一个极限位置用双点画线假想画出，如图 14-6 所示。有时，在某些装配图中，需要表达不属于

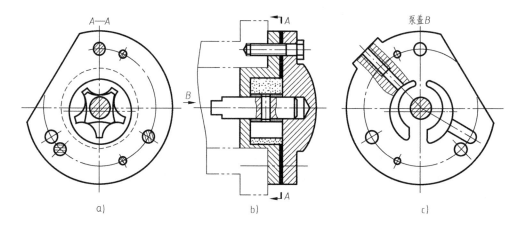

图 14-5　转子泵装配图

a）沿结合面剖切画法　　b）假想画法　　c）零件单独表示法

本部件但又与本部件有关系的相邻零件时，也
用双点画线画出它们的部分轮廓，如图 14-2 左
视图、图 14-5b 所示。

5. 简化画法

1）装配图中若干相同的螺栓、螺钉等连
接零件组，可仅详细地画出一处，其余用点画
线表示出中心位置即可，如图 14-7 中的螺钉
连接。

2）装配图中零件的工艺结构如圆角、倒
角、退刀槽、凸台、凹坑、滚花、沟槽、刻线
及其他细节可以省略不画，如图 14-7 所示。

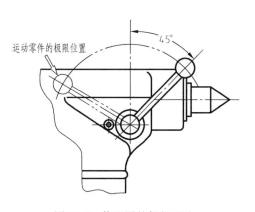

图 14-6　装配图的假想画法

3）装配图中，当剖切平面通过一组组合件（如油标、管接头等），或者该组合件已经
在其他视图中表达清楚，则该组合件可以只画外形，如图 14-4 所示滑动轴承上端的油杯。

4）装配图中的滚动轴承可按标准规定采用通用画法或特征画法；当需要较详细地表达
轴承的主要结构时，可将轴承的一半按规定画法，而另一半按通用画法绘制，如图 14-7
所示。

6. 展开画法

如图 14-8 所示的车床三星齿轮传动机构，为了表示传动路线和零件间的装配关系，假
想按传动顺序沿轴线剖开，然后依次展开，使剖切面展平到选定的投影面平行后，再画出它
的剖视图，这种画法称为展开画法。

14.2.3　装配图的视图选择

1. 装配图的视图选择要求

按照装配图的作用，其视图选择应满足以下要求：

1）表达装配体的工作原理，如传动顺序、油路等，一般应表示其工作位置，即装配体
在使用时或工作时的位置。

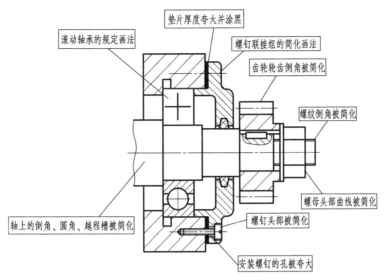

图 14-7 装配图中的简化画法

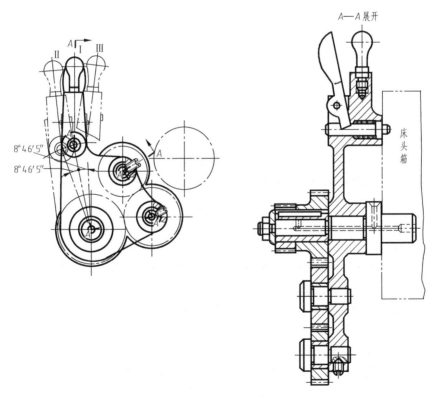

图 14-8 装配图的展开画法

2）反映各零件间的装配关系和连接关系，如配合性质、连接方式和安装方法等。

3）反映装配体的特征和概貌及各主要零件的基本结构形状。

装配图不必表达清楚每一零件上的所有结构形状，这是与零件图不同之处。这些结构形状，可在设计零件图时，根据设计与工艺要求来确定。

2. 装配图的视图选择步骤和方法

（1）进行机器或部件的分析

1）分析机器或部件的功能、组成、各零件的相对位置及连接、装配关系。

2）分析各个零件的作用。

3）分析零件装配时形成几条装配线（为实现某一特定功能或动作而装配在一起的一组零件），哪些是主要装配线（体现主要功用，且零件较多的装配线），哪些是次要（辅助）装配线。

4）分析各零件的运动情况和部件的工作原理。

5）分析机器或部件的工作状态和安装状态，以及与其他部件或机座的位置关系，安装和固定方式。

（2）选择主视图 装配图的主视图是一组视图中的核心，因此在选择主视图时，应综合考虑以下几个方面，选取最佳的表达效果：

1）反映机器或部件的工作或安装位置。

2）反映机器或部件的整体形状特征。

3）表达清楚主要装配线中零件的装配关系。

4）反映机器或部件的工作原理。

5）尽量表达较多零件的装配关系。

以上各项内容如果能同时满足为最好，如果不能同时满足，要优先保证前三项。

一般情况下，在选择主视图时应先确定部件如何摆放。通常将部件按工作位置放置或将其放正，即使装配体的主要轴线、主要安装面等呈水平或铅直位置。如图 14-2 所示齿轮泵的主视图，安装底板的工作位置就是摆放在下面。由于有些通用部件如滑动轴承、阀类等的应用场合不同，工作位置可能不同，应将其按照常见或习惯的位置确定为摆放位置。

（3）其他视图的选择 主视图确定以后，对其他视图的选择可以考虑以下几点：

1）考虑还有哪些装配关系。工作原理以及主要零件的主要结构还没有表达清楚，再确定选择哪些视图以及相应的表达方法。

2）尽可能地考虑用基本视图以及基本视图上的剖视图，包括沿零件结合面剖切或拆卸画法来表达有关内容。

3）要考虑合理地布置视图位置，使图样清晰并有利于图幅的充分利用。

（4）对比、调整、检查、修改

1）考虑有无其他表达方案。如果有，与当前方案进行对比，看哪种方案表达更清晰、合理，更便于看图和画图。

2）检查、调整选用最优方案。

3）检查组成装配图的零、部件是否表达完整。每种零、部件最少有一个在图样中出现一次。注意：用简化画法（点画线）画出位置的紧固件，如螺栓、螺钉等，也算作在图样中出现过。

1）检查每条装配线，看所有零件的装配和位置是否完整、正确。

2）检查机器或部件的工作原理表达是否到位。

3）检查与工作原理直接相关的零件是否得到表达。

4）检查与其他部件或机座间的安装、连接关系是否表达清楚。

5）检查图样的投影是否正确，画法和标注是否规范。

14.3 装配图的尺寸标注和技术要求的注写

14.3.1 装配图的尺寸标注

装配图与零件图的作用不同，装配图用于表示产品或部件的工作原理及各组成部分的装配关系，而不是用作零件加工、制造的依据，因此装配图中没有必要像零件图那样注出全部的尺寸，而是根据装配图的使用场合不同，有选择性地标注下列几类尺寸：

1. 性能（规格）尺寸

表示机器或部件性能或规格的尺寸，它是设计机器或部件的主要依据，也是用户选购产品的依据，如图 14-2 所示的进出油孔的螺纹尺寸 G3/8。

2. 装配尺寸

表示机器或部件上零件间装配关系的尺寸。一般有下列三种：

（1）配合尺寸 零件间有公差配合要求的一些重要尺寸，如图 14-2 所示齿轮泵装配图 $\phi16H7/h6$ 和 $\phi34.5H8/f7$ 等尺寸。

（2）相对位置尺寸 表示装配时需要保证的零件间较重要的距离、间隙等。一般有下列三种较重要的相对位置：

1）主要平行轴间的距离，如图 14-2 中的尺寸 28.76±0.02。

2）主要轴线与安装面间的中心距，如图 14-2 中的尺寸 65。

3）装配后两零件间必须保证的间隙。这类尺寸一般注写在技术要求中或视图上，如图 14-2 中技术要求的第 1 条。

（3）连接尺寸 重要螺纹、键、销、齿轮等连接处的有关尺寸。它一般包括连接部分的尺寸及有关位置尺寸。

3. 安装尺寸

表示将部件安装到机座或其他部件上时所涉及的尺寸。图 14-2 中底板上两个 M6×30 螺栓的中心距 70 为安装尺寸。

4. 外形尺寸

产品或机器的总长、总宽和总高，是包装、运输、安装、厂房设计时所需的重要尺寸，如图 14-2 中的尺寸 118、85 和 95。

5. 其他重要尺寸

对产品或机器的工作以及主要零件的结构有重大影响的尺寸。

由于产品的生产规模、工艺条件、专业习惯等因素的影响，并不是每张装配图必须全部标注上述各种尺寸，并且有时装配图上同一尺寸往往有几种含义。因此装配图上究竟要标注哪些尺寸，要根据具体情况进行具体分析。

14.3.2 装配图中的技术要求注写

1）当技术要求的内容不能在视图上用数字或代号直接注出时，应在标题栏和明细表上方或左方空白处用文字说明。技术要求的内容应简明扼要、通顺易懂。

2）技术要求不止一项时，应编顺序号；仅一条时不编号；项目很多，不便在图中注写时，要另编专门的技术条件。

3）技术要求中列举明细栏的零、部件时，允许只写序号或代号。

4）技术要求引用的各类标准、规范、专业技术条件以及试验方法与验收规则等文件时，应注明引用文件的编号和名称，或只注编号。

14.4　装配图的零、部件序号的编排及明细栏

14.4.1　装配图的零、部件序号的编排 （GB/T 4458.2—2003）

为便于读图、装配、管理图样、为组织生产准备材料和标准件，在装配图中需要按要求对零件（或部件）编写序号，并在标题栏上方绘制和填写包括各组成部分零、部件的编号、名称、数量、材料等内容的明细栏。

1. 编写序号的规定

1）装配图中所有的零件都必须编写序号，并且零件序号应与明细栏中该零件的序号一致。

2）装配图中一个零件只编写一个序号，同一装配图中形状、尺寸、材料和制造要求相同的零件，一般只标注一次。多处出现的相同的零件必要时也可重复标注。

2. 序号的编写方法

1）零件序号的编写形式如图14-9所示。序号填写在用细实线画出的指引线的水平线上方或圆内，字高比图中的尺寸数字高度大一号或两号。在同一装配图中，编号的形式应一致。

2）指引线（细实线）应自所指零件的可见轮廓内引出，并在末端画一圆点；若所指部分（很薄的零件或涂黑的剖面）内不宜画圆点时，可在指引线的末端画出箭头，并指向该部分的轮廓，如图14-9所示。指引线不能互相交叉，当通过剖面区域时，也不应与剖面线平行，必要时，指引线可画成折线，但只可曲折一次。一组紧固件或装配关系清楚的零件组可采用公共指引线，如图14-10所示。

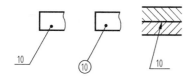

图 14-9　编注序号的形式

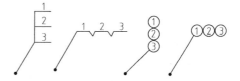

图 14-10　公共指引线

3）编写序号时要排列整齐、顺序明确，规定按水平或垂直方向排列在直线上，并依顺时针或逆时针方向顺序排列。在整个图上无法连续时，可只在每个水平或垂直方向顺序排列。

14.4.2　装配图的明细栏和标题栏

1）图14-11给出了教学用的明细栏格式。它是装配图中各组成部分（零件或部件）的

详细目录。明细栏应紧接在标题栏的上方，在标题栏上方位置不够或因视图布置的关系不宜放在标题栏上方时，可在标题栏左侧接着编写。

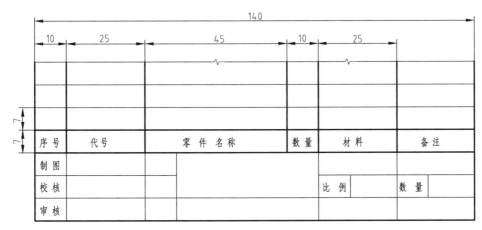

图 14-11　明细栏和标题栏

2）明细栏的内容一般包括序号、代号、名称、数量、材料、备注等内容。如果明细栏直接写在装配图的标题栏上方或左方有困难，也可在另外的纸上单独编写，称为明细表。

3）明细栏中"序号"一栏，应按照自下而上的顺序填写序号，并与装配图中标注的序号一一对应，如图 14-2 所示齿轮泵装配图。

4）明细栏中的"代号"一栏，应填写装配图中的零、部件的代号，对于标准件可以填写标准号，如图 14-2 中的 4 号件，其代号为"GB/T 119.1—2000"。

5）明细栏的"零件名称"栏，对一些标准件或外购件，除填写名称外，还应填写型号与规格，如图 14-2 中的 16 号零件，名称填写为"螺栓 M6×30"。

14.5　装配结构的合理性

装配结构的合理性会影响产品质量和成本，甚至决定产品能否制造，因此在设计和绘制装配图时，应该考虑装配结构的合理性，保证部件的性能要求。装配结构合理的基本要求是：

1）零件结合处应精确可靠，保证装配质量。

2）便于装配和拆卸。

3）零件的结构简单，加工工艺性好。

下面仅就常见的装配结构问题做一些介绍，以供画装配图时参考。

14.5.1　接触面与配合面的结构

1. 两个零件接触面的数量

两个零件接触时，在同一方向上一般只能有一对面接触，避免两对面同时接触，否则就要提高接触面处的尺寸精度，增加加工成本，如图 14-12 所示。

2. 两个零件接触面交角的结构

当要求两个零件在两个方向同时接触时，则两个接触面的交角处应制成倒角或切槽，以保证接触的可靠性，如图 14-13 所示。

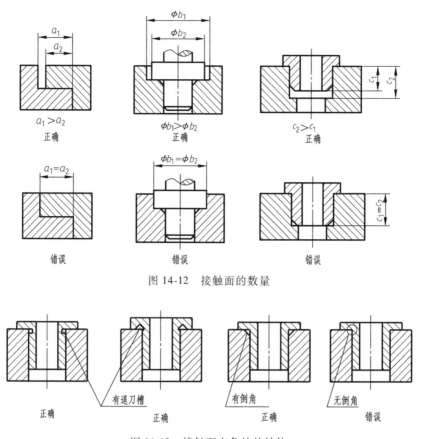

图 14-12　接触面的数量

图 14-13　接触面交角处的结构

3. 两个零件接触面的结构

为保证接触良好，接触面需经机械加工。合理地减少加工面积，可降低加工费用、保证零件间接触良好，如图 14-14 所示。

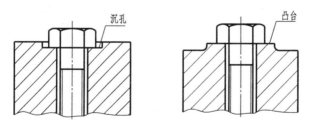

图 14-14　接触面的结构

4. 锥面接触

锥面配合同时确定了轴向和径向两个方向的位置，因此要根据对接触面数量的要求考虑其结构，如图 14-15 所示。

14.5.2　可拆连接结构接触处的结构

对于可拆连接结构而言，应主要考虑其接触处的连接可靠和装拆方便。

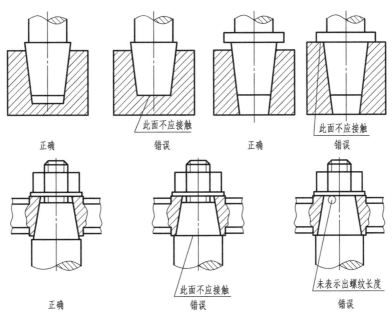

图 14-15 锥面接触的结构

1. 连接可靠

1) 如果要求将外螺纹全部拧入内螺纹中，而保证螺纹旋紧，应在螺纹尾部留出退刀槽或在螺孔端部加工出凹坑或倒角。为保证连接件与被连接件间良好接触，被连接件上应做成沉孔或凸台。被连接件通孔的直径应大于螺纹大径或螺杆直径，以便装配，如图 14-16 所示。

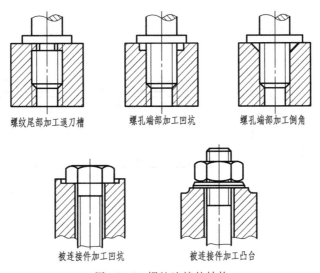

图 14-16 螺纹连接的结构

2) 轴端为螺纹连接时，应留出一段螺纹不拧入螺母中，如图 14-17 所示。

2. 装拆方便

1) 在装有螺纹紧固件的部位，应留有足够的空间，以便于装拆方便，如图 14-18 所示。

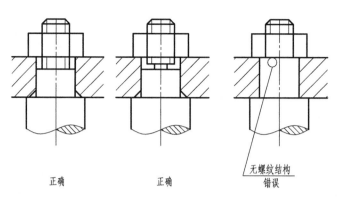

图 14-17　轴端螺纹连接

2）在安排螺钉位置时，应考虑扳手的空间活动范围，图 14-19 中左图所留空间太小，扳手无法使用，右图是正确的结构形式。

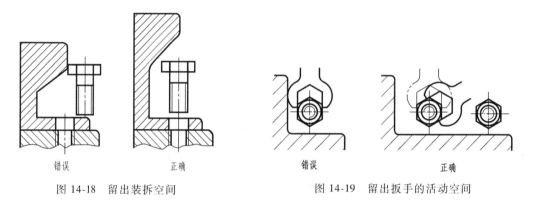

图 14-18　留出装拆空间　　　　　图 14-19　留出扳手的活动空间

3）对装有衬套的结构，应考虑衬套的拆卸问题。图 14-20 中的孔是为了拆卸衬套而设置的。

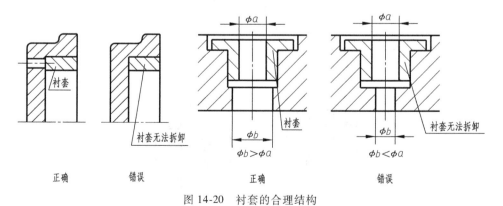

图 14-20　衬套的合理结构

14.5.3　轴向零件的固定结构

为了防止滚动轴承产生轴向窜动，必须采用一定的结构来固定轴承的内、外圈，如图 14-21 所示。

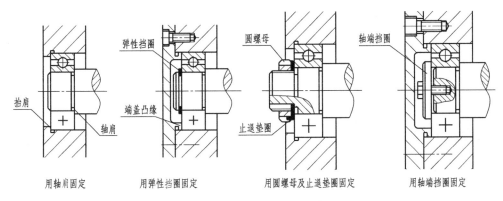

图 14-21 轴向零件固定结构

14.5.4 密封装置结构

在一些部件或机器中，为防止液体外流或灰尘进入，常需要设置密封装置结构。常用的密封装置有以下几种：

1. 毡圈密封

在装有轴的孔内，加工出一个梯形截面的环槽，在槽内放入毛毡圈，毛毡圈有弹性且紧贴在轴上，可起密封作用。环槽属标准结构，其各部分的尺寸可查阅有关手册，如图 14-22 所示。

2. 填料函密封

在输送液体的泵类和控制液体的阀类部件中，常采用填料函密封装置，通常用浸油的石棉或橡胶作填料，拧紧压盖螺母。通过填料压盖即可将填料压紧，起到密封作用。绘图时应使填料压盖处于可调整位置，一般使其压入 3~5mm，如图 14-23 所示。

3. 垫片密封

为了防止液体或气体从两零件的结合面处渗漏，常采用垫片密封。当垫片厚度在图中小于或等于 2mm 且未被剖切时，需画两条线表示其厚度，常采用夸大画法，在剖视图中可用涂黑代替剖面符号，如图 14-24 所示。

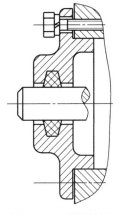

图 14-22 毡圈密封

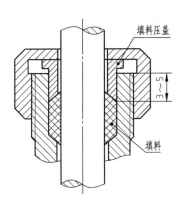

图 14-23 填料函密封

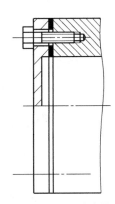

图 14-24 垫片密封

14.5.5　防松的常见结构

　　一些机器在运行中，经常产生振动，从而使连接部位发生松动，给机器的使用带来很多不便，甚至会因为连接的松动造成一些危害，因此对一些必要的连接部位必须采取防松的结构设计。图 14-25 是常见的几种防松结构。

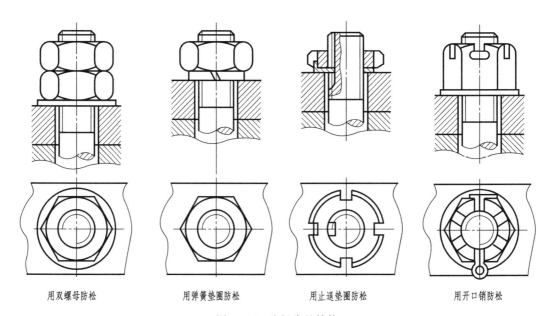

　　　　用双螺母防松　　　　　　用弹簧垫圈防松　　　　　　用止退垫圈防松　　　　　　用开口销防松

图 14-25　防松常见结构

14.6　画装配图的方法和步骤

14.6.1　准备工作

　　1. 对所表达的部件进行分析

　　画装配图之前，必须对所表达部件的用途、工作原理、结构特点、零件之间的装配关系及技术条件等进行分析、了解，以便着手考虑视图表达方案。

　　2. 确定表达方案

　　对所画的部件有了清楚了解之后，就要运用前面所讲的视图选择原则，合理运用各种表达方法，确定视图表达方案。

14.6.2　画装配图的方法和步骤

　　1. 画装配图的方法

　　从画图顺序来分，画装配图的方法通常有两种：

　　（1）"由内向外"画法　即从各个装配线的核心零件出发，按装配关系由内向外，逐层画出各个零件，最后画外层的箱体或壳体等包容、支承零件。

该方法的画图过程和设计过程基本一致。新机器设计初期，需要绘制装配草图，多采用这种方法来绘制，因为新机器没有零件图，需要先完成装配图设计后，再拆画出相应零件图。此方法的优点在于：不必先画后擦零件上被遮挡的轮廓线，有利于提高绘图效率。

（2）"由外向内"画法　即先画装配图中起支承、包容作用的零件，如箱体、壳体、支架等，这些零件一般体积较大、结构较复杂。然后按照装配路线和装配关系，由外向内逐层画出其他零件。

这种方法多用在对现有机器或设备进行测绘时，或对新设计的机器整理技术文件时，根据已有的零件图来"拼画"装配图。这种绘制方法的优点在于：整个绘图过程与零部件的装配过程一致，绘图比较形象、具体，利于空间想象。在进行机器设计时，需要首先设计箱体、支架等包容、支承零件时，适宜采用该方法绘制装配图。

2. 画装配图的步骤

（1）图面布局　根据视图表达方案所确定的视图数目、部件的尺寸大小和复杂程度，选择适当的画图比例和图纸幅面。布局时既要考虑各视图所占的面积，又要为标注尺寸、编写零件序号、明细栏、标题栏以及填写技术要求留出足够的空间。首先画出边框、图框、标题栏和明细栏等的底稿线，然后画出各基本视图的作图基准线，例如对称中心线、主要轴线和主体件的基准面等。

（2）画各个视图的轮廓底稿　画图时一般先从主视图的主要零件画起，然后沿各装配干线根据装配示意图及零件间的装配关系，按照"由外向内"或"由内向外"的方法，依次画出其他零件。先画基本视图，后画辅助视图。要注意零件的装配关系，分清接触面和非接触面。各零件的基本视图要一一对应同时画出，以保证投影关系对应无误。

（3）完成全图　完成各视图的主要轮廓底稿后，按照相邻零件及同一零件的剖面线方向、间距的相关规定，画出各剖视图的剖面线，标注装配图尺寸，编写零件序号，并对底稿逐项进行检查，擦去多余的作图线，按图线规定加深，最后填写技术要求、标题栏和零件的明细栏等。

（4）全面校核　完成全图后，还应对所画装配图的投影、视图表达、尺寸、序号、明细栏、标题栏、技术要求等各项内容进行一次全面校核，无误后在标题栏签名，完成装配图。

14.6.3　画装配图的应用举例

【例 14-1】　图 14-26 所示为铣刀头的立体图，按照"由内向外"的装配图画法，画出铣刀头的装配图，铣刀头各个零件的零件图如图 14-27~图 14-32 所示。

具体绘图步骤如下：

（1）根据立体图，绘制出装配示意图　如图 14-33 所示。

（2）分析部件　分析各个零件间的相对位置和连接关系，了解部件的工作原理。如图 14-26 所示，铣刀头是专业铣床上的一个部件，用来安装铣刀盘，由座体、轴、带轮、端盖、滚动轴承、键、螺钉等零件组成。工作原理：电动机带动 V 带轮，通过键把动力传给轴，轴再通过键将动力传给刀盘，进行铣削加工。

（3）确定视图表达方案　根据对铣刀头的分析，主视图选定工作位置，以垂直于铣刀头轴线的方向作为主视图投影方向，在主视图中采用全剖视图表达各零件间的装配关系。为表达铣刀头的主要零件——座体的结构形状及紧固端盖的螺钉分布情况，采用左视图来表达，同时为避免带轮对座体的遮挡，左视图采用拆卸画法来表达。

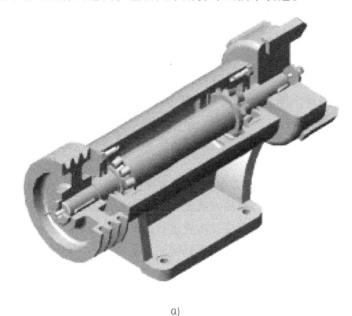

a)

带轮4　　键5　　滚动轴承7　　座体8　　轴9　　调整环10

挡圈3

销1

　　　　　　　　　　　　　　　　　　　　　　　　　端盖11

螺钉2

螺钉6　　　　　　　　　　　　　　　　　　　　　毡圈12

b)

图 14-26　铣刀头立体图

a）铣刀头立体图　b）铣刀头中零件的拆卸图

注：铣刀盘不属于该装配体，由用户自配，因此画装配图时，该部分用双点画线绘制。

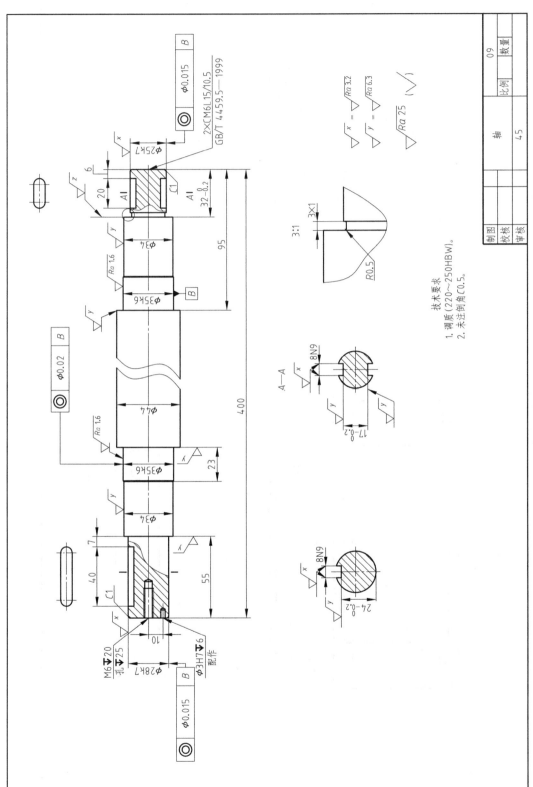

图 14-27 轴的零件图

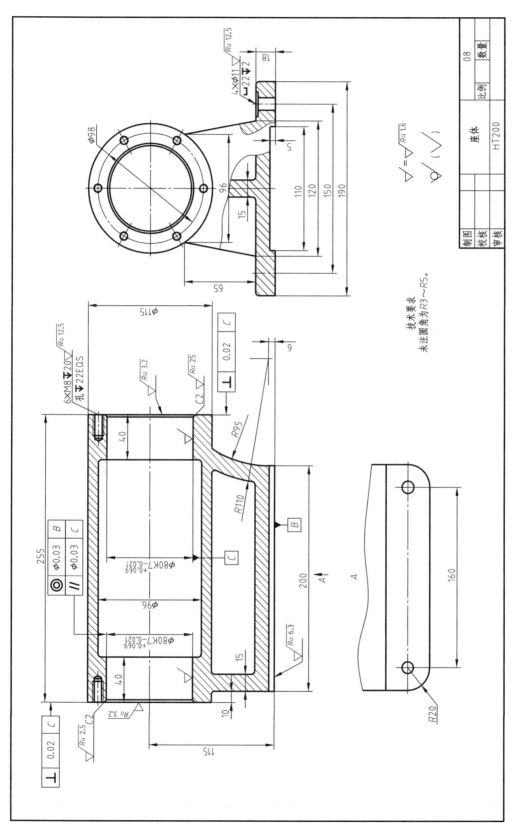

图 14-28　座体的零件图

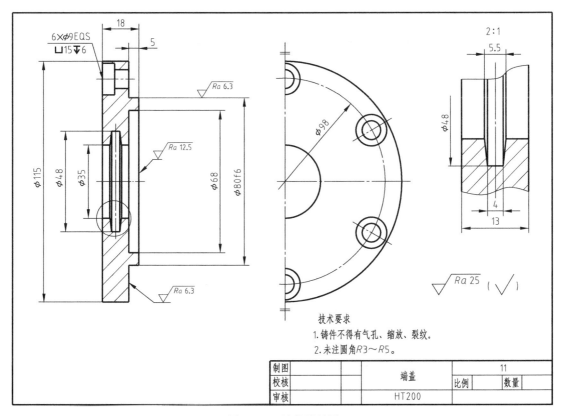

图 14-29 端盖零件图

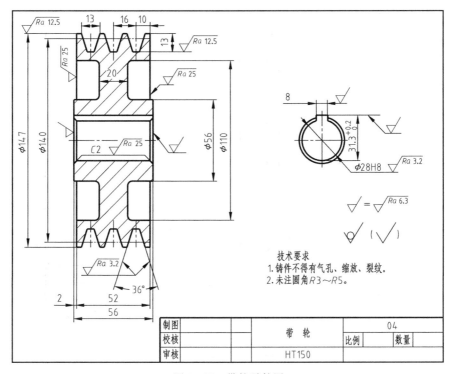

图 14-30 带轮零件图

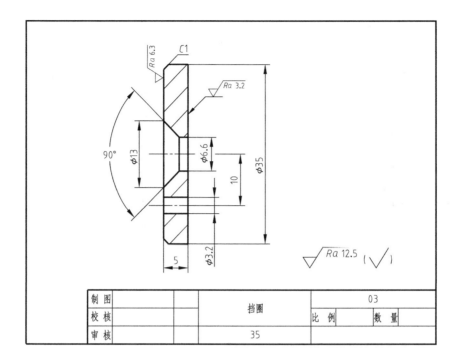

制 图			挡圈	03	
校 核				比 例	数 量
审 核			35		

图 14-31　挡圈零件图

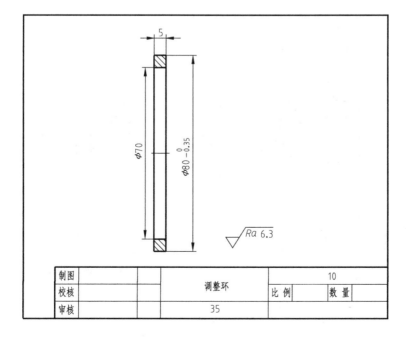

制 图			调整环	10	
校 核				比 例	数 量
审 核			35		

图 14-32　调整环零件图

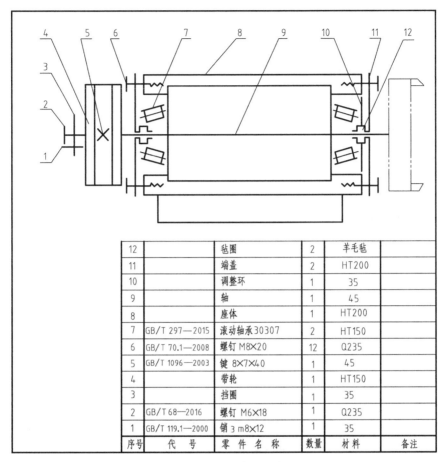

12		毡圈	2	羊毛毡	
11		端盖	2	HT200	
10		调整环	1	35	
9		轴	1	45	
8		座体	1	HT200	
7	GB/T 297—2015	滚动轴承30307	2	HT150	
6	GB/T 70.1—2008	螺钉 M8×20	12	Q235	
5	GB/T 1096—2003	键 8×7×40	1	45	
4		带轮	1	HT150	
3		挡圈	1	35	
2	GB/T 68—2016	螺钉 M6×18	1	Q235	
1	GB/T 119.1—2000	销 3 m8×12	1	35	
序号	代 号	零 件 名 称	数量	材 料	备注

图 14-33　铣刀头装配示意图

（4）按以下过程，采用"由内向外"方法绘制装配图　详细过程如图 14-34 ~
图 14-40 所示。

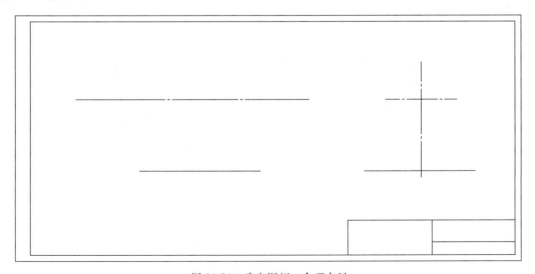

图 14-34　确定图幅，合理布局

1）确定图幅，并进行合理布局。画出各视图的主要基准线和底面，即铣刀头主视图的轴线、左视图轴的对称线和底面位置。在布局时一定要留出尺寸标注、零件序号和标题栏、明细栏的位置，如图 14-34 所示。

2）由内向外画出内部零件主要零件的轮廓。从主视图入手，沿装配线由内向外分别画出轴和轴承轮廓，如图 14-35 所示。

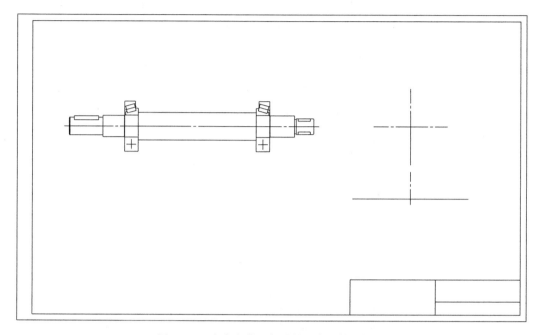

图 14-35　由内向外画各零件，先画轴和轴承

3）画出外部座体的轮廓，如图 14-36 所示。

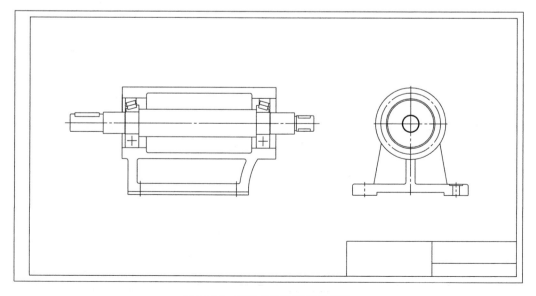

图 14-36　画支承轴和轴承的座体

4）画座体外部的端盖、调整环、螺钉等，如图 14-37 所示。

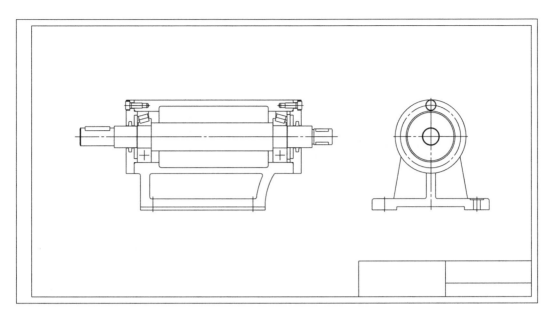

图 14-37　画端盖、调整环、螺钉

5）画带轮、键、挡圈、螺钉等，如图 14-38 所示。

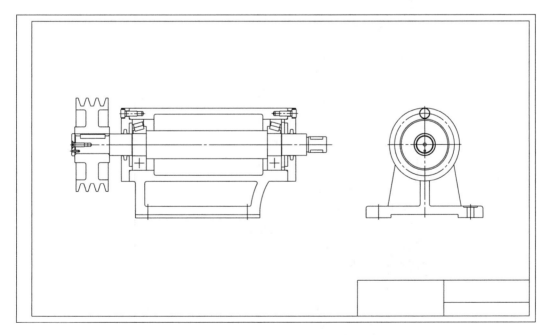

图 14-38　画带轮、键、挡圈、螺钉等

6）检查并校核。

7）标注装配图的尺寸，画剖面线并加深图线，如图 14-39 所示。

8）标注序号，填写标题栏、明细栏和技术要求，完成整个装配图，如图 14-40 所示。

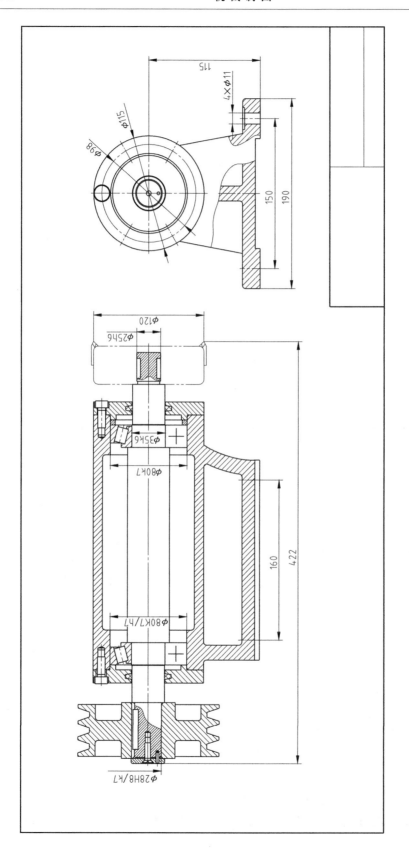

图 14-39　修改、加深并标注尺寸

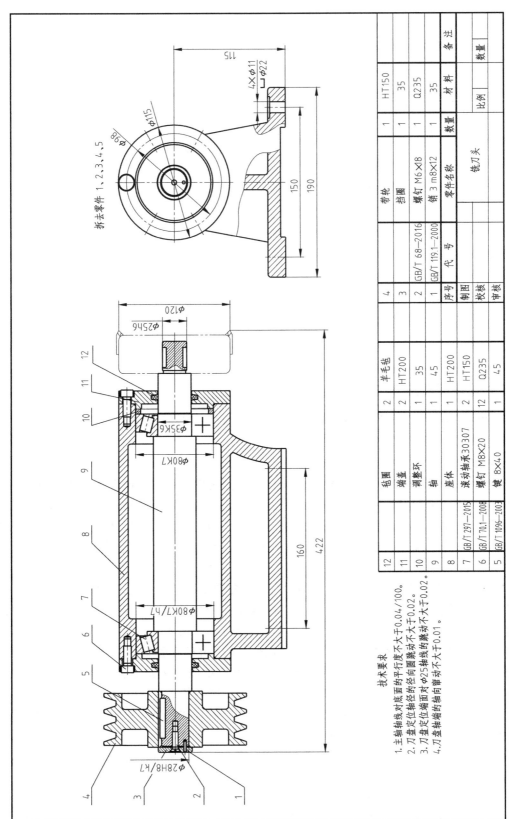

技术要求
1. 主轴轴线对底面的平行度不大于0.04/100。
2. 刀盘定位轴径的径向圆跳动不大于0.02。
3. 刀盘定位端面对φ25轴线的跳动不大于0.02。
4. 刀盘定位轴端的轴向窜动不大于0.01。

12	毡圈	2	羊毛毡		
11	端盖	2	HT200		
10	调整环	1	35		
9	轴	1	45		
8	座体	1	HT150		
7	滚动轴承30307	2		GB/T 297—2015	
6	螺钉 M8×20	12		GB/T 70.1—2008	
5	键 8×40	1	45	GB/T 1096—2003	
4	带轮	1	HT150		
3	挡圈	1	35		
2	螺钉 M6×8	1	Q235	GB/T 68—2016	
1	销 3 m8×12	1	35	GB/T 119.1—2000	
序号	零件名称	数量	材 料	代 号	备注

制图		铣刀头	
校核		比例	数量
审核			

图 14-40 编写零部件序号，填写明细栏和标题栏

14.7　读装配图和拆画零件图

14.7.1　读装配图的目的和要求

读装配图是在机器或部件的设计、制造、使用、维修和技术交流中必备的一项技能。机器安装和维修时，要根据装配图来装配或拆卸零件；机器设计时，要参照实际中现有的类似设备来设计和绘制零件图；技术交流时，需参阅装配图来了解零、部件的具体结构和机器的工作原理等，因此必须学会阅读装配图并掌握由装配图拆画零件图的方法和步骤。

阅读装配图的要求：

1）明确部件的结构，即部件由哪些零件组成，各个零件的定位和安装固定方式，零件间的装配关系。

2）明确部件的用途、性能、工作原理和组成该部件的各个零件的作用。

3）明确部件的使用和调整方法。

4）明确各个零件的结构、形状和各零件的装、拆顺序及方法。

注意：上述要求有时只靠阅读装配图很难达到，必要时还需要参考零件图和其他相关技术文件。

14.7.2　读装配图的方法和步骤

下面以图 14-41 所示的旋塞阀装配图为例，说明读装配图和由装配图拆画零件图的方法和步骤。

1. 概括了解

（1）了解机器或部件的用途、性能和规格　从标题栏中可知道该机器或部件的名称、大致用途及绘图比例。从图中所注规格性能尺寸，结合生产实际知识和产品说明书等相关资料，可了解该机器或部件的用途、适用条件和规格。图 14-41 所示的旋塞阀安装在管路上，用来控制液体流量和管路的启闭。主视图中 $\phi60$ 的孔为其特性尺寸，它决定旋塞阀的最大流量。

（2）了解机器或部件的组成　由明细栏对照装配图中的零件序号，了解组成该机器或部件的零件（标准件和非标准件）名称、数量、规格、材料及所在位置。由图 14-41 可知旋塞阀由 11 种零件（其中 7、8、10、11 四种零件为标准件）组成。

（3）分析视图　了解各视图、剖视图、断面图等的相互关系及表达意图。通过对装配图中各视图表达内容、方法及其标注的分析，了解各视图的表达重点及各视图的关系。图 14-41 中有主、俯、左三个基本视图以及一个 B 向视图。其中主视图用半剖视图表达了主要装配干线的装配关系，同时也表达了部件的外形；俯视图采用 A—A 半剖视图，既表达了部件的内部结构，又表达了阀体 1 与旋塞盖 4 连接部分的形状。主、俯视图均采用了拆卸画法；左视图用局部剖视图，表达阀体 1 与旋塞盖 4 的连接关系和部件外形；零件 9B 向视图表达了单个零件手柄的形状。

2. 了解机器或部件的工作原理和结构特点

概括了解之后，还应了解部件的工作原理和结构特点。该机器或部件是如何进行工作

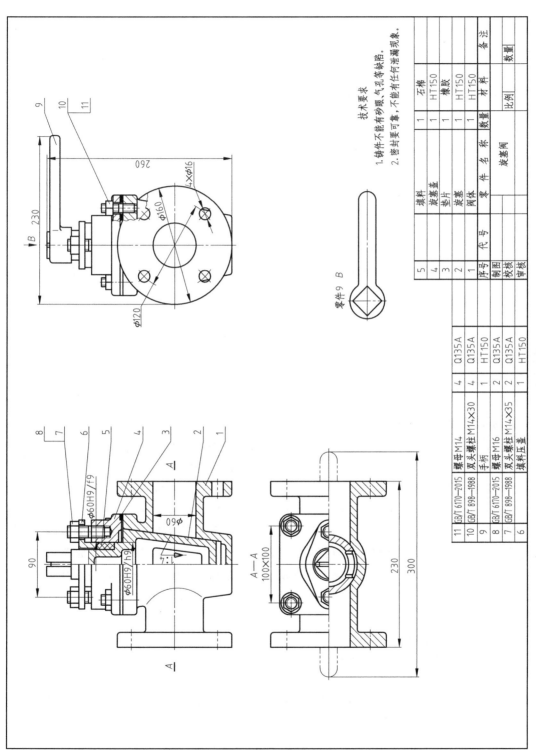

技术要求

1. 铸件不能有砂眼、气孔等缺陷。
2. 密封要可靠，不能有任何泄漏现象。

5		填料	1	石棉	
4		旋塞盖	1	HT150	
3		垫片	1	橡胶	
2		旋塞	1	HT150	
1		阀体	1	HT150	
序号	代号	零件名称	数量	材料	备注
制图				比例	
描校			旋塞阀		
审核					数量

零件 9 B

11	GB/T 6170—2015	螺母 M14	4	Q135A	
10	GB/T 898—1988	双头螺柱 M14×30	4	Q135A	
9		手柄	1	HT150	
8	GB/T 6170—2015	螺母 M16	2	Q135A	
7	GB/T 898—1988	双头螺柱 M14×35	2	Q135A	
6		填料压盖	1	HT150	

图 14-41 旋塞阀装配图

的，哪些零（部）件是运动的、运动的方式、运动的极限位置及在装配中如何保证这些运动关系等，这对装配、检验、使用、操作和检修都是必要的。

图 14-41 所示旋塞阀的工作状况是：旋塞阀中的运动零件为手柄 9 与旋塞 2，随着手柄转动带动旋塞转动，使得旋塞上的梯形孔转动，通过梯形孔与阀体管路相通或不相通来控制管路的启闭，通过相通的程度大小来控制液体的流量。当旋塞上的梯形孔与阀体管路完全相通时，阀门处于最大开通状态，液体流量最大；随着手柄的转动，液体流量变小，阀门将逐渐关闭，当手柄转过 90°时，阀门完全关闭。

为防止液体从结合面渗漏，在阀体与旋塞盖连接处装有垫片 3 以起到密封作用。旋塞 2 和阀体 1 的密封靠填料函密封结构来实现。

3. 了解机器或部件中零件间的装配关系

从反映装配干线最清楚的视图入手，了解零件间的各种配合关系和连接关系。从装配图中的配合尺寸了解零件间的配合关系，由螺纹和各种标准件了解零件间的连接关系。由图 14-41 可知，主视图反映了旋塞阀中的主要装配关系。图中注出了两处配合面的配合要求，即填料压盖 6 与旋塞盖 4 之间的配合尺寸 $\phi60H9/h9$，旋塞 2 与旋塞盖 4 之间的 $\phi60H9/f9$ 配合尺寸。由主视图和俯视图可知，填料压盖 6 和旋塞盖 4 之间用两组双头螺柱 7 和螺母 8 连接；由左视图和俯视图可知，旋塞盖 4 和阀体 1 之间用四组双头螺柱 10 和螺母 11 连接。由上述装配和连接关系可明确旋塞阀中的各个零件的装配和拆卸顺序，如图 14-42 所示。

4. 分析零件的作用及结构形状

根据装配图，分析零件在部件中的作用，并通过构形分析（即对零件各部分形状的构成进行分析），确定零件各部分的形状。

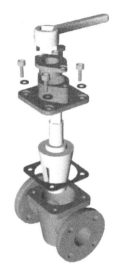

图 14-42　旋塞阀零件拆卸

下面以旋塞阀装配图中的阀体为例，说明分析该零件的作用和结构形状的方法。

从装配图中可知，阀体是旋塞阀装配图中的主要零件，它具有容纳其他零件，并与管路连接的功能。通过上面旋塞阀的工作原理了解到，旋塞 2 下部的结构主要为锥面结构，阀体要能够容纳它并与之配合，阀体的内腔必须设计成锥面。整个旋塞阀要连接到管路上，锥面两侧设计为圆管形，因管端部没有螺纹，为便于与管路相连，用圆形法兰盘与管路安装。阀体上端采用四组双头螺柱与旋塞盖相连，其结构与旋塞盖形状相同，应为带圆角的方板结构。

阀体的结构形状如图 14-43 所示。

5. 了解装配图中的尺寸和技术要求

装配图中的尺寸表达了机器或部件的特性、零件间的配合关系、连接关系、相对位置、安装尺寸、外形大小。旋塞阀装配图的特性尺寸是阀体出口尺寸 $\phi60$，决定了旋塞阀的最大流量。配合尺寸 $\phi60H9/f9$ 和 $\phi60H9/h9$、100×100、90 为安装双头螺柱的定位尺寸，属于装配的装配尺寸；300、230、260 为旋塞阀的外形尺寸；$\phi120$、$\phi160$、$4\times\phi16$ 为装配图的安装尺寸。

如装配图中有技术要求或其他技术性文件，还需要进一步阅读和了解。

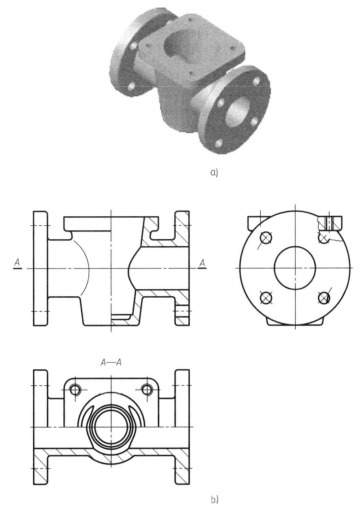

a)

b)

图 14-43 阀体立体图和三视图

a）阀体立体图 b）阀体三视图

14.7.3 由装配图拆画零件图

在部件设计和制造过程中，经常需要由装配图拆画零件图，简称拆图。由装配图拆画零件图是设计工作中的一个重要环节，应在读懂装配图的基础上进行。关于零件图的内容和要求，已在第 13 章中介绍，现仅将拆图步骤及应注意的问题介绍如下。

1. 读懂装配图，确定所画零件的投影

确定所画零件的结构形状的方法可概括为：由投影关系确定零件在装配图中已表达清楚部分的结构形状；分析确定被其他零件遮住部分的结构；增补被简化掉的结构；合理地设计未表达的结构。

2. 确定零件视图及其表达方案

零件在装配图主视图中的位置反映其工作位置，可以作为确定该零件主视图的依据之一。但由于装配图与零件图的表达目的不同，所以不能盲目照搬装配图中零件的视图表达方案，而应根据零件结构特点和对零件图的要求，重新全面考虑其表达方案。例如，装配图中因需要表达装配关系、工作原理等，可能出现对零件结构形状重复表达的视图，而在零件图中应予去掉。对装配图中未表达清楚的零件结构形状，则应增补视图。

3. 确定零件的投影

确定零件的投影主要是从装配图中分离出零件的投影。

1）根据明细栏中的零件序号，从装配图中找到该零件的所在部位。如阀体，由明细栏中找到其序号为 1，再由装配图中找到序号 1 所指的位置。

2）利用投影分析，根据零件的剖面线倾斜方向和间隔，确定零件在各视图中的轮廓范围，并将其从装配图中分离出来。图 14-44 是阀体的分离投影。

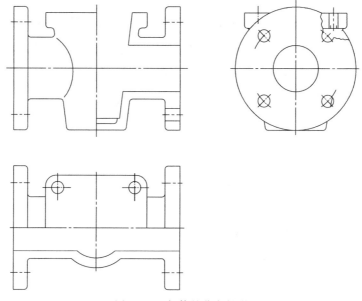

图 14-44　阀体的分离投影

3）综合分析，确定零件的结构形状，这是读图中应解决的一个重要问题。通常采用如下方法：

① 根据配合零件的形状、尺寸标注，并利用构形分析，确定零件相关结构的形状。

② 利用配对连接结构形状相同或类似的特点，确定配对连接零件的相关部分形状。

③ 根据各视图间的投影联系、有关尺寸、技术条件和装配图的简化画法，逐步分离和判别出相应零件在各视图中的投影轮廓，最终想象出该零件的完整结构和形状。

④ 根据对装配结构合理性的分析和有关标准规定，增补在装配图中由于采用简化画法而被省略掉的零件结构。

⑤ 根据装配关系、零件的作用和加工工艺要求，确定零件在装配图中没有表达的结构形状。

根据上述方法与步骤确定阀体的三视图，如图 14-43b 所示。

4. 确定零件的尺寸

根据零件在部件中的作用、装配和加工工艺要求，运用结构分析和形体分析方法，选择合理的尺寸基准。

确定零件的尺寸可遵循以下原则：

1）凡装配图中已经注出的尺寸，一般为重要尺寸，应按原尺寸数值标注到有关零件图中。如旋塞阀出口尺寸 φ60（性能规格尺寸）；上端双头螺柱的尺寸定位尺寸 90、100×100；内腔锥度 1：4；对配合尺寸，则应将装配图中的配合代号分开，以公差带代号或极限偏差数值的形式分别标注在零件图的相应尺寸中，如 4 号件旋塞盖和 6 号件填料压盖之间的配合尺寸 φ60H9/f9，在旋塞盖内孔注写 φ60H9，在填料压盖的外圆柱端注写 φ60f9。

2）装配图中未注出的尺寸，应根据下述不同情况加以确定：

① 零件上的标准结构（如倒角、圆角、退刀槽、键槽、螺纹等）尺寸应查阅明细栏和有关手册，按其标准数值和规定注法标注在零件图的相应位置。如旋塞阀与螺柱连接的螺孔、填料压盖穿螺柱的通孔等，其有关尺寸均应根据明细栏中螺钉的规格查得。

② 其他未注尺寸可根据装配图的比例直接从图中量取，圆整成整数注写在零件图中。

5. 确定零件表面结构代号及其他技术要求

根据零件表面的作用、要求和加工方法，参考有关资料，确定表面结构符号及其参数值。要特别注意去除材料和不去除材料表面的区别。

零件的其他技术要求可根据零件的作用、要求、加工工艺、参考有关资料拟定。

6. 校核零件图，加深图线，填写标题栏

在完成零件图底稿后，还需要对零件图的视图、尺寸、技术要求等各项内容进行全面校核，按零件图要求完成全图。

图 14-45 为阀体的零件图。

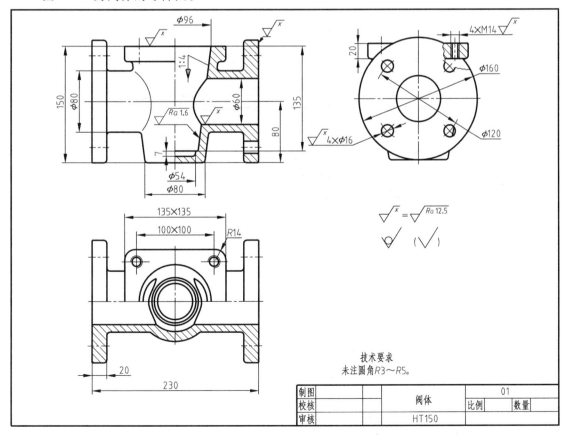

图 14-45　阀体零件图

【例 14-2】 根据图 14-41 所示旋塞阀的装配图,拆画 4 号件旋塞盖,画出完整的零件图。

拆画步骤如下:

1) 根据明细栏,对照装配图找出 4 号件在装配图中的位置。

2) 根据剖面线和视图的投影关系,找出旋塞盖在各个视图中的位置。

3) 从装配图中分离各个视图,如图 14-46 所示。

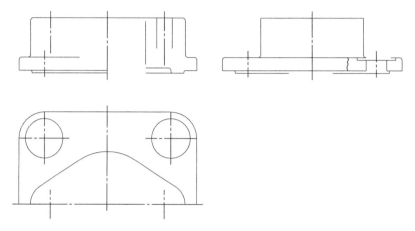

图 14-46 旋塞盖的分离图

4) 综合分析各个视图,补画完整的旋塞盖三视图,如图 14-47 所示。

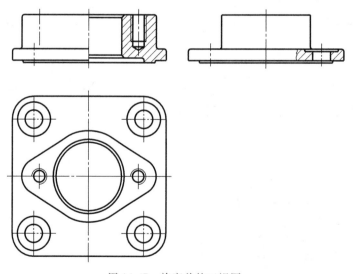

图 14-47 旋塞盖的三视图

5) 对照装配图中的尺寸,首先标注旋塞盖在装配图中已有的尺寸;补充标注装配图中未出现的所有尺寸,尺寸数值可以从零件图中量取并圆整(注意装配图中的绘图比例)。

6) 注写表面结构代号和技术要求。

7) 检查、加深并填写标题栏。

图 14-48 为旋塞盖完整的零件图。

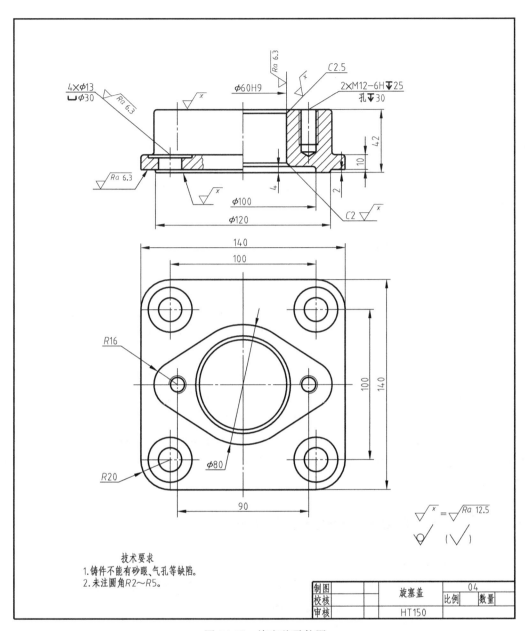

图 14-48 旋塞盖零件图

第15章 零部件测绘

测绘是根据机器零件绘制机械图样的过程。它是以机器或一个零、部件为研究对象，通过对零件的测量分析，绘制其全部非标准零件的零件图和部件装配图的过程。

测绘与设计不同。设计是根据需求先设计出机器或部件的全套图样，然后再制造出样机；而测绘是根据已有的机器或零、部件，测绘出图样，再按图样加工制成机器或零、部件的过程。

15.1 测绘的意义和分类

从教学的角度分析，测绘是学生对机械制图知识的综合运用过程。如果学生学习了"机械制图""金属工艺学"等基础课程后，尤其是在进行了金工实习后，重新进行机械零部件的测绘，可对部件的工作原理、零件的作用、结构、图样的表达、尺寸标注的合理性以及公差、表面结构代号的选择和标注等有综合的理解和提高，为机械专业的学生学习后续的专业课打下较好的基础，同时也可激发学生对机械专业学习的兴趣。

从生产实际的角度分析，大部分的机械设备都是在原有产品的基础上进行改进，因此对现有设备的测绘是实际机器生产中的一项必不可少的工作。

一般测绘可分为：整机的测绘、部件测绘和单个零件的测绘。测绘根据目的不同，又可分为：为修复机器进行的机修测绘；为仿制一些先进产品进行的仿制测绘；为改进产品性能进行的设计测绘。

15.2 零、部件测绘的一般方法和步骤

1. 零、部件测绘的方法

测绘的目的不同，测绘的方法也有所不同。实际测绘中，常见的方法有以下几种：

1）测绘出零件草图→由草图绘制装配图→绘制零件工作图。

2）测绘出零件草图→由草图绘制零件工作图→绘制装配图。

3）测绘出装配草图→由草图绘制零件工作图→绘制装配图。

4）测绘出装配草图→由装配草图绘制零件草图→绘制零件工作图→绘制装配图。

具体用哪种方法，要根据测绘的目的来选用。本章对一级齿轮减速器的测绘采用方法1）来绘制，即首先绘制零件草图，由零件草图绘制装配图，最后绘制正式零件图（一级减速器正式零件图，这里不做讲解）。

2. 零、部件测绘的步骤

1）拆卸部件前的准备工作。了解部件或机器的工作原理、结构特点，确定拆卸的方案，准备拆卸工具和量具。

2）拆卸部件。拆卸部件的过程中，必须边拆卸边绘制装配示意图，装配示意图是绘制

装配图的重要资料，也是机器和部件恢复安装的重要依据。此外，应将拆卸后的零件妥善保管，避免散落或丢失。

3）绘制一般零件的零件草图，标出尺寸线和尺寸界线。

4）测量零件各部分尺寸，填写尺寸数值并进行相应的尺寸圆整和协调，确定尺寸公差和表面结构代号等。

5）编制标准件的规格要求表。

6）根据零件草图绘制装配图，如装配有问题，要及时找出原因，提出解决的方案。

7）根据装配图和零件草图绘制正式的零件图。

8）对全部图样进行审核，写出测绘总结。

15.3 零件草图的绘制

1. 零件草图的定义和作用

在绘图时，因受时间或工作场所的限制而无法使用绘图仪器进行准确绘图，通过对零件目测或用简单的测量方法得出零件各部分之间的比例关系，并徒手在白纸或格纸上绘制零件的图样，称为零件草绘。

草绘不等于潦草、不认真。草绘零件图必须包括零件图的所有内容，其具体要求为：视图表达完整正确，尺寸标注齐全正确，线型分明，字体工整，图面整洁，技术要求齐备，有图框和标题栏。

零件草图是绘制装配图和零件工作图的原始资料和依据。草图如果马虎，就会给测绘工作带来很大的困难。因此，绘制零件草图也必须做到一丝不苟。

2. 绘制零件草图的步骤

1）准备工作。

① 了解零件的名称、在部件中的作用。

② 弄清楚零件的材料，尽可能多地了解加工方法。

③ 分析零件的结构形状，弄清楚零件各组成部分的形状、位置和作用。

④ 根据零件结构，拟定表达方案。

⑤ 确定图纸幅面的大小，画出图框和标题栏。

2）绘制零件草图。

① 布局视图，留出标注尺寸的位置、标题栏和书写技术要求的位置。

② 绘制底稿，主要用细线绘制。

③ 绘制尺寸线、尺寸界线和箭头，直径、半径要加注 ϕ 或 R。

④ 标注表面结构的符号。

3）测量并标注尺寸，确定表面结构符号的数字大小。

① 草图绘制时，尽量避免边画图边测量尺寸，应在视图和尺寸线画完后，集中进行尺寸测量。

② 完成草图前，按零件表面的作用和加工情况，确定表面结构符号的具体参数值和技术要求，初学的人员一定要参考同类图样或相关资料来确定。

4）检查并加深草图。

15.4　零件尺寸的测量

1. 常用的测量工具

测量零件尺寸时，由于零件的复杂程度和精度要求不同，需要用多种不同的测量工具和仪器，才能较准确地确定零件上各部分的尺寸。图 15-1 给出了几种常见的测量工具。

2. 不同类型尺寸的测量方法

（1）直线尺寸的测量　测量直线的长度，通常用钢直尺或游标卡尺直接量取，如图 15-2a、b 所示。也可以采用外卡钳和钢直尺配合量取，如图 15-2c 所示。如果直接量取时有一定困难，也可借助其他的辅助工具来测量，如图 15-2d 所示。

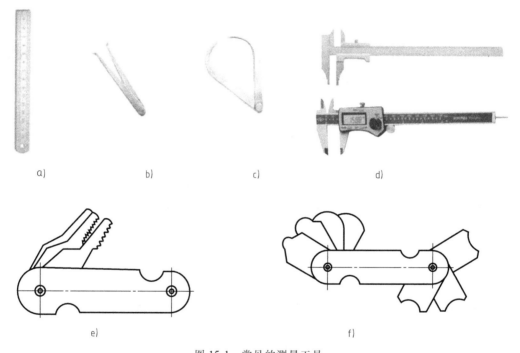

a)　　　　　　b)　　　　　　c)　　　　　　d)

e)　　　　　　　　　　f)

图 15-1　常见的测量工具

a）钢直尺　b）内卡钳　c）外卡钳　d）游标卡尺　e）螺纹规　f）圆角规

（2）回转体的内径、外径的测量　回转体的内、外径可用游标卡尺和内、外卡钳来测量。用游标卡尺测量时，可以直接读出尺寸数值，如图 15-3a 所示；用外卡钳测量回转体的外径时，外卡钳应与被测回转体的轴线垂直；用内卡钳测量内径时，内卡钳应沿被测回转体的轴线方向放入，然后轻轻转动，测量出的最大尺寸为直径尺寸，如图 15-3b、c 所示，当用内、外卡钳测量时，还需要用钢直尺量出其数值。

（3）壁厚的测量　如果零件的壁厚可以直接量取，可采用钢直尺和游标卡尺直接来测量。如不能直接量取，可用钢直尺和外卡钳配合来测量，如图 15-4 所示。

（4）孔中心距的测量　孔径如果相等，可直接用钢直尺或内外卡钳量取。如孔径不等，则需要量取后计算得出，如图 15-5 所示。

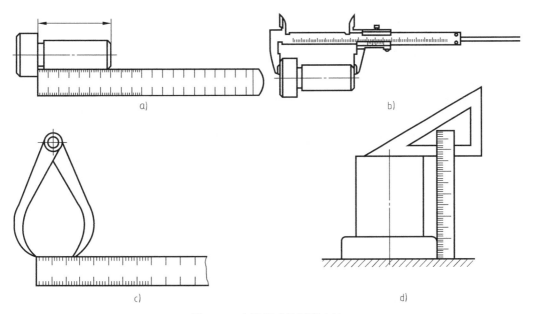

图 15-2　直线尺寸的测量方法

a）钢直尺直接测量　b）游标卡尺直接测量　c）外卡钳测量　d）其他辅助工具测量

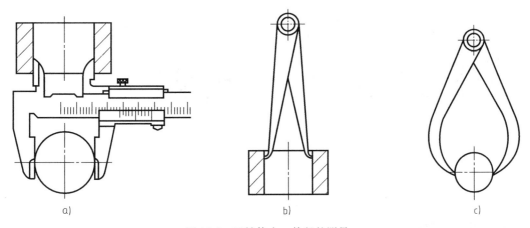

图 15-3　回转体内、外径的测量

a）游标卡尺测量内、外径　b）内卡钳测量内径　c）外卡钳测量外径

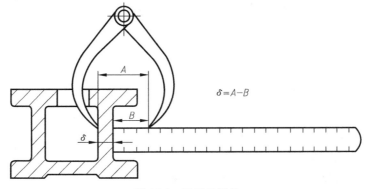

图 15-4　壁厚的测量

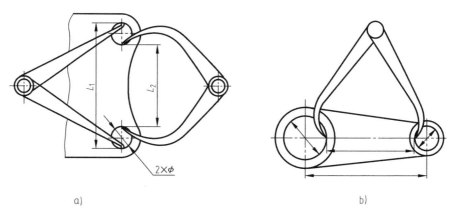

a)　　　　　　　　　　　　　　　　　　　　b)

图 15-5　孔中心距的测量

a) 圆角的测量　b) 螺距的测量

（5）内、外圆角和螺纹螺距的测量　内外圆角采用专业量具圆角规测量。找出圆角规中与被测圆角相吻合的样板，可直接得到圆角半径。螺纹螺距用螺纹规测量，找出与被测螺纹牙型一致的样板，即可得出螺纹的螺距，如图 15-6 所示。

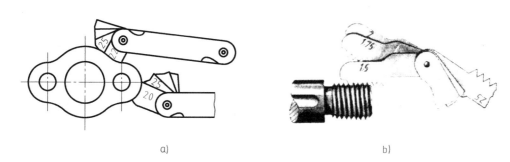

a)　　　　　　　　　　　　　　　　　　　　b)

图 15-6　圆角和螺纹螺距的测量

a) 圆角的测量　b) 螺距的测量

15.5　零、部件测绘举例

下面以图 15-7 所示的一级齿轮减速器为例来说明零、部件测绘的过程。

1. 分析齿轮减速器的作用、结构、性能和装配关系

（1）齿轮减速器的作用和工作原理　本章提供的一级圆柱齿轮减速器是通过装在箱体内的一对直齿圆柱齿轮的啮合传动实现降低轴的转速的作用。动力由电动机通过带轮传送到小齿轮轴，然后通过两齿轮啮合（小齿轮带动大齿轮）将动力传送到大齿轮轴，从而实现减速的目的。

图 15-7　一级齿轮减速器

（2）传动路线　由于输出轴即大齿轮轴的转速下降，轴上承受的扭矩必然会增大，因此输出轴的轴径比输入轴的轴径要大，同时两轴径中选用的轴承直径也不相同。动力传动路线为：电动机带动小齿轮轴转动，通过与大齿轮啮合带动大齿轮旋转，再进一步通过键连接将降低后的转速传递给大齿轮轴输出。

（3）装配关系　轴通常由轴承进行支承，轴承装配在箱体内，该减速器的两根轴只允许转动，不允许做轴向移动，因此，轴上装配的齿轮、调整环、挡油环及轴承内圈均为端面接触，并通过轴承外圈端面与闷盖和透盖顶紧后固定在箱体上，大齿轮通过轴肩和调整环顶住，起到轴向定位的作用，由调整环调整齿轮的轴向位置。

（4）与润滑相关的结构　齿轮在啮合传动时，为减少磨损，轮齿及轴承等表面需要润滑，润滑油装于箱体内。油位高度一般取浸没大齿轮 1~3 个轮齿为宜。齿轮在旋转时将油带起，引起油的飞溅和雾化，在润滑齿轮的同时，轴承等各个需润滑的零件也得到了相应的润滑，这是一种飞溅润滑的方式。

为防止润滑油的渗漏，减速器中的一些零件和零件间设计了一些起密封作用的结构和装置。两个透盖上的密封槽结构，是为了防止油沿着轴的表面向外渗出而设计。

润滑油需要定期更换，脏油通过箱体侧面的油孔放出，平时油孔用油塞堵住。为防止油漏出，油塞上加密封圈。箱体的底部应有一定的斜度，放油口的螺纹孔应低于油池底面，以便脏油能全部排出。

箱盖上开的透视孔是用来观察齿轮的磨损情况和加油使用的。同时，箱盖上装有通气塞，保证油箱内的大气压平衡。

（5）箱体结构　箱体前后对称，两啮合齿轮安置在该对称平面上，轴承和端盖对称分布在齿轮的两侧。箱体的左右两边有四个钩状的加强肋板，为起吊运输之用。

2. 根据减速器的工作原理和结构特点，提出拆卸方案，给出拆卸框图

减速器拆卸框图如图 15-8 所示。

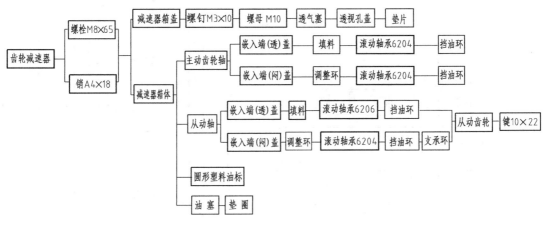

图 15-8　减速器拆卸框图

3. 进行减速器的拆卸，并绘制装配示意图

按照图 15-8 所示的拆卸框图，顺序拆卸减速器，边拆边绘制装配示意图。绘制装配示意图的方法如下：

1）绘图时，将装配体设想为透明的，内、外轮廓都必须画出，但既不是外形图，也不是剖视图。

2）装配示意图是用一些规定代号及示意画法画出的图，各个零件只画大致轮廓或用单线表示，但影响工作原理的结构需要表达清楚。

3）两零件接触面间留出间隙，以便区分零件。

4）装配示意图主要表达零件间的相对位置和工作原理，一般情况下画一个视图。如果图形复杂，一个视图表达不清，也可以画两个视图，如图 15-9 所示。

5）装配图中的内外螺纹用示意画法。

减速器的装配示意图如图 15-9 所示。图 15-10 为减速器的拆卸零件图。

4. 绘制零件草图

下面以减速器箱体零件为例，说明绘制零件草图的方法和步骤。减速器箱体如图 15-11 所示。

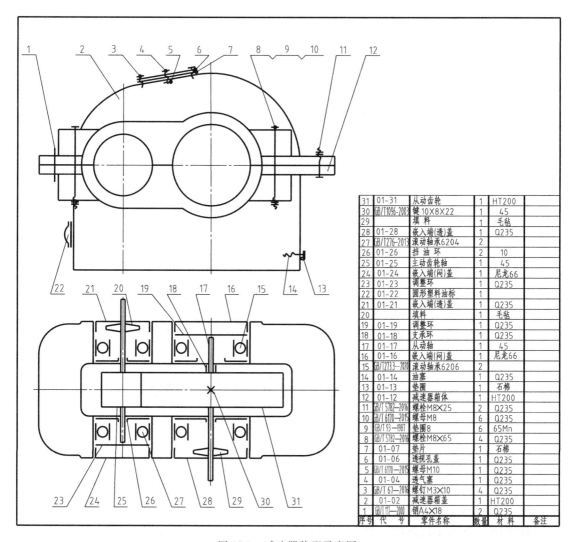

31	01-31	从动齿轮	1	HT200	
30	GB/T1096-2003	键 10×8×22	1	45	
29		填料	1	毛毡	
28	01-28	嵌入端(透)盖	1	Q235	
27	GB/T276-2013	滚动轴承6204	2		
26	01-26	挡油环	2	10	
25	01-25	主动齿轮轴	1	45	
24	01-24	嵌入端(闷)盖	1	尼龙66	
23	01-23	调整环	1	Q235	
22	01-22	圆形塑料油标	1		
21	01-21	嵌入端(透)盖	1	Q235	
20		填料	1	毛毡	
19	01-19	调整环	1	Q235	
18	01-18	支承环	1	Q235	
17	01-17	从动轴	1	45	
16	01-16	嵌入端(闷)盖	1	尼龙66	
15	GB/T2273-2020	滚动轴承6206	2		
14	01-14	油塞	1	Q235	
13	01-13	垫圈	1	石棉	
12	01-12	减速器箱体	1	HT200	
11	GB/T 5782-2016	螺栓M8×25	2	Q235	
10	GB/T 6170-2015	螺母M8	6	Q235	
9	GB/T 93-1987	垫圈8	6	65Mn	
8	GB/T 5782-2016	螺栓M8×65	4	Q235	
7	01-07	垫片	1	石棉	
6	01-06	透视孔盖	1	Q235	
5	GB/T 6170-2015	螺母M10	1	Q235	
4	01-04	透气塞	1	Q235	
3	GB/T 67-2016	螺钉M3×10	4	Q235	
2	01-02	减速器箱盖	1	HT200	
1	GB/T 117-2000	销A4×18	2	Q235	
序号	代　号	零件名称	数量	材料	备注

图 15-9　减速器装配示意图

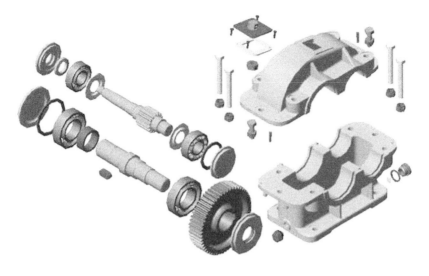

图 15-10 减速器的拆卸零件图

减速器的装拆过程

图 15-11 减速器箱体立体图

1）减速器箱体的作用有容纳齿轮、连接、安装、支承、润滑等功能，材料为铸件，底面和上表面需要加工。

2）箱体内外结构都较复杂，最少用三个视图表达。主、俯视图主要表达箱体的外形，对一些结构可以在这两个视图中用局部剖来表达；左视图用阶梯剖切的全剖视图，主要来表达内腔结构。如果还有未表达清楚的局部，可增设局部视图；另外装端盖的槽尺寸较小，可以采用局部放大图来表达并标注尺寸。

3）草图布局。绘制图框、标题栏、零件的主要轴线和视图位置，如图 15-12 所示。

4）绘制底稿。用细实线绘制出内、外形状和结构的视图及剖视图，绘图时要注意几个视图的相关形体及结构一起绘制，保证它们之间的投影关系，如图 15-13 所示。

5）绘制剖面线、尺寸线和尺寸界线，直径注写 ϕ，半径注写 R，如图 15-14 所示。

6）检查、修正并加深草图，注写尺寸数值、技术要求，填写标题栏，如图 15-15 所示。其他零件可按照同样的方法画出零件草图。

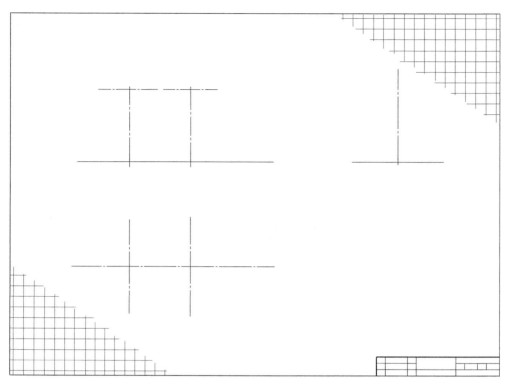

图 15-12　箱体零件草图的布局图

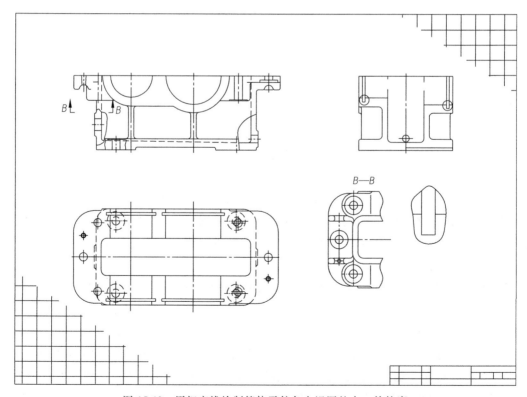

图 15-13　用细实线绘制箱体零件各个视图的内、外轮廓

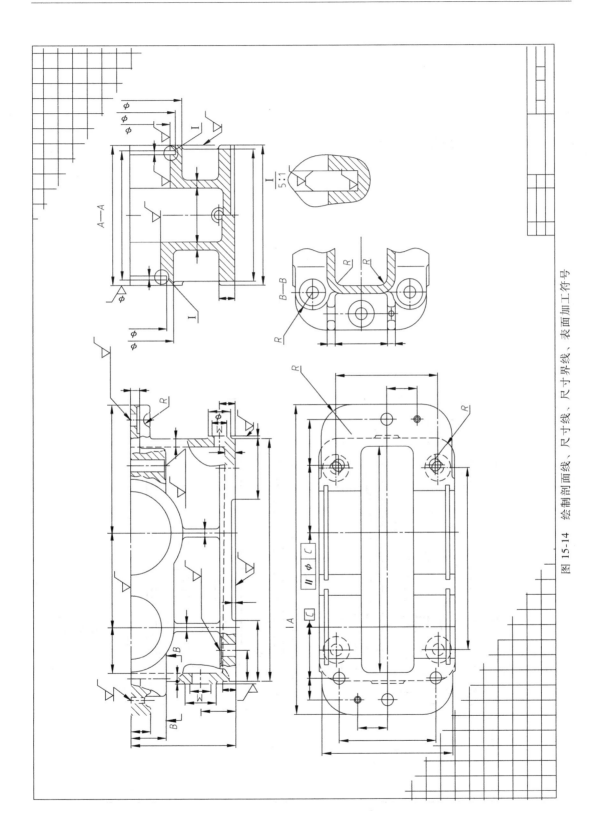

图 15-14　绘制剖面线、尺寸线、尺寸界线、表面加工符号

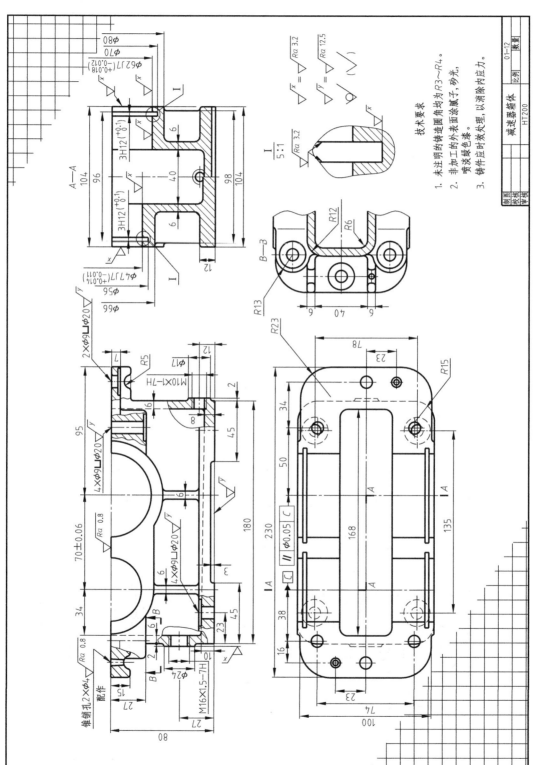

图 15-15　检查、修正并加深草图，注写尺寸数值，技术要求，填写标题栏

15.6 由零件草图绘制部件装配图

机器或部件中的一般零件全部测绘完成后，下一步的工作就是根据测绘的草图，绘制机器或部件的装配图。在绘制装配图时，必须严格按照零件在机器中的位置画出，同时要分析零件与零件间的配合及非配合表面。

结合第 14 章所讲的装配图的绘制方法，来讲解一级齿轮减速器装配图的绘制过程。

1. 拟定表达方案

要求能正确、完整、清晰和简明地表达减速器的工作原理、零件间的装配关系和零件的主要结构形状。因此，减速器装配图采用"主、俯、左"三个基本视图，具体方案如下：

（1）主视图 主要采用视图表达外形结构，一些具体的细节，如箱盖和箱体连接、排油孔和油塞、油标尺、透视孔和透视孔盖、通气塞以及定位销、起吊结构等采用局部剖视进行表达。

（2）俯视图 采用沿箱盖和箱体结合面剖切的表达方法，主要表达减速器的工作原理、轴系零件的装配关系及其相对位置关系。

（3）左视图 采用视图表达减速器左端面外形。对轴上键槽和箱体底板的安装孔，用局部剖视表达。因减速器顶端透视孔盖和透气塞在主视图中已表达清楚其装配关系，且在左视图中又不反映其实形，故在左视图中对这部分采用拆卸画法。

2. 画减速器装配图

（1）按照上述表达方案，确定图幅（这里用 A1 图纸，按 1∶1 比例绘制），并进行合理布局 用细线首先画边框和标题栏、图框、明细表的位置，明细栏和标题栏的细部可以先不画，仅留出位置即可；再定出三个视图的具体位置，注意留出编写零件序号和尺寸标注的位置，如图 15-16 所示。

（2）绘制俯视图 俯视图采用沿箱体结合面剖切的表达方法。首先要准确定出两轴的起画线，按照"由内向外"的画法先从对称面画出两啮合齿轮，而后顺序绘制两轴系中所有零件，如图 15-17 所示，然后再绘制外面箱体的结构。

绘制俯视图时应注意以下几点：

1）俯视图沿结合面剖切时，螺栓和定位销被横向剖切，因此必须画剖面线。螺栓杆与螺栓孔之间是非接触面，要画两条线（即两个圆）；圆锥销与销孔是配合关系，应画一条线（即一个圆）。

2）两轴系零件的轴向定位关系，应正确表示，避免发生矛盾。

3）两齿轮啮合区的画法：一个齿轮的齿顶线画成粗实线，另一个则画成虚线。

4）在画俯视图中的箱体时，一定要按照"三等"关系，同时画出箱体在主、左视图的相应投影，如图 15-18 所示。

（3）绘制主视图和左视图 以底面为基准分别将箱体和箱盖的主、左视图外形画出；然后再画主视图中的一些连接部分，采用局部剖视来表达；最后将左视图补画完整，如图 15-19 所示。

画主视图时应注意以下几点：

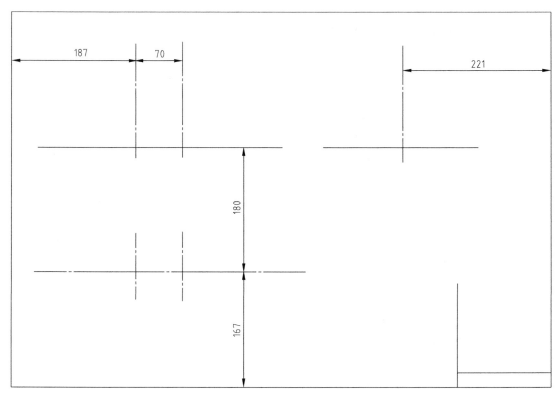

图 15-16　齿轮减速器装配图布局

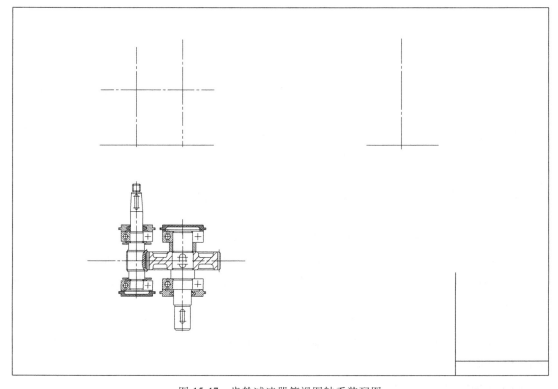

图 15-17　齿轮减速器俯视图轴系装配图

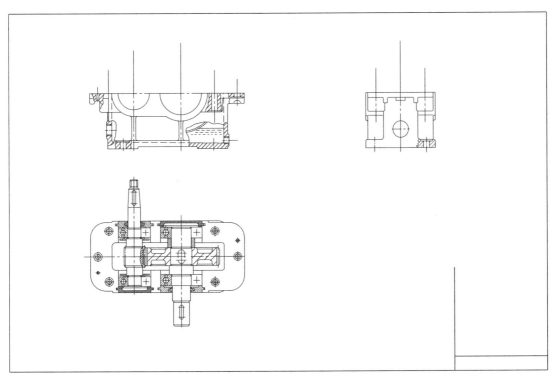

图 15-18　齿轮减速器装配图的俯视图以及箱体的主、左视图

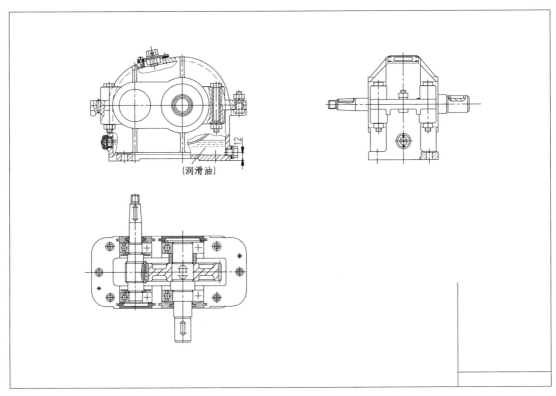

图 15-19　齿轮减速器装配图的主视图、左视图

1）箱体和箱盖结合面按接触面画一条线至轴承端盖为止，不能超越或漏画。

2）局部剖视的部位，应处理好所剖的范围和波浪线的画法，同时要注意螺纹连接处的画法、剖面线的起止位置等。

3）应按液体的剖面符号画出油面高度（以大齿轮的齿根浸入为液面高度极限）。

画左视图时应注意以下几点：

1）箱体和箱盖结合面按接触面画一条线，不能漏画。

2）外形中一些过渡线的画法不能省略。

3）主动齿轮轴和从动齿轮轴中的键槽用局部剖视表达清楚。

（4）检查、加深、标注装配图上的尺寸，书写技术要求　略。

（5）编写零件序号和填写明细栏　略。

完成的减速器装配图如图 15-20（见书后插页）所示。

附录 制图界常用现行标准

序号	标准内容		现 行 标 准
1	制图术语	通用术语	GB/T 13361—2012 技术制图 通用术语
2		投影法	GB/T 14692—2008 技术制图 投影法
3			GB/T 16948—1997 技术产品文件 词汇 投影法术语
4		图样注语	GB/T 24745—2009 技术产品文件 词汇 图样注语
5	基本规定	图幅	GB/T 14689—2008 技术制图 图纸幅面和格式
6			GB/T 10609.1—2008 技术制图 标题栏
7			GB/T 10609.2—2009 技术制图 明细栏
8			GB/T 10609.3—2009 技术制图 复制图的折叠方法
9			GB/T 10609.4—2009 技术制图 对缩微复制原件的要求
10		比例	GB/T 14690—1993 技术制图 比例
11		字体	GB/T 14691—1993 技术制图 字体
12			GB/T 14691.4—2005 技术产品文件 字体 第4部分:拉丁字母的区别标识与特殊标识
13			GB/T 14691.6—2005 技术产品文件 字体 第6部分:古代斯拉夫字母
14		图线	GB/T 17450—1998 技术制图 图线
15			GB/T 4457.4—2002 机械制图 图样画法 图线
16			GB/T 18686—2002 技术制图 CAD系统用图线的表示
17		剖面区域	GB/T 4457.5—2013 机械制图 剖面区域的表示法
18			GB/T 17453—2005 技术制图 图样画法 剖面区域的表示法
19		指引线和基准线	GB/T 4457.2—2003 技术制图 图样画法 指引线和基准线的基本规定
20		文件和产品保护	GB/T 19827—2005 技术产品文件 限制使用的文件和产品的保护注释
21	图样基本画法	视图	GB/T 17451—1998 技术制图 图样画法 视图
22			GB/T 4458.1—2002 机械制图 图样画法 视图
23		剖视图和断面图	GB/T 17452—1998 技术制图 图样画法 剖视图和断面图
24			GB/T 4458.6—2002 机械制图 图样画法 剖视图和断面图
25		简化画法	GB/T 16675.1—2012 技术制图 简化表示法 第1部分:图样画法
26		轴测图	GB/T 4458.3—2013 机械制图 轴测图
27		装配图中零、部件序号及其编排方法	GB/T 4458.2—2003 机械制图 装配图中零、部件序号及其编排方法
28		倾斜结构	GB/T 24739—2009 机械制图 机件上倾斜结构的表示法
29		玻璃器具	GB/T 12213—1990 技术制图 玻璃器具表示法

（续）

序号	标准内容		现行标准
30	图样特殊表示法	螺纹	GB/T 4459.1—1995　机械制图　螺纹及螺纹紧固件表示法
31			GB/T 197—2018　普通螺纹　公差
32			GB/T 7307—2001　55°非密封管螺纹
33		螺栓	GB/T 5782—2016　六角头螺栓
34			GB/T 5783—2016　六角头螺栓　全螺纹
35		螺柱	GB/T 897—1988　双头螺柱　$b_m = 1d$
36			GB/T 898—1988　双头螺柱　$b_m = 1.25d$
37			GB/T 899—1988　双头螺柱　$b_m = 1.5d$
38			GB/T 900—1988　双头螺柱　$b_m = 2d$
39		螺钉	GB/T 65—2016　开槽圆柱头螺钉
40			GB/T 67—2016　开槽盘头螺钉
41			GB/T 68—2016　开槽沉头螺钉
42			GB/T 71—2018　开槽锥端紧定螺钉
43			GB/T 73—2017　开槽平端紧定螺钉
44			GB/T 75—2018　开槽长圆柱端紧定螺钉
45		螺母	GB/T 6170—2015　1 型六角螺母
46			GB/T 6175—2016　2 型六角螺母
47			GB/T 6172.1—2016　六角薄螺母
48		垫圈	GB/T 95—2002　平垫圈　C 级
49			GB/T 97.1—2002　平垫圈　A 级
50			GB/T 97.2—2002　平垫圈　倒角型　A 级
51			GB/T 848—2002　小垫圈　A 级
52			GB/T 93—1987　标准型弹簧垫圈
53		键	GB/T 1096—2003　普通型　平键
54			GB/T 1099.1—2003　普通型　半圆键
55			GB/T 1565—2003　钩头型　楔键
56		销	GB/T 119.1—2000　圆柱销　不淬硬钢和奥氏体不锈钢
57			GB/T 119.2—2000　圆柱销　淬硬钢和马氏体不锈钢
58			GB/T 117—2000　圆锥销
59			GB/T 91—2000　开口销
60		花键	GB/T 4459.3—2000　机械制图　花键表示法
61		齿轮	GB/T 4459.2—2003　机械制图　齿轮表示法
62			GB/T 1357—2008　通用机械和重型机械用圆柱齿轮　模数
63		蜗杆	GB/T 10088—2018　圆柱蜗杆模数和直径
64		链轮	GB/T 1243—2006　传动用短节距精密滚子链、套筒链、附件和链轮
65		V 带轮	GB/T 13575.1—2008　普通和窄 V 带传动　第 1 部分:基准宽度制

（续）

序号	标准内容	现行标准
66	V带轮	GB/T 13575.2—2008　普通和窄 V 带传动　第 2 部分:有效宽度制
67	弹簧	GB/T 4459.4—2003　机械制图　弹簧表示法
68	中心孔	GB/T 4459.5—1999　中心孔表示法
69	动密封圈	GB/T 4459.8—2009　机械制图　动密封圈　第 1 部分:通用简化表示法
70		GB/T 4459.9—2009　机械制图　动密封圈　第 2 部分:特征简化表示法
71	滚动轴承	GB/T 4459.7—2017　机械制图　滚动轴承表示法
72		GB/T 276—2013　滚动轴承　深沟球轴承　外形尺寸
73		GB/T 297—2015　滚动轴承　圆锥滚子轴承　外形尺寸
74		GB/T 301—2015　滚动轴承　推力球轴承　外形尺寸
75		GB/T 292—2007　滚动轴承　角接触球轴承　外形尺寸
76		GB/T 281—2013　滚动轴承　调心球轴承　外形尺寸
77	滑动轴承	JB/T 2560—2007　整体有衬正滑动轴承座　型式与尺寸
78		JB/T 2561—2007　对开式二螺柱正滑动轴承座　型式与尺寸
79		JB/T 2562—2007　对开式四螺柱正滑动轴承座　型式与尺寸
80		JB/T 2563—2007　对开式四螺柱斜滑动轴承座　型式与尺寸
81	机构运动简图	GB/T 4460—2013　机械制图　机构运动简图用图形符号
82	液压与气压传动图	GB/T 786.1—2021　流体传动系统及元件　图形符号和回路图　第 1 部分:图形符号
83	电气工程图	GB/T 6988.1—2008　电气技术用文件的编制　第 1 部分:规则
84		GB/T 18135—2008　电气工程 CAD 制图规则
85		GB/T 4728.1—2018　电气简图用图形符号　第 1 部分:一般要求
86		GB/T 4728.2—2018　电气简图用图形符号　第 2 部分:符号要素、限定符号和其他常用符号
87		GB/T 4728.3—2018　电气简图用图形符号　第 3 部分:导体和连接件
88		GB/T 4728.4—2018　电气简图用图形符号　第 4 部分:基本无源元件
89		GB/T 4728.5—2018　电气简图用图形符号　第 5 部分:半导体管和电子管
90		GB/T 4728.6—2008　电气简图用图形符号　第 6 部分:电能的发生与转换
91		GB/T 4728.7—2008　电气简图用图形符号　第 7 部分:开关、控制和保护器件
92		GB/T 4728.8—2008　电气简图用图形符号　第 8 部分:测量仪表、灯和信号器件
93		GB/T 4728.9—2008　电气简图用图形符号　第 9 部分:电信、交换和外围设备
94		GB/T 4728.10—2008　电气简图用图形符号　第 10 部分:电信:传输
95	铸件	JB/T 5105—2022　铸件模样　起模斜度
96	工艺流程	GB/T 24742—2009　技术产品文件　工艺流程图表用图形符号的表示法
97	棒料、型材	GB/T 4656—2008　技术制图　棒料、型材及其断面的简化表示法
98	热处理	GB/T 24743—2009　技术产品文件　钢铁零件热处理表示法
99	定位、夹紧	GB/T 24740—2009　技术产品文件　机械加工定位、夹紧符号表示法

(注: 序号 66—99 之间, "图样特殊表示法" 为跨行的标准内容分类标签)

（续）

序号	标准内容		现 行 标 准
100	图样特殊表示法	紧固组合简化	GB/T 24741.1—2009　技术制图　紧固组合的简化表示法　第1部分:一般原则
101		模制品	GB/T 24744—2009　产品几何规范(GPS)　技术产品文件　(TPD)中模制件的表示法
102		粘接等图形符号	GB/T 24746—2009　技术制图　粘接、弯折与挤压接合的图形符号表示法
103		焊接图	GB/T 324—2008　焊缝符号表示法
104			GB/T 5185—2005　焊接及相关工艺方法代号
105			GB/T 12212—2012　技术制图　焊缝符号的尺寸、比例及简化表示法
106		管路系统	GB/T 6567.1—2008　技术制图　管路系统的图形符号　基本原则
107			GB/T 6567.2—2008　技术制图　管路系统的图形符号　管路
108			GB/T 6567.3—2008　技术制图　管路系统的图形符号　管件
109			GB/T 6567.4—2008　技术制图　管路系统的图形符号　阀门和控制元件
110			GB/T 6567.5—2008　技术制图　管路系统的图形符号　管路、管件和阀门等图形符号的轴测图画法
111	图样标注	尺寸标注	GB/T 4458.4—2003　机械制图　尺寸注法
112			GB/T 16675.2—2012　技术制图　简化表示法　第2部分:尺寸注法
113			GB/T 15754—1995　技术制图　圆锥的尺寸和公差注法
114			GB/T 19096—2003　技术制图　图样画法　未定义形状边的术语和注法
115		尺寸公差	GB/T 4458.5—2003　机械制图　尺寸公差与配合注法
116			GB/T 1800.1—2020　产品几何技术规范(GPS)　线性尺寸公差ISO代号体系　第1部分:公差、偏差和配合的基础
117			GB/T 1800.2—2020　产品几何技术规范(GPS)　线性尺寸公差ISO代号体系　第2部分:标准公差等级和孔、轴极限偏差表
118		表面结构要求	GB/T 131—2006　产品几何技术规范(GPS)　技术产品文件中表面结构的表示法
119			GB/T 3505—2009　产品几何技术规范(GPS)　表面结构　轮廓法　术语、定义及表面结构参数
120		几何公差	GB/T 1182—2018　产品几何技术规范(GPS)　几何公差　形状、方向、位置和跳动公差标注
121			GB/T 16671—2018　产品几何技术规范(GPS)　几何公差　最大实体要求(MMR)、最小实体要求(LMR)和可逆要求(RPR)
122	相关制图标准	CAD制图规则	GB/T 18229—2000　CAD工程制图规则
123		CAD制图文管	GB/T 17825.3—1999　CAD文件管理　编号原则
124		建筑制图	GB/T 50001—2010　房屋建筑制图统一标准

参 考 文 献

[1] 何铭新，钱可强，徐祖茂. 机械制图 [M]. 7 版. 北京：高等教育出版社，2016.

[2] 焦永和，等. 工程制图 [M]. 北京：高等教育出版社，2009.

[3] 胡建生. 机械制图习题集（多学时）[M]. 4 版. 北京：机械工业出版社，2019.

[4] 孙兰凤，梁艳书. 工程制图 [M]. 2 版. 北京：高等教育出版社，2010.

[5] 唐永艳，陈贤清. 机械制图 [M]. 北京：机械工业出版社，2021.

[6] 刘明涛，刘合荣，范竞芳，等. 机械工程实用图样精编手册 [M]. 北京：机械工业出版社，2015.

[7] 邢鸿雁，等. 工程制图解题攻略 [M]. 哈尔滨：哈尔滨工程大学出版社，2013.

[8] 曾维川，孙兰凤. 工程制图习题集 [M]. 2 版. 北京：高等教育出版社，2010.

[9] 周桂英. 工程制图 [M]. 天津：天津大学出版社，2011.

[10] 朱冬梅，胥北澜，何建英. 画法几何及机械制图 [M]. 6 版. 北京：高等教育出版社，2008.

[11] 臧宏琦，等. 机械制图 [M]. 4 版. 西安：西北工业大学出版社，2013.

[12] 裘文言，瞿元赏. 机械制图 [M]. 2 版. 北京：高等教育出版社，2009.

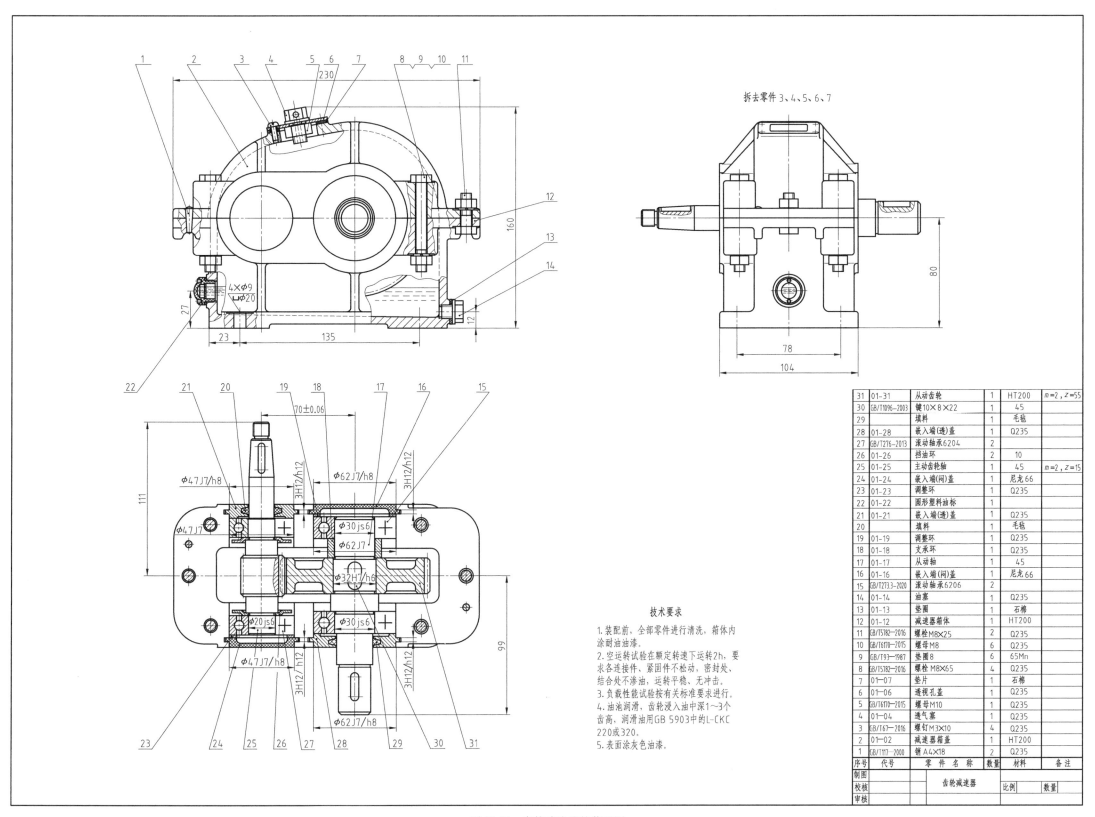

技术要求

1. 装配前，全部零件进行清洗，箱体内涂耐油油漆。
2. 空运转试验在额定转速下运转2h，要求各连接件、紧固件不松动，密封处、结合处不渗油，运转平稳、无冲击。
3. 负载性能试验按有关标准要求进行。
4. 油池润滑，齿轮浸入油中深1~3个齿高，润滑油用GB 5903中的L-CKC 220或320。
5. 表面涂灰色油漆。

31	01-31	从动齿轮	1	HT200	m=2, z=55
30	GB/T1096—2003	键10×8×22	1	45	
29		填料	1	毛毡	
28	01-28	嵌入端(透)盖	1	Q235	
27	GB/T276—2013	滚动轴承6204	2		
26	01-26	挡油环	2	10	
25	01-25	主动齿轮轴	1	45	m=2, z=15
24	01-24	嵌入端(闷)盖	1	尼龙66	
23	01-23	调整环	1	Q235	
22	01-22	圆形塑料油标	1		
21	01-21	嵌入端(透)盖	1	Q235	
20		填料	1	毛毡	
19	01-19	调整环	1	Q235	
18	01-18	支承环	1	Q235	
17	01-17	从动轴	1	45	
16	01-16	嵌入端(闷)盖	1	尼龙66	
15	GB/T2733—2020	滚动轴承6206	2		
14	01-14	油塞	1	Q235	
13	01-13	垫圈	1	石棉	
12	01-12	减速器箱体	1	HT200	
11	GB/T5782—2016	螺栓M8×25	2	Q235	
10	GB/T6170—2015	螺母M8	6	Q235	
9	GB/T93—1987	垫圈8	6	65Mn	
8	GB/T5782—2016	螺栓M8×65	4	Q235	
7	01-07	垫片	1	石棉	
6	01-06	透视孔盖	1	Q235	
5	GB/T6170—2015	螺母M10	1	Q235	
4	01-04	透气塞	1	Q235	
3	GB/T67—2016	螺钉M3×10	4	Q235	
2	01-02	减速器箱盖	1	HT200	
1	GB/T117—2000	销 A4×18	2	Q235	
序号	代号	零件名称	数量	材料	备注

制图		齿轮减速器		
校核			比例	数量
审核				

图 15-20　齿轮减速器的装配图